U0302075

"十二五"职业教育国家规划教材

局域网组建实训

（第二版）

JUYUWANG ZUJIAN SHIXUN

主　编　史宝会
副主编　王建国　卢　海
　　　　林雪刚　熊燕帆

新形态
教材

中国教育出版传媒集团
高等教育出版社·北京

内容提要

本书是"十二五"职业教育国家规划教材的修订版。

本书主要内容包括第一篇基础知识准备篇：计算机网络基础、局域网基础；第二篇小型局域网规划与组建篇：小型局域网规划与组建、安装网络操作系统、安装局域网应用服务器；第三篇中型局域网规划与组建篇：中型局域网规划与组建、安装活动目录服务器、Internet 接入技术、局域网故障诊断与安全管理。

为方便教学，本书配有 PPT 教学课件、习题参考答案、动画、视频等资源，其中部分资源在书中相关知识点旁以二维码形式呈现。

本书可作为高等职业院校计算机及相关专业的教学用书，也可作为网络组建从业人员的参考用书。

图书在版编目(CIP)数据

局域网组建实训 / 史宝会主编. —2 版. —北京：高等教育出版社，2022.1

ISBN 978 - 7 - 04 - 053122 - 0

Ⅰ. ①局… Ⅱ. ①史… Ⅲ. ①局域网-高等职业教育-教材 Ⅳ. ①TP393.1

中国版本图书馆 CIP 数据核字(2019)第 277068 号

策划编辑 张尕琳　　责任编辑 张尕琳　万宝春　　封面设计 张文豪　　责任印制 高忠富

出版发行	高等教育出版社	网　　址	http://www.hep.edu.cn
社　　址	北京市西城区德外大街 4 号		http://www.hep.com.cn
邮政编码	100120		http://www.hep.com.cn/shanghai
印　　刷	当纳利(上海)信息技术有限公司	网上订购	http://www.hepmall.com.cn
开　　本	787mm×1092mm　1/16		http://www.hepmall.com
印　　张	18.5		http://www.hepmall.cn
字　　数	440 千字	版　　次	2016 年 8 月第 1 版
			2022 年 1 月第 2 版
购书热线	010-58581118	印　　次	2022 年 1 月第 1 次印刷
咨询电话	400-810-0598	定　　价	38.00 元

本书如有缺页、倒页、脱页等质量问题，请到所购图书销售部门联系调换

配套学习资源及教学服务指南

二维码链接资源

本书配套视频、图片、知识拓展文档等学习资源，在书中以二维码链接形式呈现。手机扫描书中的二维码进行查看，随时随地获取学习内容，享受学习新体验。

打开书中附有二维码的页面　　　　扫描二维码　　　　查看相应资源

教师教学资源索取

本书配有课程相关的教学资源，例如，教学课件、习题及参考答案、应用案例等。选用教材的教师，可扫描以下二维码，添加服务QQ（800078148）；或联系教学服务人员（021-56961310/56718921，800078148@b.qq.com）索取相关资源。

本书二维码资源列表

	类型	说　明		类型	说　明
第2章	图片	中继器	第5章	视频	测试 DHCP 服务器
第3章	视频	双绞线的制作		文档	中华人民共和国个人信息保护法
第4章	视频	创建虚拟机	第6章	图片	网络拓扑图
	视频	安装服务	第7章	视频	活动目录定义与优点
	视频	配置静态 IP		视频	活动目录中的对象
	视频	简单配置与关机		视频	活动目录和域的关系
	视频	安装 Windows Server2008		视频	活动目录的物理结构
第5章	视频	IIS 安装		视频	安装活动目录服务器
	视频	IIS 简介与配置基础		视频	创建子域和域树
	视频	创建虚拟机并测试 IIS		视频	管理域控制器
	视频	创建 WWW 站点		视频	创建和管理用户和计算机账户
	视频	访问限制		视频	测试域用户
	视频	设置 IP 和域限制		视频	用户权限分配策略
	视频	限制 IP 地址访问		视频	创建和删除组与组织单元
	视频	配置 MIME 类型	第9章	文档	Net 命令的基本用法
	视频	创建 FTP 站点		文档	Ping 命令与参数使用
	视频	域名空间及查询过程		文档	IPConfig 命令与参数使用
	视频	安装 DNS		文档	ARP 命令与参数使用
	视频	DNS 服务器配置		文档	Tracert 命令与参数
	视频	安装 DHCP 服务器		文档	Router 命令与参数
	视频	创建 DHCP 作用域		文档	中华人民共和国网络安全法

前　言

本书是"十二五"职业教育国家规划教材的修订版。本书根据高等职业教育计算机网络技术及相关专业人才培养目标及职业教育教学的特点,结合编者多年从事计算机网络技术及网络组建和管理方面的教学与实践经验,基于目前局域网组网课程项目教学改革成果编写而成。

本书主要内容包括了网络组建的基础知识,小型、中型局域网组建必备的相关知识和技能等,编写遵循"知识储备—案例分析—技能训练"模式,通过典型案例分析与项目实施,采用了"教、学、做、训"一体化模式,落实基于工作过程的教学改革,注重学生职业技能和职业素质的培养,贯彻落实"立德树人"的职业教育根本任务。本书的主要特色体现在:

1. **基于项目教学的内容设计**。本书突出技术、产品、解决方案的实用性,引入企业的典型案例,设计了网络组建实施从简单到复杂、网络技术应用从单一到综合的局域网组建典型项目,全面介绍了不同规模局域网组建所必须的知识和技能。在项目实施过程中,注重行业标准和操作规范性的要求。

2. **典型案例为载体的编写方式**。本书通过不同规模的典型局域网组建案例,全面介绍了实际工程项目中局域网组建涉及的关键技术、网络知识、组网技能要求、安全管理等内容。教材内容适应行业技术发展,体现教学内容的先进性、实用性和前瞻性,突出本专业领域的新知识、新技术、新设备、新应用的"四新"特色。

3. **基于工作过程的教学实施**。本书以小型和中型局域网这两个规模不同的局域网组建项目为载体,引导学生学习实际工程项目中局域网组建的相关技术,通过基于工作过程的项目实施,体现"以学生为中心"的职业教育教学理念。同时,注重学生职业素质的培养。

4. **体现课程思政的设计思想**。实训教学项目的实施建议采用团队的方式,将课程思政的元素融入教学组织,注重培养学生精益求精的工作态度、严谨规范的工作作风、吃苦耐劳的敬业精神、解决具体工程问题的能力等综合职业素养,指导学生树立正确的社会主义核心价值观。

5. **提供国家教学资源库丰富的教学资源**。本书编写团队是"职业教育计算机应用技术专业教学资源库"项目(项目编号 2015－14)的主要成员,结合资源库中局域网组建与管理课程的建设开发了丰富的教学视频、动画等信息化教学资源,学生可以扫描本书二维码或登录职业教育计算机应用技术专业教学资源库网站在线学习并使用课程配套资源。

为了能充分体现局域网组建与管理课程中先进和实用的技术,本书由院校教师和企业专家共同参与编写。其中主编为北京信息职业技术学院史宝会,副主编分别为北京信息职业技术学院王建国、卢海,奇安信科技集团股份有限公司林雪刚,武汉城市职业学院熊燕帆,参与编写的还有安徽财贸职业学院周峰、北京神州数码云科信息技术有限公司杨鹤男。本书引入企业实际工程案例,内容融入了网络组建和网络安全相关的 1＋X 证书内容,内容设计上注重理论联系实际,将知识学习和能力培养融为一体,全面培养学生的专业技能和综合职业能力。

  本书建议以实践考核为主,辅以理论考核。本书的参考学时为60～70学时。

  由于时间仓促,作者水平有限,书中难免有疏漏和不足之处,恳请同行专家和广大读者提出宝贵意见并批评指正。

编　者

2021 年 10 月

目　　录

第三篇　中型局域网规划与组建篇

第一篇 基础知识准备篇

本篇主要介绍了局域网组建涉及的网络基础知识和局域网基础知识，包括 OSI 参考模型的七层体系结构及各层的功能，TCP/IP 协议簇各层的作用及局域网的硬件设备。

第 1 章计算机网络基础，主要介绍了计算机网络的定义、功能、发展及分类，并详细介绍了网络体系结构，最后介绍了 Internet 提供的服务。

第 2 章局域网基础，介绍了局域网的作用、特征、分类及组成，局域网的硬件设备——网卡、集线器、交换机、服务器的功能和技术参数；详细介绍了总线、星状、环状拓扑结构的特点及适用场合，虚拟局域网的优点与实现，最后介绍了 OSI 参考模型、TCP/IP 协议簇各层功能及二者的区别。

通过本篇基础知识的学习，为局域网组建方案的设计与项目实施打下良好的基础。

第1章
计算机网络基础

21 世纪是一个以网络为核心的信息时代,计算机网络的产生和发展极大地改变了人类现有的工业结构和经济框架。从国防到民用,从社会到家庭,网络无处不在。

当前世界经济正处于从工业经济向知识经济转变的快速变革时期,知识经济中两个重要的特点就是信息化和全球化。要实现信息化和全球化,就必须依靠完善的网络技术,因此网络技术已经成为信息社会的命脉和发展知识经济的重要基础。

1.1 计算机网络的定义及功能

计算机网络技术是计算机应用的一个空前活跃的重要领域,同时也是计算机技术、通信技术和自动化技术相互渗透而形成的一门学科,是当今计算机科学与工程中正在迅速发展的新技术之一。它已广泛应用于政府机关、企业和办公自动化、工厂管理、军事指挥系统及其他科学实验系统中,并引起了社会广泛的关注和极大的兴趣,其理论、方法和实现手段仍处于不断发展和逐步完善之中。

1.1.1 计算机网络的定义

计算机网络是计算机技术与通信技术的结合,计算机网络的定义有多种,本书给出如下定义:"凡是将地理位置不同,并具有独立功能的多个计算机系统通过通信设备和线路连接起来,且以功能完善的网络软件(网络协议、信息交换方式以及网络操作系统等)实现网络资源共享的系统称为计算机网络"。也可以将计算机网络定义为"一个互联的、自主的、以共享资源为目的的计算机集合"。"互联"表示计算机之间有交换信息的能力,可以使用任何一种传输介质实现互联,"自主的计算机"表示网络中的任何一台计算机都是独立自主的,没有明显的从属关系。

1.1.2 计算机网络的功能

计算机技术与通信技术结合而产生的计算机网络,不仅使计算机的作用范围超越了地理位置的限制,也增强了计算机本身的处理能力,拓宽了服务。计算机网络具有如下的功能。

一、数据通信

数据通信是计算机网络最基本的功能,网络中的计算机之间可以快速地进行数据传输,主要包括传真、新闻消息、信息咨询、图片资料、报纸版面、电子邮件、电子数据交换(EDI)、电子公告牌(BBS)、远程登录和浏览等数据通信服务。利用这一功能,可将分散在各个地区的单位或部门用计算机网络联系起来,进行统一的调配、控制和管理。

二、资源共享

资源共享是计算机网络的最本质的功能,网络中的所有用户或计算机可以共享网络中的数据和设备。即凡是入网用户均能享受网络中各个计算机系统的全部或部分软件、硬件和数据资源。

三、提高性能

可以通过设置用户或计算机对某些资源或设备的访问权限来保证系统的可靠性。网络中的每台计算机都可通过网络相互成为备用机,一旦某台计算机出现故障,它的任务就可由其他的计算机代为完成,这样可以避免在单机情况下,一台计算机发生故障引起整个系统瘫痪的情况,从而提高系统的可靠性。同时,当网络中的某台计算机负担过重时,网络可以将新的任务交给较空闲的计算机完成,均衡负载,从而提高了每台计算机的利用率。

四、分布式处理

计算机网络通过一定的算法将大型的、复杂的综合性数据处理问题交给多台计算机同时进行处理,用户可以根据需要合理选择网络资源,就近快速地进行处理,这样可以均衡各计算机的负载,提高处理问题的实时性,从而提高整个网络系统的处理能力。在解决复杂问题时,多台计算机联合使用并构成高性能的计算机体系,这种协同工作、并行处理的方案要比单独购置高性能的大型计算机高效、经济得多。

五、集中管理

每一个网络,尤其是企业内部的局域网,都有自己的网络管理员,负责整个网络系统的管理、维护和控制,从而保证了网络的集中管理。

1.2 计算机网络的产生和发展

1.2.1 计算机网络的产生

计算机网络涉及通信技术与计算机技术两个领域,通信技术为计算机之间的数据传递和交换提供了必要的手段,而计算机技术的发展又提高了通信网络的各种性能。

在早期计算机时代——众所周知的巨型机时代,计算机世界被称为"分时系统"的大系统所统治。分时系统允许用户通过只含显示器和键盘的哑终端来使用主机。哑终端很像个人计算机(PC),但没有它自己的 CPU、内存和硬盘。通过哑终端,成百上千的用户可以同时访问主机。这种情况下,主机采用分时系统,将其 CPU 的工作时间分成时间片,每个用户根据需要获得主机的时间片来处理自己的信息,由于时间片很短,会使用户产生错觉,以为主机完全为自己所用。

20 世纪 70 年代,大的分时系统被更小计算机的微机系统所取代。微机系统在小规模上采用了分时系统。远程终端计算机系统是在分时系统基础上,通过调制解调器(Modem)和公用电话网(PSTN)把计算机资源向地理上分布的许多远程终端用户提供共享资源服务的。这虽然还不能算是真正的计算机网络系统,但它是计算机与通信系统结合的最初尝试。在远程终端计算机系统基础上,人们开始研究把计算机与计算机通过 PSTN 等已有的通信系统互联起来。为了使计算机之间的通信连接可靠,建立了分层通信体系和相应的网络通信协议,于是诞生了以资源共享为主要目的计算机网络。由于网络中计算机之间具有数据交换的能力,提供了在更大范围内计算机之间协同工作、实现分布处理甚至并行处理的功能,联网用户之间直接通过计算机网络进行信息交换的通信能力也大大增强。

1969 年 12 月, Internet(因特网)的前身——美国的 ARPA 网(阿帕网)投入运行,它标志着计算机网络的兴起。这个计算机互联的网络系统是一种分组交换网。分组交换技术使计算机网络的概念、结构和网络设计方面都发生了根本性的变化,它为后来的计算机网络打下了基础。

20 世纪 90 年代中期,美国国家科学基金会宣布,不再向互联网络提供资金。从此,网络进入市场经济,完全走向商业化道路。特别是 1993 年美国宣布建立国家信息基础设施(National Information Infrastructure,NII)后,许多国家纷纷制订和建立本国的 NII,从而极大地推动了计算机网络技术的发展,使计算机网络进入了一个崭新的阶段。计算机技术、通信技术以及建立在计算机和网络技术基础上的计算机网络技术得到了迅猛的发展。

1.2.2　计算机网络的发展

计算机网络的发展大致经历了以下四个阶段。

一、第一代计算机网络——面向终端的网络

第一代计算机网络是 20 世纪 60 年代末到 20 世纪 70 年代初形成的,是计算机网络发展的萌芽阶段,其主要目的是增加系统的计算能力并实现资源共享,把小型计算机连成实验性的网络。第一个远程分组交换网叫 ARPA 网,是由美国国防部于 1969 年建成的,第一次实现了由通信网络和资源网络复合构成计算机网络。第一代计算机网络是面向终端的计算机网络,面向终端的计算机网络存在以下两个缺点。

① 主机的负荷较重,除了要完成数据处理任务外,还要承担繁重的通信管理任务,同时还要执行每个用户的作业。

② 通信线路利用率较低,由于终端设备的速率低,操作时间长,尤其是在远距离通信时,每个用户独占一条通信线路,因此花费的代价较高。另外,这种操作方式需要频繁地干扰主机,影响工作效率。

二、第二代计算机网络——计算机与计算机相连的网络

第二代计算机网络形成于 20 世纪 70 年代中后期,是局域网(LAN)发展的重要阶段,主要强调了网络的整体性,用户不仅可以共享主机的资源,还可以共享其他用户的软硬件资源。1974 年英国剑桥大学计算机研究所开发了著名的剑桥环局域网(Cambridge Ring),1976 年美国施乐公司的帕罗奥图(Palo Alto)研究中心推出以太网(Ethernet),这两个网络是这一阶段的典型代表,对以后局域网的发展起到了导航的作用。现在的计算机网络,尤其是中小型局域网,很注重其整体性,以便扩大系统资源的共享范围。

三、第三代计算机网络——开放系统互联标准化网络

20 世纪 80 年代是第三代计算机局域网络的发展时期,1977 年,国际标准化组织(ISO)成立了专门机构,提出了一个计算机能够在世界范围内互联成网的标准框架,即著名的开放系统互联参考模型(Open System Interconnect Reference Model, OSI 参考模型)。OSI 参考模型的提出,为计算机网络技术的发展开创了新纪元。现在的计算机网络都是以 OSI 参考模型为标准进行工作的。

1980 年 2 月,IEEE(美国电气和电子工程师协会)下属的 802 局域网标准委员会宣告成立,并相继提出 IEEE 801.5~802.6 等局域网标准草案,其中的绝大部分内容已被国际标准化组织(ISO)正式认可。作为局域网的国际标准,它标志着局域网协议及其标准化的确定,为局域网的进一步发展奠定了基础。

四、第四代计算机网络——互联网时期

20 世纪 90 年代后期是计算机网络飞速发展的阶段,随着数字通信技术的出现,产生了第四代计算机网络,其特点是综合化和高速化,计算机的发展已经完全与网络融为一体。综合化是指将多种业务综合到一个网络中完成。网络的综合化发展与多媒体技术的迅速发展是分不开的,例如现在可以将语音、数据、图像、视频等信息以二进制代码的数字形式综合到一个网络中传送。随着光纤技术的发展,网络的传输速率可以达到 1 000 Mbps 以上,真正做到了网络信息传输的高速化。

互联网的飞速发展给人们提供了丰富资源,企业通过局域网利用互联网的相关技术构建企业的系统架构,将其信息系统的使用范围从本企业扩展到与本企业相关的外部企业,也可以将外部企业(包括合作伙伴、销售公司、客户等)的信息系统纳入本企业的信息系统中,因此随着互联网技术的发展,局域网的应用也越来越普及。

自 20 世纪 90 年代以来,以 Internet 为代表的计算机网络得到了飞速的发展,从最初的教育科研网络逐步发展成为商业网络,并成为仅次于全球电话网的世界第二大网络。Internet 正在改变着人们的工作和生活,带来了巨大的经济效益,加速了全球信息革命的进程。

1993 年 9 月,美国政府发布了一个在全世界引起很大反响的文件,其标题是"国家信息基础结构行动计划"。该文件提出,高速信息网是国家信息基础结构的一个重要组成部分。

1994 年 9 月美国又提出建立全球信息基础结构(GII)的倡议,建议将各国的 NII 互联起来,组成世界范围的信息基础结构,当前的 Internet 就是这种全球性的信息基本结构的雏形。

1.3 计算机网络的分类

计算机网络的种类繁多、性能各异,根据不同的分类原则,可以得到各种不同类型的计算机网络。

1.3.1 按覆盖范围分类

计算机网络按网络范围和计算机之间互联的距离划分,可分为广域网(WAN)、局域网(LAN)和城域网(MAN)三种。

一、广域网

广域网涉及范围较大,一般情况下,人们提到计算机网络时,指的就是广域网,其最基本的特点是站点分布范围广,涉及的范围可以为一个城市、一个国家乃至世界范围,其中最著名的就是 Internet。在广域网中采用统一的访问方式和网络协议,广域网的这一特点决定了它的一系列特性。单独建立一个广域网是极其昂贵和不现实的,所以用于通信的传输系统一般由电信部门提

供，网络由多个部门或多个国家联合组建而成，网络规模大，能实现较大范围内的资源共享。但是，在广域网内部，由于传输距离远，又依靠传统的公共传输网，所以错误率较高。由于广域网布局不规则，使得网络的通信控制比较复杂，因此连接到网上的用户都必须严格遵守各种标准和规程。

二、局域网

局域网是指在一个较小地理范围内把各种计算机和其他网络设备互联在一起，并受网络操作系统管理的计算机网络，它可以包含一个或多个子网。局域网通常局限于几千米范围之内，一般指一个实验室、一个办公室、一栋大楼或一个单位的计算机连成的网络，主要应用于设备、文件和数据的共享及相互之间的通信，可以实现企业内部的无纸化办公，并提高企业的信息化水平。由于局域网具有较小的地理范围，一般使用数字传输系统，误码率低。其数据传输速率为 10 Mbps～1 000 Mbps，比广域网传输速率快很多。

局域网组建方便，使用灵活，是目前计算机网络发展中最活跃的一个分支。如果局域网采用与 Internet 相同的协议，即构成今天人们所说的内联网 (Intranet)。

局域网具有如下的几个特点。

① 地理范围有限，参与组网的计算机通常处在 10 km 范围内。

② 信道的带宽大，数据传输速率高，一般为 10～1 000 Mbps。

③ 数据传输可靠，误码率低。

④ 局域网大多采用总线、星状或环状拓扑，结构简单，实现容易。

⑤ 网络控制一般趋于分布式，从而减少了对某个节点的依赖性，避免或减少了一个节点故障对整个网络的影响。

⑥ 网络归一个单一组织所拥有和使用，不受任何公共网络的规定约束，容易进行设备更新和新技术的引用，不断增强网络功能。

三、城域网

城域网是介于广域网与局域网之间的一种高速网络，城域网的主要应用是互联城市范围内的多个局域网，可以把各局域网中的计算机连接起来。今天城域网的应用范围已大大拓宽，能用来传输不同类型的业务，包括实时数据、语音和视频等，城域网能有效地工作于多种环境。其主要特点如下。

① 地理覆盖范围可达 100 km。

② 数据传输速率为 100～1 000 Mbps。

③ 工作站数大于 500 个。

④ 传输介质主要是光纤。

⑤ 既可用于专用网，也可用于公共网。

1.3.2　按网络结构分类

计算机网络按网络结构分类，可分为以太网、令牌环网和令牌总线网三种。

一、以太网

以太网 (Ethernet) 是目前使用最为广泛的局域网。以太网是由美国施乐 (Xerox) 公司、美国数字设备(DEC)公司和英特尔(Intel)公司开发的数据通信局域网。以太网是分布式处理和办公室自动化应用方面的工业标准。它使用同轴电缆或双绞线作为无源通信介质,连接放置在本地业务现场的不同类型计算机、信息处理设备和办公设备,不需要交换逻辑电路或由中心计算机来控制。以太网站点之间的数据采用共享或交换方式进行通信,所有接入网络的设备使用 CSMA/CD(Carrier Sense Multiple Access with Collision Detection)协议,通常使用的局域网大多是以太网。以太网中的计算机多采用总线或星状结构连接。

二、令牌环网

令牌环网中的计算机在逻辑上连接成一个环,令牌环的每一个站点通过电缆与干线耦合器相连,主要用于大型局域网或广域网的主干部分。令牌环网中有一个令牌在网络上流动,获得令牌的计算机才有权发送数据,数据发送完成后,释放令牌以使其他计算机发送数据。大多数令牌环网使用 UNIX 操作系统。令牌环网的组建和管理非常繁琐,其优点就是在重载时可以高效地工作。

三、令牌总线网

令牌总线网在物理上是一个总线网,在逻辑上是一个令牌环网,它避免了以太网不能实时传送数据和令牌环网轻载时效率低的缺点,既有总线网接入方便和可靠性较高的优点,也具有令牌环网无冲突和发送时延有确定上限的优点,但实现起来更加复杂。一般在网络既要求高可靠性也要求较强的实时性时,才会采用令牌总线网。

1.3.3 按用户存取和共享信息的方式分类

计算机网络按用户存取和共享信息的方式分类,可分为对等网络和客户机/服务器网络两种。

一、对等网络

在对等(Peer‐to‐Peer)网络中相连的计算机彼此处于同等的地位,不分主次,它们共享资源。网络中的每一台计算机都把自己的资源及资源限制情况告知网络,一台计算机可以登录到另一台计算机并访问它的信息,网络中的每一台计算机既可以作为服务器,也可以作为客户机。

对等网络的优点是网络造价低,允许数据和处理机能分布在一个很大的范围内,还允许用户动态地安排计算机任务。对等网络的缺点是难以确定文件的位置,因为这些文件一般分布于整个网络中不同的计算机上,因此网络管理比较困难。

二、客户机/服务器网络

客户机/服务器(Client/Server)网络是一种基于服务器的网络。与对等网络相比,客户机/服务器网络提供了更好的运行性能。在客户机/服务器网络中,一台或数台服务器提供网络中所有共享的资源,并管理网络中的计算机和资源,所有共享的数据全部放在服务器上,客户机一般只访问网络中服务器提供的资源,而不提供共享资源。这种模式的网络集中管理共享数据和设备,提供了更严密的安全保护功能,有助于数据的保存和恢复。

1.4 网络体系结构

网络协议标准与体系结构在计算机网络技术中占有重要的地位,它奠定了网络发展的基础,推动了网络技术的发展。网络模型一般是指 OSI 七层参考模型和 TCP/IP 四层参考模型。这两个模型在网络中应用最为广泛。

1.4.1　网络体系结构的基本概念

计算机网络系统采用结构化的分层设计方法,将网络的通信子网与资源子网分成相对独立的、易于操作的层次,依靠各层之间的功能组合来提供网络的通信服务和资源共享,从而方便了网络系统的设计、修改和更新。

一、体系结构

网络体系结构(Network Architecture)对计算机网络应该实现的功能进行了精确的定义,而这些功能是用什么样的硬件和软件去实现的,则是具体的实现问题。体系结构是抽象的,功能实现是具体的。

二、层次

层次(Layer)是网络体系结构中的一个重要的基本概念。人们对难以理解的复杂问题,通常是将其分解为若干个容易处理的小问题进行处理。在计算机网络中采用层次的结构,将复杂的网络功能分配在多个不同的层次中,每个层次完成的服务及服务实现的过程都有明确的规定,不同的网络系统分成相同的层次,不同的系统同等层次具有相同的功能,高层可使用低层提供的服务而不需要知道低层的服务是如何实现的,这种层次结构大大降低了处理复杂问题的难度。

三、接口

接口(Interface)是同一节点内相邻层之间交换信息的连接点。同一节点相邻层之间存在着明确规定的接口,低层通过接口向高层提供服务。只要接口条件不变,低层功能不变,低层功能的具体实现方法与技术变化不会影响整个系统的工作。

四、网络的分层原则

要实现不同实体之间的通信,可将网络设计为分层结构,上一层建立在下一层的基础上,每一相邻层之间有一个接口,各层之间通过接口传递信息或数据,各层内部的功能对外层加以屏蔽。在网络的层次结构中,各层有各层的协议。分层的原则如下。

① 根据功能的需要分层,每一层应当实现一个明确的功能。

② 每一层的选择应当有助于制订国际标准化协议。

③ 应尽量减少跨过接口的信息量。

④ 层数应适当,层数少时不同的功能混杂在同一层中,会使功能实现变得复杂,同时层数过多时网络体系结构将过于庞大。

五、网络分层结构的优点

网络采用分层结构的优点如下。

① 各层之间相互独立,高层并不需要知道低层是如何实现的,只需要知道该层通过层间接口向上层提供的服务。

② 灵活性好,当任何一层发生变化时,只要接口层不变,就不会影响到其他层,而当某层提供的服务不再需要时,还可以取消该层。

③ 各层都可以采用最合适的技术来实现,各层实现技术的改变不影响其他层。

④ 易于实现和维护,因为整个系统已被分解为若干个易于处理的部分,这种结构使得庞大而又复杂的系统的实现和维护变得容易控制。

⑤ 有利于促进标准化,因为每一层的功能和所提供的服务都有精确的说明。

1.4.2 网络分层模型

不同于 OSI 七层模型和 TCP/IP 四层模型,Internet 协议栈共有五层:应用层、传输层、网络层、数据链路层和物理层。这也是实际使用中常用的分层方式。

1. 应用层

支持网络应用,应用层协议仅仅是网络应用的一个组成部分,运行在不同主机上的进程则使用应用层协议进行通信。主要的协议有:超文本传输协议 HTTP、文件传输协议 FTP、远程登录协议 Telnet、简单邮件传输协议 SMTP、邮局协议 POP3 等。

2. 传输层

负责为信源和信宿提供应用程序进程间的数据传输服务,这一层主要定义了两个传输协议:传输控制协议(TCP)和用户数据报协议(UDP)。

3. 网络层

负责将数据报独立地从信源发送到信宿,主要解决路由选择、拥塞控制和网络互联等问题。该层的主要协议有:IP 协议、ARP 协议、RARP 协议。

4. 数据链路层

负责将数据报封装成合适在物理网络上传输的帧格式并传输,或将从物理网络接收到的帧解封,取出数据报交给网络层。

5. 物理层

负责将比特流在节点间传输,即负责物理传输。该层的协议既与链路有关,也与传输介质有关。

1.4.3 网络协议

网络协议(Protocol)是网络通信实体之间必须遵循的规则的集合,用来描述进程之间的交换过程。不论在广域网或局域网中,计算机之间要进行通信,必须遵守这些规则。

协议是通信双方为了实现通信所做的约定,任何一种协议都包括 3 个组成部分:语法、语义和定时。

(1) 语法:规定了通信双方彼此"如何讲",即确定协议元素的格式,例如数据和控制信息的格式等。

(2) 语义:规定通信双方"讲什么",即确定协议元素的类型,例如规定双方要发出什么控制信息、执行的动作和返回的应答等。

(3) 定时:规定事件执行的顺序,即确定通信过程中通信状态的变化,可以用状态图来描述,例如规定的正确应答关系即属定时系统问题。

在计算机网络中,为实现各种服务功能,各实体之间经常要进行各种各样的通信和对话,所以协议是计算机网络中的一个极其重要的概念。

1.5　Internet

Internet 是基于一些共同协议,以相互交流信息资源为目地的公共互联网,它是目前世界上覆盖范围最大的计算机网络。Internet 的出现不仅使得通信和资源共享的地理范围扩展至全球,而且随着其服务内容和应用领域的拓宽,也改变着人们的时空观。

1.5.1　Internet 的发展史

Internet 是全球计算机系统的集合,这些计算机通过主干系统互联在一起,有一套完整的编址和命令系统,它不独立隶属于某一个人、单位、组织或国家,它是一个开放的世界性网络。

Internet 是在通信网络基础上,以 TCP/IP 为基标、以域名地址和 IP 地址为标识、以网关和路由为转换协议的网络集合。Internet 实质上是由遍布全球的各种计算机网络互联而成的网络,而不论这些网络类型的异同、规模大小和位置的远近。Internet 结构示意图如图 1-1 所示。

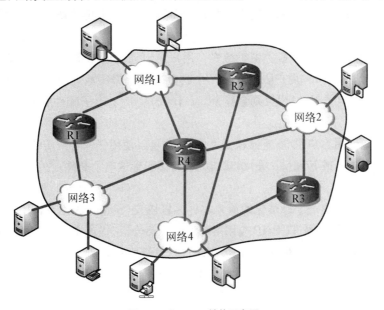

图 1-1　Internet 结构示意图

Internet 的前身是 ARPA 网。1968 年美国国防部高级研究计划局进行了分组交换技术的研究,并于 1969 年建立了一个命名为 ARPANET 的网络,只有 4 个节点,分布在美国 4 所大学的 4 台大型计算机上。这导致了 TCP/IP 的出现和发展,最终用 TCP/IP 将美国军方的所有局域网连接起来。

1972 年,ARPA 实验人员首次成功地发送了世界上第一封电子邮件(E-mail);1973 年,ARPA 网和其他网络系统连接成功,可以通过无线电话系统和地面移动网络系统进行连接,从此网络的发展日趋成熟;1995 年美国国家科学基金会宣布,不再向互联网络提供资金,从此,网络进入市场经济,完全走向商业化道路。

1994 年~1996 年,我国先后设置独立国际信息出口的 Internet 服务机构有 4 个:中国公用计算机互联网(ChinaNet)、中国教育和科研计算机网(CERNet)、中国科技网(CSTNet)和中国金桥网(ChinaGBN)。

1.5.2 Internet 提供的服务

Internet 的快速发展给人们带来了一个丰富多彩的信息世界,它是以服务的形式展现给用户的,大多数服务在局域网中都可以实现。Internet 上各类服务都在应用层,大多是建立在基本协议所提供的服务基础上,例如,电子公告牌服务(BBS),有些是基于远程登录服务(Telnet),有些是基于 HTTP。目前 Internet 可以提供以下服务。

一、电子邮件服务(E-mail)

电子邮件服务(E-mail)根据计算机的存储、转发原理,克服时间、地理位置上的差距,实现文字、语音、图像和视频等多种信息的传递。它是 Internet 上一种重要的通信服务方式,是用户或用户组之间通过计算机网络收发信息的服务,为世界各地用户提供了一种极为快速、简便和经济的交换信息渠道。除此之外,还可以给邮寄列表中的每个注册成员分发电子邮件或提供电子期刊。目前电子邮件已成为网络用户之间快速、简便、可靠且成本低廉的通信手段,并占据 Internet 上 60%以上的活动。

电子邮件的格式为:用户名@主机域名。用户可以通过网络申请一个免费的电子邮件地址,也可以通过申请 Internet 用户账号获取一个收费的电子邮件地址。例如到 263 网站申请一个用户名为 user1 的电子邮件地址,则全称为 user1@263. net。电子邮件的用户名只能由字母或数字等组成。

电子邮件系统使用客户机/服务器模式工作,用户可以使用任何客户端的电子邮件应用程序(如 Microsoft Outlook 或 Foxmail 等)编辑、收发、阅读和管理电子邮件。

1. SMTP

电子邮件的传递是由一个标准化的简单邮件传输协议(Simple Message Transfer Protocol, SMTP)来完成的。SMTP 是 TCP/IP 应用层协议的一部分,它描述了电子邮件的信息格式和传输处理方式。SMTP 运行在邮件服务器上,将邮件从发送端传递到接收端,也称为电子化邮局。当它接收客户端提交来的发送邮件请求时,首先根据 E-mail 地址与收件人邮箱所在的邮局建立 TCP 连接,然后将邮件传送给接收方,邮件服务器上的 SMTP 程序接收到邮件之后,将邮件存放在收件用户的邮箱中,等待收件人使用自己的客户端电子邮件应用程序来取阅。

2. POP3

邮局协议(Post Office Protocol 3,POP3)为邮件系统提供了一种收邮件的方式,用户可以使用客户端邮件程序直接将信件下载到本地计算机,脱机阅读邮件。如果电子邮件服务系统不支持 POP3,用户则必须登录到邮件服务器上联机查阅邮件。因此,使用客户端电子邮件软件时,必须在该软件上设置外发邮件服务器 SMTP 和接收邮件服务器 POP3 的地址,这两个服务器可以相同也可以不同,例如 263 网站的 SMTP 和 POP3 服务器分别为"263. com"和"263. net"。

二、信息浏览查询服务(WWW)

WWW(World Wide Web)是全球信息网,它是 Internet 提供的重要服务之一,是一种基于超文本(Hypertext)的信息查询和浏览方式,起源于欧洲核子物理研究中心(CERN)研制的分布式超媒体信息查询系统,提供了文本、语音、动画等多媒体信息查询和浏览功能。通过 Internet,用户可以方便地查询信息,并在各种信息之间切换并调用所需的文本、图像、语音和视频等。

1. HTTP

WWW 服务是基于超文本传输协议(Hypertext Transfer Protocol,HTTP)的,它是一种通用的面向对象的协议,Web 浏览器是 HTTP 的客户端应用程序,Web 是依靠 HTTP 进行传输的。HTTP 的实现也是基于客户机/服务器模式的,Web 浏览器向 Web 服务器发送资源请求信息,各个站点的 Web 服务器负责响应浏览器提交的访问请求。

Web 服务器返回的可以是保存在服务器中的静态网页,也可以是服务器动态创建的、用来响应用户输入信息的页面,或者是列出 Web 站点上可用文件和文件夹的目录列表页面。

2. URL

统一资源定位符(Uniform Resource Locator,URL)是一种地址标识方法,便于浏览器访问信息资源。这些资源可以是 Web 文档、图片、应用程序等。URL 的格式如下:

协议://主机名. 域名/路径/文件名

例如:http://www. tsinghua. edu. cn/index. html。

三、文件传输服务(FTP)

文件传输协议(File Transfer Protocol,FTP)用于控制在计算机网络上的主机之间传送文件,它是 Internet 提供的基本服务之一,不受位置、连接方式,以及使用的操作系统的限制。其主要功能是执行从一台计算机到另一台计算机完整的文件复制,它可以传送任何类型的文件:文本文件、二进制文件、图像文件、语音文件、数据压缩文件等。由于 FTP 是建立两台主机之间的直接连接,因此,它比电子邮件等其他交换数据的方式都快得多。

FTP 采用客户机/服务器工作模式,用户通过运行客户端 FTP 应用程序和远程服务器建立连接,登录对方的 FTP 服务器,FTP 服务器专为用户提供免费共享软件、电子杂志、技术文档或提供上传软件存储空间等。

在 Internet 上有很多匿名 FTP 服务器,使用公用的账号 anonymous、guest 或 ftp,密码使用真实的电子邮件地址。用户与 FTP 服务器建立连接后,使用匿名的访问方式可以登录到 FTP 服务器。匿名 FTP 的使用权限有一定的限制,通常仅允许在一定范围内下载文件,不允许上传文件。

使用 FTP 进行文件传输的方法有 3 种:FTP 命令、浏览器和 FTP 客户端应用程序。在浏览器中的使用方法与使用 HTTP 方式一样,这里不再介绍。在 Windows 操作系统中安装 TCP/IP 之后,系统将在 Windows 目录下自动安装 ftp. exe 程序。

在命令行下使用 FTP 的方法:在MS-DOS 方式下直接输入 ftp 命令,则系统的命令提示符由"C:\>"变为"ftp>",使用"help"或"?"命令显示所有的 ftp 命令,使用 quit 命令退出 FTP 登录。

四、远程登录服务(Telnet)

远程登录服务(Telnet)是 Internet 提供的最基本的信息服务之一,用户通过远程登录使自己的计算机成为远程计算机的终端,与当地用户一样可以访问远程系统权限允许的资源。在远程计算机上登录,必须事先成为该计算机系统的合法用户并拥有相应的账号和口令,登录时要给出远程计算机的域名或 IP 地址,并按照系统提示,输入用户名及密码。登录成功后,便可以实时地使用该系统对外开放的功能和资源。在远程系统中,虚拟终端是对终端的仿真,因此,Telnet 也被称为远程登录的虚拟终端协议,或称为终端仿真协议。

通过 Telnet 进行远程登录有 3 种方法:MS‑DOS 命令、浏览器和 Telnet 客户端应用程序。在 Windows 操作系统中安装 TCP/IP 之后,系统将在 Windows 目录下自动安装 telnet.exe 文件,它是一个以 Telnet 方式连接到 Internet 的客户端应用程序。只要在 Windows 操作系统中选择"开始"→"运行"命令,在"运行"对话框中输入"telnet"并运行,在出现的画面中选择连接的主机、端口和终端类型即可。

小 结

本章主要介绍了计算机网络的基础知识和网络协议的基本知识,包括计算机网络的数据通信、数据共享、分布式处理等功能,计算机网络从第一代到第四代的发展历史。并根据不同的原则进行了计算机网络的分类,其中按覆盖范围可分为局域网、城域网和广域网;按网络结构可分为以太网、令牌环网和令牌总线网;按用户存取和共享信息的方式可分为对等网络和客户机/服务器网络。最后介绍了网络体系结构、网络参考模型、网络协议以及互联网提供的服务等。

习 题

1. 计算机网络具有哪些基本功能?
2. 简述计算机网络按结构可以分哪几类,各有什么特点?
3. 网络协议分别由哪几个部分组成? 分别有什么作用?
4. 在计算机网络中采用分层的体系结构有哪些优点?
5. Internet 提供的最常用的服务有哪些,分别应用于哪些场合?

第 2 章
局域网基础

随着网络信息时代的来临,网络技术的飞速发展给人们的生活带来了很大的方便。局域网对于今天的公司或企业而言已经是必不可少的:使用电子邮件收发信件,公司内部资源的共享,信息的交流,公司业务的管理等。局域网是一种小范围的、以实现资源共享为基本目的而组建的计算机网络,具有连接距离短、频带宽、延时小、成本低及实现简单等特性,被广泛应用于各企事业单位。

随着社会经济的飞速发展,企业的经营规模和范围逐步扩大,企业内部及企业之间的信息交流也越来越频繁,原来企业内部大量的以书面形式传递的文件、报表和通知等,可以通过局域网以电子文件的方式进行传送,既节省了企业的办公开销,又提高了企业的管理效率。

2.1　局域网的定义、发展及作用

局域网(Local Area Network,LAN)是指在某一区域内由多台计算机互联而构成的计算机组。局域网是封闭型的,可以由办公室内的两台计算机组成,也可以由一个公司内的上千台计算机组成,一般是方圆几千米以内。局域网可以实现文件管理、应用软件共享、打印机共享、工作组内的日程安排、电子邮件等功能。

局域网可以通过数据通信网或专用数据线路,与远方的局域网、数据库或信息中心相连接,构成一个较大范围的信息处理系统。决定局域网的主要技术要素为:网络拓扑,传输介质与核心设备。

2.1.1　局域网的定义

可以使用两种方式给出局域网的完整定义:一种是功能性定义,另一种是技术性定义。

从功能上讲,局域网是一组计算机和其他设备互联在一起的系统,在物理地址上彼此相隔不远,允许用户相互通信以及共享诸如打印机和存储设备之类的资源,适用于办公环境、工厂和研究机构。

从技术上讲,局域网是由特定类型的传输媒体(如电缆、光缆和无线媒体)和网络适配器互联在一起的计算机受网络操作系统监控的网络系统。

2.1.2　局域网的发展

自 1981 年 IBM 公司的 PC 投入市场以来,PC 的应用逐渐普及,但由于当时的磁盘驱动器和打印机都非常昂贵,于是出现了资源共享的方式——磁盘服务器和共享打印机。这种硬件和软件的组合,可以使几个 PC 用户很方便地对公共硬盘驱动器进行共享式访问。

早期的局域网用户对硬盘驱动器的共享访问是通过连接到共享驱动器的计算机实现的。计算机中的软件将共享硬盘分成为多个"卷"的区域,每个用户一个分配"卷"。在用户看来,用户分得的"卷"就是他自己的专用磁盘驱动器,硬盘不包括公用"卷",所有的用户都可以共享信息。

在目前的局域网中,磁盘服务器被文件服务器取代,文件服务器无论是在使用户共享文件方面还是在帮助用户跟踪他们的文件方面都优于磁盘驱动器。现在多数局域网都提供了多个文件服务器,每个服务器都提供多个磁盘驱动器(磁盘阵列),从而便于实现大容量的信息存储与共享。

2.1.3 局域网的作用

局域网是采用 Internet 技术创建的企业内部网络,它通过在企业网上采用 Internet 协议和管理工具来组建企业网络。局域网可以看作是一个小规模的 Internet,几乎可以提供 Internet 上所有的服务。局域网的作用主要表现在如下几个方面。

1. 信息的快速交流

利用企业内部的局域网平台和电子邮件等形式,可以方便快速地在企业内部传递和发布信息,各种文档资料、技术报告、通知等以电子化的手段取代了纸质文件,提高了工作效率。

2. 信息管理无纸化

在局域网服务器上安装了 IIS(Internet Information Services)之后,局域网可以利用最先进的、基于 Web 的 Brower/Server 模型来构造企业的应用服务系统,它把传统的 C/S 模型中的服务器分为一个应用服务器(Application Server)和一个或多个数据库服务器(Database Server),在服务器上集中了所有的应用程序、开发与维护工具。在客户机上通过直观、易于使用的浏览器获取 Web 服务器上的信息,Web 服务器通过 HTTP 建立了内部页面与各相关后端数据库的超文本链接,企业内部的用户可以通过浏览器查询网络服务器上的所有信息。

3. 运行费用低

采用局域网进行企业内部的信息交流与协作,简化了繁琐的行政手段,可以减少行政管理工作。可以对员工进行联机培训,自由安排培训时间和内容,提高了效率,也可以节省大量的办公费用。

4. 企业内部资源共享和全方位服务

建立局域网后,企业内部各部门之间可以方便地实现资源共享,包括数据共享、软件共享和应用程序共享,尤其是共享比较昂贵的设备。

局域网可以提供的服务包括 WWW 信息发布、FTP 文件传输、电子邮件服务、新闻组讨论、协同工作和对外交流等。

2.2 局域网的特征、分类及组成

2.2.1 局域网的特征

1. 通信速率较高

局域网的通信传输速率单位为兆比特每秒(Mbps),从 5 Mbps、10 Mbps 到 100 Mbps,随着局域网技术的进一步发展,目前已达到了更高的速度(例如 155 Mbps,655 Mbps 的 ATM 及 1 000 Mbps 的吉比特以太网等)。

2. 通信质量好

由于局域网通常只在很小的物理范围内进行数据的传输,因此传输误码率低,位错率通常为 $10^{-12}\sim10^{-7}$。

3. 使用范围小

由于局域网的范围一般为几千米之内适用于一个企业或一个部门,在设计、安装、操作使用时由单位统一考虑、全面规划,不受公用网络的约束。

4. 支持多种通信传输介质

根据网络本身的性能要求,局域网中可使用多种通信介质,例如电缆(细缆、粗缆、双绞线)、光纤及无线传输等。

5. 局域网成本低,安装、扩展及维护方便

局域网一般使用价格低而功能强的微机作为工作站。局域网的安装较简单,可扩展性好,尤其是在以交换机为中心的星状网络结构的局域网中,扩展服务器、工作站等十分方便,某些站点出现故障时整个网络仍可以正常工作。

6. 可以实现多媒体传输

如果采用宽带局域网,可以实现数据、语音和图像的综合传输。在基带网上,随着技术的迅速发展也逐步能实现语音、图像和视频的综合传输,这正是办公自动化所需要的。

2.2.2　局域网的分类

局域网按其服务方式不同,可分为不同的类型。

一、专用服务器局域网

这是一种工作站/文件服务器结构的局域网,由若干台工作站和文件服务器通过介质连接起来,组成一个存储共享的网络,各工作站之间无法进行直接的通信,只能通过文件服务器进行通信。

1. 专用服务器局域网的优点

① 网络可靠性高。

② 文件服务器可以严格控制每个工作站的访问权限。

③ 数据的保密性强。

2. 专用服务器局域网的缺点

① 工作效率低,对文件服务器的要求高。

② 工作站的软、硬件资源无法直接共享。

③ 安装与维护困难。

二、客户机/服务器网络

这种局域网服务器专门用于管理、控制网络的运行,设置和控制网络中每个用户的权限和使用的资源,所有的客户机都共享网络服务器的软、硬件资源,客户机之间可以直接相互访问,实现客户机之间的资源共享。

客户机/服务器模式的局域网是最常用、最重要的一种网络类型,它可以实现异构网络之间的联网,如 PC 和 Mac 机,Windows 平台和 Linux 平台。这种网络的安全性较高,可以控制计算机的权限和优先级,实现规范化的网络管理,Windows Server 网络是典型的客户机/服务器网络。

1. 客户机/服务器网络的优点

① 网络工作效率高。

② 可以有效地利用各工作站的软、硬件资源。

③ 服务器负担相对较小。

2. 客户机/服务器网络的缺点

① 需要专用服务器连接相应的外部设备,组网成本较高。

② 对工作站的管理较困难。

③ 数据的安全性和保密性比专用服务器差。

三、对等局域网

对等局域网(也称点对点的网络,Point to Point)不需要专用的服务器,网络中的每台计算机既是网络资源的使用者,也是网络服务和资源的提供者,网络中的每台客户机都可以平等地与其他客户机进行资源的共享与交流,网络中的计算机一般是同类型的。这种网络实现方便,但管理与监控有一定的难度,安全性也较低,适合于小型网或企业的部门内部使用。

1. 对等局域网的优点

① 组建和维护容易。

② 不需要专用服务器,组网成本低。

③ 使用方便,客户机之间实现资源共享。

2. 对等局域网的缺点

① 不能保证数据的保密性。

② 分类存储文件,不方便集中管理。

③ 系统升级的困难较大。

2.2.3 局域网的组成

局域网是一个开放系统,支持多家厂商,有的厂商还可以为企业提供一套完整的解决方案,有的提供部分组件。局域网一般由如下的组件构成:

- 支持 TCP/IP 的网络操作系统;
- 网络介质(网线、网卡等);
- 计算机网络设备(中继器、集线器、交换机、路由器等);
- 局域网服务器;
- 局域网客户机;
- 其他组件(应用程序、网络管理系统、防火墙和代理服务器等)。

一、局域网的操作系统

局域网操作系统是实现计算机与网络连接的重要软件。局域网操作系统通过网卡驱动程序与网卡通信实现介质访问控制和物理层协议。对不同传输介质、不同拓扑结构、不同介质访问控制协议的异型网,要求计算机操作系统能很好地解决异型网络互联的问题,在局域网底层所提供的数据传输能力的基础上,为高层网络用户提供共享资源管理和其他网络服务功能。

局域网操作系统可以分为两类:面向任务型局域网操作系统和通用型局域网操作系统。

面向任务型局域网操作系统是为某一种特殊网络用户应用要求而设计的。

通用型局域网操作系统能提供脚本的网络服务功能,以支持各个领域应用的需求。典型的通用型局域网操作系统为各版本的 Windows Server 和 Linux 操作系统。

二、网卡

网络适配器或接口卡(Network Interface Card,NIC)简称网卡,工作于 OSI 参考模型的物理层,是计算机和传输介质的接口。网卡是计算机中最基本的网络连接设备,负责计算机之间数据的发送和接收。网卡是不仅能实现与局域网传输介质之间的物理连接和电信号匹配,还负责帧的发送与接收、帧的封装与解封、介质访问控制、数据的编码与解码以及数据缓存等。

按数据传输的速率,网卡可分为 10 M 网卡,适用于 10 Mbps 的网络;100 M 网卡,适用于 100 Mbps 的网络;1 000 M 网卡,适用于千兆网络;10/100/1 000 M 自适应网卡,可适用于不同带宽的网络,它可自动识别所连接的网络采用的是哪一种传输速率而自动启用相应的传输速率。

按总线的类型,网卡可分为 ISA 网卡和 PCI 网卡两种(图 2-1)。

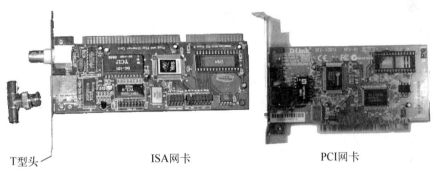

T型头　　　　ISA网卡　　　　　　PCI网卡

图 2-1　两种类型的网卡

ISA 网卡的传输速率一般为 10 Mbps,ISA 网卡的接口形式可以是 BNC(细缆接口)或 RJ-45 接口(双绞线接口),一般使用同轴电缆和双绞线作为传输介质。

PCI 网卡的传输速率为 10～1 000 Mbps,网卡的接口一般为 RJ-45 接口。

无线网卡:随着无线网络的普及,无线网卡的应用也越来越广泛,无线网卡可以分为 USB 接口和 PCI 接口。

三、中继器

图片

中继器(Repeater)是最简单的网络互联设备,主要完成物理层的功能,负责在一个网段中的两个节点物理层上按位进行信息传输,其作用是放大信号以驱动长距离的电缆,从而增加信号传输的距离。它连接同一个网络的两个或多个网段,如图 2-2 所示。传输介质超过了网段长度后,可用中继器延伸网络的距离,对弱信号予以再生放大,以太网常常利用中继器扩展总线的电缆长度,IEEE 802 标准规定在一个物理网络中,每个网段最大长度为185 m,最多允许 4 个中继器连接 5 个网段,因此,增加中继器后最大网络电缆长度可提高到 925 m。

中继器

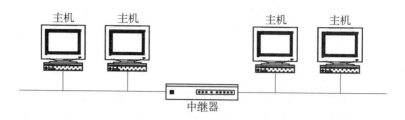

图 2-2　中继器连接两个网段

中继器连接的是一个网络中的不同网段而不是子网,中继器工作在物理层,不提供网段隔离功能。中继器工作在 OSI 参考模型的物理层,对信号只进行简单的放大处理,因此,它不能隔离网络上的广播风暴,也不能把两个网络分支隔离开来,一个网络出现故障,则整个网络将瘫痪。

中继器是一种简单的网络连接设备,在下列情况下可以考虑使用中继器来扩展网络。

① 需要再生信号,扩大网络的传输距离。

② 在同一网络中连接不同的传输介质。

③ 网络分支的数据流量不大的情况下要实现网络间的互联。

④ 组建网络的成本不能太高的情况下要实现网络互联。

⑤ 各个网络分支的体系结构相同,并且访问方式或遵守的协议也相同。

⑥ 不需要对各个网络分支间的信息进行隔离。

四、集线器

集线器(Hub)是一种能够放大网络传输信号,扩展网络规模,构建网络,连接 PC、服务器和外设的最基本的网络连接设备。集线器是特殊的多口中继器,中继器的主要功能是对接收到的信号进行再生放大,以扩大网络的传输距离;而集线器能够提供多端口服务,所以又称为多端口中继器。

1. 集线器的作用

集线器属于数据通信设备,工作在局域网环境中,集线器是一种以星状拓扑结构将通信线路集中在一起的设备,相当于总线,主要用于 OSI 参考模型的物理层,因此,集线器为物理层设备。

集线器主要用于共享网络的组建,作为网络传输介质间的中央节点,克服了传输介质单一通路的缺陷。以集线器为中心的优点是:在网络系统中某条线路或某节点出现故障时,它不会影响网上其他节点的正常工作。图 2-3 所示为由集线器连接的网络。

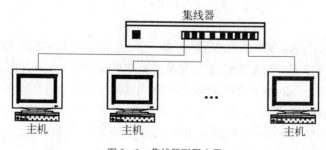

图 2-3　集线器联网应用

当集线器的一个端口接收到信号后,由于信号在传输过程中已经有了衰减,所以集线器便将该信号再生放大到发送时的状态,然后转发到集线器所有处理工作状态的端口上,从集线器的工作方式可以看出,集线器在网络中只起到信号放大的作用,目的是扩展网络的传输范围,只是一个标准共享式设备,不具备信号定向的能力。

在以太网环境下,集线器的端口接收一台主机发送的数据帧,对两段电缆之间的电信号进行中继,然后将数据帧广播到每个工作的端口(数据接收端口除外),由 CSMA/CD 机制决定最终的接收方。

2. 集线器的种类

对集线器可以进行如下的分类。

(1) 按传输速率分类

根据传输速率的不同,目前市场上用于中小型局域网的集线器可分为 10 M、100 M、10/100 M 自适应 3 种类型。其中 10/100 M 以太网自适应双速集线器作为一种新兴产品,受到中小企业的关注。

10/100 M 以太网自适应双速集线器的每个端口都内建自适应模型,自动感应并调整接入速率,任意一个端口都能以即插即用的方式工作在 10 Mbps 或 100 Mbps 速率下,透明地在标准以太网和快速以太网之间进行通信,不需要特殊的软件配置。应该注意的是,目前先进的双速集线器自适应能力完全是自动的,不需要人工干预,而早期的双速集线器需要人工设置每一个端口的接入速率。

(2) 按配置形式分类

根据配置形式的不同,集线器可分为独立型、模块化及堆叠式三大类。

① 独立型集线器。独立型集线器是最早用于局域网的设备,它具有价格低、故障查找容易、网络管理方便等优点。但这类集线器的工作性能较差,尤其是传输速率上缺乏优势,最早主要是为了克服总线结构的网络布线困难和易出故障的问题而引入的,一般不带网管功能,没有容错能力,不能支持多个网段,不能同时支持多协议。使用独立集线器的网络结构简单,所有节点通过非屏蔽双绞线与集线器连接,构成星状拓扑结构,适用于小型工作组规模的网络,一般支持 8~24 端口,可以利用串接方式连接多个调制解调器来扩充端口。

② 模块化集线器。模块化集线器一般带有机架和多个卡槽,每个卡槽中可安装一块卡,每块卡的功能相当于一个独立型集线器,多块卡通过安装在机架上的通信底板互联并进行相互间的通信。模块化集线器在较大的网络中便于实施对用户的集中管理,所以在大型网络中得到了广泛应用。

③ 堆叠式集线器。堆叠式集线器由多个集线器串接在一起,提供大量的并列端口,以星状拓扑结构连接多个节点。堆叠式集线器的工作原理与独立型集线器没有本质的区别,只是在任一入口接收的信号,可以通过底线广播到所有端口,每个集线器都用线串接起来,如从 X 端口接到的信号,可通过串接线,广播到所有集线器底线,再广播到所有端口。

(3) 按管理方式分类

集线器根据管理方式的不同可分为智能型集线器和非智能型集线器两类。

① 智能型集线器。智能型集线器(Intelligent Hub)改进了普通集线器的缺点,增加了网

络的交换功能,具有网络管理和自动检测网络端口速率的能力(类似于交换机的功能),目前智能型集线器已向着交换功能发展,缩小了集线器与交换机之间的差别。

② 非智能型集线器。与智能型集线器相比,非智能型集线器只起到简单的信号放大作用,无法对网络性能进行优化。早期使用的共享式集线器一般为非智能型的,而现在流行的 100 M 集线器和 10/100 M 自适应集线器多为智能型集线器。非智能型集线器不能用于对等网络,而且在所组成的网络中必须有一台服务器。

(4) 按端口数分类

每个集线器根据其端口数的多少可分为 8 口、12 口、16 口和 24 口,或更多端口。图 2 - 4 所示为 8 口和 24 口集线器。

以上分别介绍了不同类型的集线器,目前使用的集线器多为 10/100 M 自适应型。

8 口集线器+1 个上行接口　　　　　　　　　24 口集线器

图 2 - 4 不同端口数的集线器

五、网桥

网桥(Bridge)也称桥接器,是一种比中继器高级的网络互联设备,它不但可以重生信号,还具有一定的网络隔离作用,可以把两个网络分支的信息流和故障隔离开来,是一种具有一定智能的设备,可以连接两个不同协议的网络,如令牌环网和以太网。

网桥可以是一个独立的设备,也可以以其他形式出现,如在网卡、计算机中安装网桥软件等,如果网络操作系统支持网桥的功能,服务器可以安装多个网卡来实现网桥的功能。这种网桥称为内置式网桥。

1. 网桥的工作原理

网桥工作在 OSI 参考模型的数据链路层,它具有比中继器更多的功能,局域网间的数据链路层按帧传送信息。网桥可以将两个不同拓扑结构、不同网络操作系统、不同协议的局域网连接起来,扩展网络的物理距离和范围,并对数据流通进行管理,以提高网络的性能。图 2 - 5 所示为网桥连接的两个不同拓扑结构的网络。

网桥的另一个重要功能是对扩展的网络状态进行监控,其目的是为了更好地调整拓扑的逻辑结构。有些网桥还可以对转发和丢失的数据帧进行统计,以便进行系统维护。网桥管理还可以间接监控和修改转发地址数据库,允许网络管理模块确定网络用户站点的位置,以方便管理需扩展的网络。

2. 网桥的主要功能

(1) 能够在数据帧上重生数据。

(2) 检查每个数据帧的目的地址和源地址。

(3) 建立一个路由表,网桥的一个重要特点是能够识别数据帧中的地址,并由此建立一个路

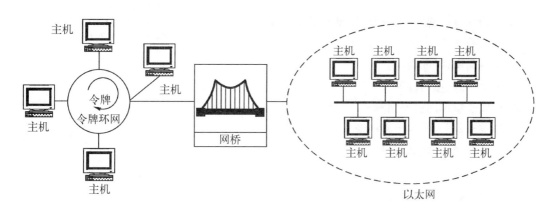

图 2-5　网桥连接不同拓扑结构的网络

由表。

（4）有选择地传送数据,在网桥连接的网络中,数据的发送是有选择的。

① 网桥接到数据帧后,分析源地址是否加入路由表,如果没加入,则将其源地址加入路由表。

② 分析数据帧的目的地址,如果目的地址在路由表中,并且和源地址在同一网络中,则不转发该数据帧,可以隔离网络风暴,提高网络速度;如果目的地址不在路由表中,则把该帧发送到数据帧源地址之外的网络分支中去。

③ 路径的选择。在网络中可能有多个网桥构成网状结构的网络连接,当两台计算机之间多于一条路径时,可能产生数据包的循环问题,在网桥中不允许同时有几条路径向一个目的地址发送数据。为此,IEEE 对网桥制订了 IEEE 802.1d 标准的生成树算法,以此来保证经过网桥的两个站点在进行通信时只有一条数据链路,通过生成树算法后,由多个网桥构成的网状结构变成了树状结构,尽管通过网桥的两个站点之间可能有多个物理链路,但在实际应用时只能有一条唯一的通路。

3. 网桥的分类

网桥分为内桥、外桥、远程桥和无线网桥。

① 内桥:是通过文件服务器中的不同网卡连接起来的局域网。

② 外桥:安装在工作站上,实现两个相似局域网的连接,外桥可分为专用和非专用。专用外桥只能用来建立两个网络之间的连接,管理网络之间的通信;非专用外桥既可以作为网桥也可以作为工作站使用。

③ 远程桥:远程桥一般用于调制解调器等硬件设备,以实现两个远程局域网之间的连接。

④ 无线网桥:适用于远程无线监控,无线视频传输。

4. 网桥的适用场合

在下面的情况下,可以考虑使用网桥作为扩展设备。

① 需要扩展一个网络,使网络能连接更多的计算机。

② 需要连接不同的网络分支,如令牌环网、以太网、令牌总线网等。

③ 网络中有不同的传输介质。

⑤ 需要减少不同网络之间的数据流量,隔离广播风暴。

5. 网桥的优点

① 设备简单,容易实现。

② 灵活性好,适用性强。

③ 可以连接不同的网络分支。

④ 能够分割网络,减少网络流量。

⑤ 传输距离比中继器更远。

⑥ 价格便宜。

六、交换机

1. 交换式局域网的特点和组成

局域网的核心设备之一是局域网交换机(Switch)。交换机提供多个端口,它的本质是一个多端口网桥,每个端口可以连接一个局域网段、集线器、一台高性能的服务器或单个工作站,交换机提供大容量动态交换带宽,并采用 MAC 帧直接交换技术,可以使接入的多个站点间同时建立多个并行的通信链路,站点间沿指定的路径转发报文,使争夺式"共享性"信道转变为"分享式"信道,最大程度地减少了网络帧的碰撞和转发延迟,使带宽和效率成倍增加。

交换机具有集线器的功能,能进行数据的转发,但是交换机与集线器最大的区别是交换机以交换方式处理端口资料,交换机将接收到的数据帧,直接转发给数据的目的端口或目的地址所有的默认网关,从而提高了网络的效率;而集线器以共享的方式处理端口接收到的数据,然后以广播的方式发送给网络中所有端口,从而增加了网络的流量,容易引起网络风暴。传统的交换机只具有和多路网桥相似的功能,故称为第二层交换机(L2)。新型的交换机引入了路由技术,已成为网桥和路由技术的综合产品,可以完成网络层的路由选择,因此称为第三层交换机(L3)。

交换技术通过共享式和专用局域网的分段来划分带宽,将基于集线器的共享式网络分成多个较少的共享式子网络,主要连接部分由交换机实现带宽独占,避免各节点带宽的争用,为每一个节点提供尽可能大的带宽。图 2-6 所示为交换机连接的网络。

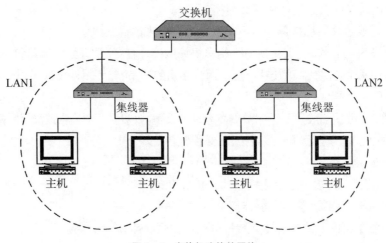

图 2-6　交换机连接的网络

2．交换机的功能

交换机在源端口和目的端口之间提供点到点的连接,增加了网络吞吐量,可以在同样带宽的线路中传输更多的信息,而保证每个链路都独占网络带宽。交换机可以同时建立多个传输路径,所以应用在连接多台服务器的网段上可以起到明显的效果。交换机主要用于连接集线器、服务器或分散式主干网。交换机的主要功能如下。

(1) 采用硬件实现,速度快,可以为每一个节点提供全部网络带宽。

(2) 按数据包中的 MAC 地址转发数据,而不考虑数据包中的具体内容,延时少。

(3) 每个端口都提供专用的带宽,交换机提供的总带宽为每个端口带宽之和。

(4) 流量控制。交换机提供足够的缓冲区并通过流量控制来消除网络拥塞。当多个网段或两个高速网络突发访问服务器,瞬时的信息流量超过交换机的总带宽时,可以使用交换机提供的缓冲区将数据先保存在缓冲区中,等大流量的瞬间过去后,再将缓冲区中的数据转给目的端口,从而达到了控制流量的目的。流量控制技术提高了网络的交换性能,缓解或消除了网络拥塞。

(5) 转发机制。交换机的每个端口都相当于一个桥,每个桥都具有各个网段的地址表,可以在发向该网段的数据包全部被接收到之后再将数据包转发到目的端口。

(6) 网络管理。交换机大多连接一个网段或一个局域网,交换机与简单网络管理协议(SNMP)兼容,收集网络的流量和状态信息,提供排除故障和改变流量的依据。交换机实现网络管理的途径有两种:① 通过交换机的芯片收集管理信息,保存于专门的管理器中供各站点查询;② 用一台 PC 作为专门的管理机,收集交换机的统计信息和各端口的信息。

(7) 子网划分功能。一个大的网络中可能有多个部门,每个部门内的信息交流量较大,而部门之间的信息交流不多,为了减少网络中信息的流量,可以使用交换机将信息流量较多的节点连接成为一个子网,每个子网成为一个冲突域,子网内可以使用集线器连接所有的节点,这样既可扩大网络的范围,也减少了网络中的信息流量,从而提高了网络的效率。

3．交换机的分类

(1) 按采用的技术分类

交换机按采用的转发技术可分为直通交换和存储转发两种。

① 直通交换(Cut-Through):这种交换方式对传输的数据帧只读目的地址不做校验,直接将收到的数据帧转发到目的端口,即一旦收到数据目的地址,在收到全帧之前便开始转发。直通交换方式速度快、延时少,但不负责数据帧的校验,因此不管服务器连接交换机的哪一个端口,只要发现错误的数据帧,即将数据帧丢弃而要求源端口重发,增加服务器的负荷,可能降低网络效率。直通交换适用于同速率端口和碰撞误码率低的环境。

② 存储转发(Store-and-Forward):这种交换方式把端口收到的全部数据帧放在缓存器内存中,并进行检测,对坏包要求重发,无错的包转发到目的端口。这种方式可靠性高,无须文件服务器负责管理数据包,但交换机的延时会增加,这种交换方式适用于不同速率端口和碰撞误码率高的环境。

(2) 按使用的网络类型分类

交换机按使用的网络类型可分为以太网交换机、令牌环网交换机、FDDI(光纤分布数据接口)交换机、ATM 交换机、快速以太网交换机、光交换机、帧中继交换机等。

（3）按传输速率分类

交换机根据其传输速率可分为 10 Mbps、100 Mbps、10/100/1 000 Mbps 自适应及 1 000 Mbps 类型。

（4）按端口数分类

交换机按端口数可分为 6 口、8 口、16 口、24 口、32 口、48 口等。图 2-7 所示为三款不同端口数的交换机。

24口交换机　　　　　　　　　　16口交换机

48口交换机

图 2-7　不同端口数的交换机

4. 选择交换机的原则

局域网交换机是组成网络系统的核心设备,对用户而言,交换机的主要指标是价格、端口配置、数据交换能力、交换吞吐率等。因此在选择交换机时,应尽可能地从这几个方面考虑从而尽量满足用户的要求。

七、路由器

路由器(Router)是在多个网络和传输介质之间实现网络互联的一种设备,它对数据包进行操作,比较数据包中的网络地址与它建立的路由表来进行寻址,路由器系统构成了基于 TCP/IP 协议的互联网络骨架。它的处理速度是网络通信的主要瓶颈之一,它的可靠性直接影响着网络互联的质量。因此,在园区网、地区网乃至整个 Internet 研究领域中,路由器技术始终处于核心地位。路由器之所以在互联网络中处于关键地位,是因为它处于网络层,一方面能够跨越不同的物理网络类型(DDN、FDDI、以太网等),另一方面在逻辑上将整个互联网络分割成逻辑上独立的网络单位,使网络具有一定的逻辑结构。

路由器的基本功能是把数据包传送到目的地,具体包括数据包的转发(数据包的寻径和传送);子网隔离,抑制广播风暴;维护路由表,并与其他路由器交换路由信息(这是数据包转发的基础);数据包的差错处理及简单的拥塞控制;实现对数据包的过渡等功能。如图 2-8 所示为华为公司的企业及路由器和接入路由器,分别用于企业核心网和接入网。

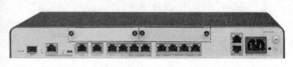

企业级路由器　　　　　　　　　　接入路由器

图 2-8　华为公司的企业级路由器和接入路由器

1. 路由器的主要功能

(1) 实现网络互联

路由器的主要功能是实现真正意义上的网络互联,可以实现异质网络、多个子网和广域网的互联。在多网络互联的环境中,路由器只接受源站或其他路由器的信息,不关心网络中使用的硬件设备,只要求设备运行与网络层协议相兼容的软件。

(2) 进行复杂的路径控制和管理

路由器的主要功能是为经过它的每个数据包寻找一条最佳传输路径,并将该数据包按地址传送到目的站。路由器存放着一个路由表,在路由表中保存着子网的标志信息、网上路由器的个数、下一个路由器的名字或 IP 地址等内容。路由表可以由网络系统管理员手动配置一个静态的路由表,也可以利用协议学习的功能自动配置动态路由表。静态路由表一旦配置完成,经过该路由器的所有数据包均遵循该路由表设置的路径传输数据,若网络中有某台路由器发生故障,就需要重新设置路由表,因此增加了管理员的工作量。而动态路由表是由路由器通过发送广播信息自动获取的,因此,一旦网络中有路由器出现故障,网上所有自动配置路由表的路由器均会重新发送广播信息获取新的路由表,而不需要管理员干预。

(3) 流量控制和分组分段

路由器有较强的流量控制功能,可以采用优化的路由算法来均衡网络负载,有效地控制网络拥塞,提高网络的性能。路由器的流量控制是利用其缓存的功能,保证在网上发送数据的过程中,不会因为双方速度的不匹配而丢失数据。当网络中有接收方不能处理较大的数据帧时,路由器就把大的数据帧分组为小的数据帧,以便接收方能够接受,防止数据重复发送。

(4) 验证转发的数据包

路由器在进行数据转发之前,先检测数据包源地址和的目的地址是否存在,若检测不到合法的源地址和目的地址或检测到非法的广播或组播数据包,就将其丢弃。可以通过设置包过滤的访问列表,限制某些方向的数据包转发,以保证网络的安全性。例如在一个企业内部的路由器,可以设置访问列表不转发某些网站或源地址不明的信息,以确保企业内部网络不被黑客攻击。

(5) 防止网络风暴

由于路由器的每个端口连接的都是不同的子网,可以方便地将一个大的网络分割为多个子网络进行管理和维护,路由器可以根据网络号、主机的地址、数据类型来监控、拦截和过滤信息,因此,路由器具有更强的网络隔离能力,不仅可以防止网络风暴,更重要的是提高了网络的安全和保密性,同时有的路由器还可以实现防火墙的作用。

(6) 接入 Internet

企业可以通过路由器方便地接入 Internet,从而访问 Internet 或将自己企业的信息发布到 Internet。

由于路由器常用于较大的复杂网络,因此需要具有经验的网络技术人员进行设置、安装和管理。可以认为使用路由器后,将形形色色的通信子网融为一体,形成了一个更大范围的网络。从宏观的角度出发,可以认为通信子网实际上是由路由器组成的网络,路由器之间的通信则通过各种通信子网的通信能力予以实现。图 2-9 所示为路由器连接不同的网络。

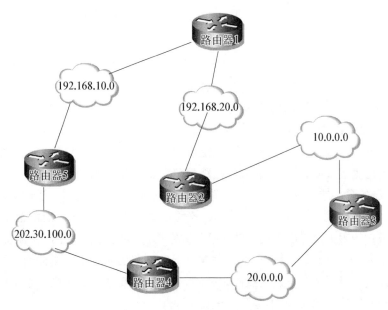

图 2-9 路由器连接不同的网络

2. 路由器的工作原理

路由器工作在 OSI 参考模型的网络层,因此,路由器访问的是对方的网络地址,可以在网络层上进行交换和路由数据包,能完成网桥不能完成的功能,路由器根据路由表转发数据包,路由表中包含的是数据包中的网络地址。

当数据包到达路由器后,路由器查看数据包的目的地址,并在路由表中查看到达目的地址的路径,选择一条最佳路径,将数据包沿路由表中的路径发送到目的地址。

路由器使用可以路由的协议才能进行工作,而在网络中不是所有的协议都能路由,可以路由的协议有:DECnet、TCP/IP、IPX/SPX、X. 25、Apple Talk。

不能路由的协议有:LAT 和 NetBEUI。

3. 路由器与网桥的区别

网桥与路由器的功能相似,但是两者是有区别的,具体如下。

(1) 网桥工作在数据链路层,而路由器工作在网络层。

(2) 网桥分析的是网络的物理地址,路由器分析的是网络地址。

(3) 路由器可以最大限度地阻止网络风暴,网桥不能。

(4) 路由器可以进行流量控制,并能对数据包进行重分组。

(5) 网桥只能经过单一的一条路径传输数据,路由器则可以有多条路径传输数据,并能选择一条最佳路径。

4. 选择路由器

路由器是一种较昂贵的设备,在选择路由器时应考虑如下几个方面。

① 多种类型的网络间进行互联时,可使用路由器。

② 网络比较大,需要划分子网并实现子网间通信,则应使用路由器。

③ 若网络系统中没有网络层,则不必使用路由器。

④ 在需要均衡各个链路上的负载时,可使用路由器。

⑤ 对各个网络分支之间的数据传输有严格的路径控制要求时,可使用路由器。

⑥ 对各个网络分支之间的数据传输有安全性要求时,可使用路由器。

八、网络传输介质

传输介质是通信网络中发送方和接收方之间的物理通路信道,是信息传输的载体。局域网中常用传输介质包括双绞线、同轴电缆、光纤及无线介质等。

1. 双绞线

双绞线是成对出现的,由按螺旋结构排列的 2 根、4 根或 8 根绝缘导线组成,这是局域网布线中最常使用的一种传输介质。

双绞线可分为屏蔽双绞线(STP)和非屏蔽双绞线(UTP)两种,屏蔽双绞线比非屏蔽双绞线多一层网状屏蔽金属材料,它有较强的抗电磁干扰的能力,能减少辐射,防止信息被窃听,它还具有较高的数据传输速率,支持较远的数据传送,但价格较贵。非屏蔽双绞线价格便宜,容易安装,应用广泛,非常适用于结构化布线。

(1) 依据传输速率分类

三类双绞线:支持传输速率 10 Mbps,外层保护胶皮较薄,皮上注有"cat3"。

四类双绞线:网络中不常用。

五类(超五类)双绞线:支持传输速率 100 Mbps 或 10 Mbps,外层保护胶皮较厚,皮上注有"cat5"。

超五类双绞线在传送信号时比普通五类双绞线的衰减更小,抗干扰能力更强,在 100 M 网络中,受干扰程度只有普通五类线的 1/4,目前应用较普及。五类双绞线如图 2 - 10 所示。

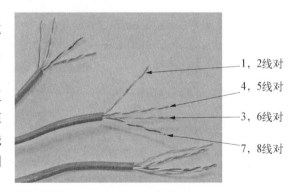

1, 2线对
4, 5线对
3, 6线对
7, 8线对

图 2 - 10　五类双绞线

六类双绞线:六类双绞线缆的传输速率可以达到 1000 Mpps,六类双绞线布线系统在 200 MHz 时综合衰减串扰比(PS - ACR)应该有较大的余量,它提供 2 倍于超五类双绞线的带宽。六类双绞线布线的传输性能远远高于超五类双绞线标准,最适用于传输速率高于 1 Gbps 的应用。六类双绞线相对于超五类双绞线的一个重要优点在于:改善了在串扰以及回波损耗方面的性能,对于新一代全双工的高速网络应用而言,优良的回波损耗性能是极重要的。六类双绞线标准中取消了基本链路模型,布线标准采用星状拓扑结构,要求的布线距离为:永久链路的长度不能超过 90 m,信道长度不能超过 100 m。

七类双绞线:七类双绞线是一种 8 芯屏蔽线,每对都有一个屏蔽层(一般为金属箔屏蔽),然后 8 根芯外还有一个屏蔽层(一般为金属编织丝网屏蔽),接口与现在的 RJ - 45 不兼容。

(2) 依据屏蔽能力分类

非屏蔽双绞线(Unshielded Twisted Pair,UTP):目前国内应用最多的布线系统,适用于传输带宽在 250 MHz 以下、没有特殊性能要求的网络应用,其优点是整体性能不错、价格便宜、施工和维护比较方便。六类布线系统已经达到了非屏蔽双绞线的性能极限。

铝箔屏蔽的双绞线(Foil Twisted Pair,FTP)：带宽较大、抗干扰性能强,具有低电磁波干扰的特点。相对地,屏蔽线比非屏蔽线价格及安装成本要高一些,线缆弯曲性能稍差。六类线及之前的屏蔽系统多采用这种形式。

独立屏蔽双绞线(Shielded Twisted Pair,STP)：每一对线都有一个铝箔屏蔽层,4对线合在一起还有一个公共的金属编织屏蔽层,这是七类线的标准结构。它适用于高速网络的应用,提供高度保密的传输,支持未来的新型应用,有助于统一当前网络应用的布线平台,使得从电子邮件到多媒体视频的各种信息,都可以在同一套高速系统中传输。

双屏蔽双绞线(Screened Fully Twisted Pair,SFTP)：在铝箔的基础上增加一层编织网,常用为铝镁丝编织网,也有用锡丝或是镀锡铜丝的,具有抗干扰及高度保密传输等特点,适用于专业布线工程。

2. 同轴电缆

同轴电缆由铜线芯、绝缘橡胶层、铜网屏蔽层和外皮保护层4层构成。其中铜线芯、铜网屏蔽层构成网络传输信号的导体,如图2-11所示。

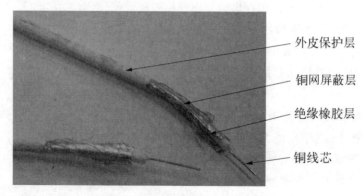

外皮保护层

铜网屏蔽层

绝缘橡胶层

铜线芯

图2-11 同轴电缆

(1) 同轴电缆的分类与传输特性

同轴电缆可在较宽的频率范围内工作,根据传输频带的不同,可分为基带同轴电缆和宽带同轴电缆；根据阻抗特性,主要分为75 Ω和50 Ω同轴电缆。

75 Ω同轴电缆适用于宽带传输,主要用于有线电视网中,即通常所说的电视天线；50 Ω同轴电缆适用于基带传输,一般用于总线结构的以太网中。

根据同轴电缆的粗细,可将50 Ω电缆分为粗缆和细缆两种。粗缆直径为10 mm,比较坚硬,信号传输距离较远,传输速率在10 Mbps时,传输距离可以达到500 m,一般用于网络中的主干电缆。粗缆适用于较大局域网的网络干线,布线距离较长,可靠性较好。用户通常采用外部收发器与网络干线连接。使用粗缆的局域网中每段长度可达500 m,采用4个中继器连接5个网段后最大可达2 500 m。如用粗缆组网直接与网卡相连,网卡必须带有AUI接口(15针D型接口)。用粗缆组建的局域网具有较大的传输距离,但是网络安装、维护等方面比较困难,造价较高。

细缆直径为5 mm,相对比较柔韧,利用T型BNC(基本网络卡)连接器连接BNC接口网卡,两端需安装终端电阻器,传输速率在10 Mbps时,信号最长的传输距离可以达到185 m,每段干线最多接入 30 个用户。如要拓宽网络范围,需使用中继器,例如采用 4 个中继器连接 5 个网段,可使网络最大距离达到 925 m。

(2) 收发器和 BNC 连接器

收发器有许多种,这里主要介绍粗缆收发器。收发器的一端通过轴头连接器固定在粗缆上,另一端通过收发器电缆和网络设备连接。

如图 2 - 12 所示的 BNC 连接器用于同轴电缆和其他设备的连接,它由一根中心针、一个外套和卡座组成。BNC - T 型连接器,用于连接计算机网卡和网络中的缆线;BNC 桶型连接器,用于把两条细缆连接成一条更长的缆线;BNC 缆线连接器,用于焊接或拧接在缆线的端部;BNC 终端器是一种特殊的连接器,匹配 50 Ω 电阻用于防止信号到达电缆断口后反射回来产生干扰。

图 2 - 12　BNC 连接器和 T 型 BNC 连接器

3. 光纤

光纤是一种直径为 50～100 μm 的能传导光束的柔性传输介质,有多种玻璃和塑料可以用来制造光纤,目前使用超高纯度石英纤维制作的光纤可以达到最低的传输损耗。

(1) 光纤的物理特性

光纤具有圆柱形状,由 3 个同心部分组成:纤芯、包层和涂覆层,如图 2 - 13 所示。多膜光纤纤芯的直径为 50 μm,单膜光纤纤芯的直径为 8～10 μm;包层位于纤芯周围,其折射率低于纤芯的折射率;最外层为涂覆层,用来保护裸光纤。光纤通常被扎成束,外面有保护层,组成光缆。

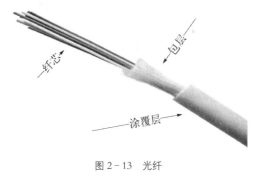

图 2 - 13　光纤

(2) 光纤的分类

模是指以一定角度进入光纤的光束。根据传输点模数的不同,光纤可分为单模光纤和多模光纤。

单模光纤:光纤的纤芯直径为 2～8 μm,采用激光二极管(LD)作为光源,单模光纤的传输频带宽、容量大、传输距离长,但因需要 LD 作为光源,故成本较高,只有在远距离传输或进行音视频传播时使用单模光纤。

多模光纤:多模光纤的纤芯直径较大,为 50～125 μm,采用发光二极管(LED)作为光源,可以传输不同波长的多束光线。多模光纤传输速率低、传输距离短,整体传输性能差,但成本低。因此,在局域网或城域网中,可用多模光纤作为传输介质,连接地理位置相邻的建筑物。

(3) 光纤的传输特性

光纤传导信号是建立在光学全反射的原理上的。当光线由一种介质传入另一种介质时,光线会发生折射和反射。折射量和反射量取决于两种介质的特性和光线的入射角度。当光线的入射角大于介质折射的临界值时,光线将完全反射,而不会折射到另一种介质中。因而,光线就将被完全限制在光纤之中,无损耗地传播较远的距离。

在布线系统中,需要有光纤插座、光纤跳线盘等无源部件,还应有光发射/接收模块、光纤集线器等有源设备。

光发射/接收模块又称做光电转换器或光纤收发器,图 2-14 所示为多膜光纤和单模光纤收发器。它是将光纤和局域网其他设备进行连接的关键部件,所起的作用是将光纤中的光脉冲信号和其他设备中的电脉冲信号相互转换。在光纤收发器上一般配有多种可供选择的光接头和 RJ-45 插口,安装使用时用光纤插座连接光纤和光接头。

多模光纤收发器　　　　　　　　　　单模光纤收发器

图 2-14　单模与多模光纤收发器

4. 无线介质

无线通信是指利用红外线、微波或无线电波等无线传输介质的通信系统,无线通信系统需要在发送方和接收方之间有一条不可见的通路,由于这些系统工作在高频范围内,因此具有通信量大、可移动、数据传输速率高等优点。

红外线主要是利用红外光在两台计算机之间进行通信,通信带宽大、容量大、传输速度快,可实现点到点的传输,但传输距离短,也容易受其他光的干扰。

微波是指频率为 300 MHz—300 GHz 的电磁波,是无线电波中一个有限频带的简称,即波长在 1 米(不含 1 米)到 1 毫米之间的电磁波,是分米波、厘米波、毫米波的统称。微波频率比一般的无线电波频率高,通常也称为"超高频电磁波"。

无线电波包括微波与卫星通信,可以覆盖一个很广的范围,传输距离较远,其缺点是保密性差,因此需要对传输的数据进行加密,增加了系统的开销。

2.3　以太网

以太网指的是由美国施乐公司创建并由美国施乐、Intel 和 DEC 公司联合开发的基带局域网规范。以太网使用 CSMA/CD 技术,并以最少10 Mbps的速率在多种类型的电缆上传输数据。以太网不是一种具体的网络,是 IEEE 802.3 标准的技术规范。

以太网是现有局域网采用的最通用的通信协议标准,目前全球 85% 的网络采用以太网技术。该标准定义了在局域网中采用的电缆类型和信号处理方法。以太网在互联设备之间以固定的速率传送数据包,双绞线电缆由于其低成本、高可靠性以及 10 Mbps 以上的速率而广泛应用在以太网中。

一、标准以太网

最早期以太网只有 10 Mbps 的吞吐量,它所使用的是 CSMA/CD 控制方法。通常把这种最早期的 10 Mbps 以太网称为标准以太网。以太网主要有两种传输介质,即双绞线和同轴电缆。所有的以太网都遵循 IEEE 802.3 标准。下面列出是 IEEE 802.3 的一些以太网络标准,在这些标准中前面的数字表示传输速率,单位是 Mbps,最后的一个数字表示单段网线长度(基准单位是100 m),BASE 表示"基带"的意思,Broad 代表"带宽"。

① 10BASE - 5:使用粗缆,最大网段长度为 500 m,基带传输方法。

② 10BASE - 2:使用细缆,最大网段长度为 185 m,基带传输方法。

③ 10BASE - T:使用双绞线,最大网段长度为 100 m。

④ 1BASE - 5:使用双绞线,最大网段长度为 500 m,传输速率为 1 Mbps。

⑤ 10Broad - 36:使用同轴电缆(RG - 59/U CATV),最大网段长度为 3 600 m,是一种宽带传输方式。

⑥ 10BASE - F:使用光纤,传输速率为 10 Mbps。

二、快速以太网

随着网络的发展,传统的标准以太网技术已难以满足日益增长的网络数据传输需求。在1993 年 10 月以前,对于要求 10 Mbps 以上数据流量的局域网应用,只有 FDDI 可供选择,但它是一种价格非常昂贵的局域网。1993 年 10 月,Grand Junction 公司推出了世界上第一台快速以太网集线器 Fastch 10/100 和网络接口卡 FastNIC 100,快速以太网技术正式得以应用。随后 Intel、SynOptics、3COM、BayNetworks 等公司也相继推出自己的快速以太网装置。与此同时,IEEE 802 工程组也对 100 Mbps 以太网的各种标准,如 100BASE - TX、100BASE - T4、MII、中继器、全双工等标准进行了研究。1995 年 3 月 IEEE 宣布了 IEEE 802.3u 100BASE - T快速以太网标准,就这样开始了快速以太网的时代。

与原来在 100 Mbps 带宽下工作的 FDDI 相比,快速以太网具有许多的优点,最主要体现在快速以太网技术可以有效地保障用户在布线基础设施上的投资,它支持三类、四类、五类双绞线以及光纤的连接,能有效地利用现有的设施。

快速以太网的不足其实也是以太网技术的不足,那就是快速以太网仍是基于 CSMA/CD 技术,当网络负载较重时,会造成效率降低,当然这可以使用交换技术来弥补。100 M快速以太网标准又分为 100BASE - TX、100BASE - FX 和 100BASE - T4 三个子类。

1. 100BASE - TX

100BASE - TX 是一种使用五类数据级无屏蔽双绞线或屏蔽双绞线的快速以太网技术。它使用 2 对双绞线,一对用于发送数据,一对用于接收数据。在传输中使用 4B/5B 编码方式,信号频率为 125 MHz,符合 EIA 586 的五类布线标准和 IBM 公司的 SPT 一类布线标准,使用与10BASE - T 相同的 RJ - 45 连接器。它的最大网段长度为 100 m,支持全双工的数据传输。

2. 100BASE - FX

100BASE - FX 是一种使用光纤的快速以太网技术,可使用单模和多模光纤(62.5 μm 和 125 μm)。多模光纤连接的最大距离为 550 m。单模光纤连接的最大距离为 3 000 m。它使用 MIC/FDDI 连接器、ST 连接器或 SC 连接器。它的最大网段长度为 150 m、412 m、2 000 m,甚至到 10 km,这与所使用的光纤类型和工作模式有关,它支持全双工的数据传输。100BASE - FX 特别适用于有电气干扰的环境、距离较远或高保密环境等。

3. 100BASE - T4

100BASE - T4 是一种可使用三类、四类、五类无屏蔽双绞线或屏蔽双绞线的快速以太网技术。它使用 4 对双绞线,3 对用于传送数据,1 对用于检测冲突信号。100BASE - T4 在传输中使用 8B/6T 编码方式,信号频率为 25 MHz,符合 EIA 568 结构化布线标准。它使用与 10BASE - T 相同的 RJ - 45 连接器,最大网段长度为 100 m。

三、吉比特以太网

吉比特以太网技术(1 000 Mbps)作为最新的高速以太网技术,给用户提供了组建主干网络的有效解决方案,并且价格便宜。

吉比特以太网技术仍然是以太网技术,它采用了与 10 M 以太网相同的帧格式、帧结构、网络协议、全/半双工工作方式、流控模式以及布线系统。由于该技术不改变传统以太网的桌面应用、操作系统,因此可与 10 M 或 100 M 以太网很好地配合工作。升级到吉比特以太网不必改变网络应用程序、网管部件和网络操作系统,能够最大程度地保护投资,因此该技术的市场前景十分好。

吉比特以太网技术有两个标准:IEEE 802.3z 和 IEEE 802.3ab。IEEE 802.3z 制订了光纤和短程铜线连接方案的标准,目前已完成了标准制订工作。IEEE 802.3ab 制订了五类双绞线上较长距离连接方案的标准。

1. IEEE 802.3z

IEEE 802.3z 工作组负责制订光纤(单模或多模)和同轴电缆的全双工链路标准。IEEE 802.3z 定义了基于光纤和短距离铜缆的 1000BASE - X,采用 8B/10B 编码技术,信道传输速率为 1.25 Gbps,解耦后可实现 1 000 Mbps 的传输速率。IEEE 802.3z 具有下列吉比特以太网标准。

(1) 1000BASE - SX

1000BASE - SX 只支持多模光纤,可以采用直径为 62.5 μm 或 50 μm 的多模光纤,工作波长范围为 770 μm～860 nm,传输距离为 220～550 m。

(2) 1000BASE - LX

① 多模光纤:1000BASE - LX 可以采用直径为 62.5 μm 或 50 μm 的多模光纤,工作波长范围为 1 270～1 355 nm,传输距离为 550 m。

② 单模光纤:1000BASE - LX 可以支持直径为 9 μm 或 10 μm 的单模光纤,工作波长范围为 1 270～1 355 nm,传输距离为 5 km 左右。

(3) 1000BASE - CX

1000BASE - CX 采用 150 Ω 屏蔽双绞线,传输距离为 25 m。

2. IEEE 802.3ab

IEEE 802.3ab 工作组负责制订基于 UTP 的半双工链路的吉比特以太网标准,产生了 IEEE

802.3ab 标准及协议。IEEE 802.3ab 定义了基于五类 UTP 的 1000BASE‐T 标准,其目的是在五类 UTP 上以 1 000 Mbps 的速率传输 100 m。

IEEE 802.3ab 标准的意义主要有以下两点。

① 保护用户在五类 UTP 布线系统上的投资。

② 1000BASE‐T 是 100BASE‐T 的自然扩展,与 10BASE‐T、100BASE‐T 完全兼容。不过,在五类 UTP 上达到 1 000 Mbps 的传输速率需要解决五类 UTP 的串扰和衰减问题,因此 IEEE 802.3ab 工作组的开发任务要比 IEEE 802.3z 复杂些。

四、10 吉比特以太网

10 吉比特以太网技术始于 2002 年发布的 IEEE 802.3ae 标准。在物理层,IEEE 802.3ae 可分为两种类型:一种是与传统以太网连接,速率为 10 Gbps 的局域网物理层;另一种连接同步光纤速率为 9.584 Gbps 的广域网物理层。

10 吉比特以太网主要应用于园区网骨干交换机间的互联、数据中心服务器群组与骨干的互联、城域网的汇聚层和骨干层、新兴的宽带广域网以及存储网络。根据网络技术的发展特点看,10 吉比特以太网将在多媒体应用上具备较大的潜力,我国的教育科研网、电信网及存储网将会率先采用 10 吉比特以太网。

2.4 虚拟局域网

VLAN(Virtual Local Area Network)的中文名为“虚拟局域网”。VLAN 是一种将局域网设备从逻辑上划分成多个网段,从而实现虚拟工作组的新兴数据交换技术。VLAN 技术是为解决交换式网络中的广播问题而开发的,局域网(LAN)通常被定义为一个单独的广播域,设备越多,产生的广播流量越多,极大地消耗网络带宽资源,甚至在整个网络内产生广播风暴。要隔离广播,必须使用路由器,也就是说,要将局域网划分成物理上不同的网络,而如果采用这种方式隔离广播,那么随着网络的不断扩展,接入设备逐渐增多,网络结构日趋复杂,必须使用更多的路由器才能将不同的用户划分到各自的广播域中。由于数据在经过路由器的过程中,必须由路由器进行路由操作,所以随着网络中路由器数量的增多,网络时延会逐渐加长,从而导致网络数据传输速率的下降。而 VLAN 技术的出现,解决了交换机在进行局域网互联时无法限制广播的问题,它不用改变网络的物理结构也可以实现不同网段的划分。VLAN 技术可以在保持原有网络物理结构不变的情况下把一个 LAN 划分成多个逻辑的 LAN——VLAN,每个 VLAN 是一个广播域,VLAN 内的主机间通信就和在一个 LAN 内一样,而 VLAN 间则不能直接互通,这样,广播报文被限制在一个 VLAN 内,从而实现了逻辑上网段的划分。

一、VLAN 的优点

1. 防范广播风暴

VLAN 将网络划分成逻辑上不同的网段,可将广播风暴限制在一个 VLAN 内部,避免影响其他网段,从而解决了因大量广播信息带来的带宽消耗问题。使用 VLAN,可以将某个交换端口或用户赋予某一个特定的 VLAN 组,该 VLAN 组可以在一个交换网中,也可以跨接多个交换机,在一个 VLAN 中的广播不会送到 VLAN 之外。同样,相邻的端口不会收到其他 VLAN 产生的广播。这样可以减少广播流量,释放带宽给用户应用,减少广播的产生。

2. 提高网络安全

通过 VLAN 的划分,可以增强局域网的安全性,含有敏感数据的用户组可与其他网络用户隔离,从而降低泄露机密信息的可能性。不同 VLAN 内的报文在传输时是相互隔离的,即一个 VLAN 内的用户不能和其他 VLAN 内的用户直接通信,如果不同 VLAN 要进行通信,则需要通过路由器或三层交换机等设备,从而提高网络的整体性能和安全性。

3. 升级和管理成本降低

当网络升级时,不需要对物理网络重新架构,甚至不用增加网络设备,利用虚拟网络技术进行子网的划分和网络的升级,使现有带宽和上行链路的利用率更高,大大减轻了网络管理和维护工作的负担,节约硬件升级的费用,降低了网络维护的成本。

4. 提高网络性能

将一个大型网络划分为多个逻辑工作组(广播域)可以减少网络上不必要的流量并提高性能。

5. 简化应用管理

一个 VLAN 可以根据部门职能、对象组或者应用,将不同地理位置的网络用户划分为一个逻辑网段。在不改动网络物理连接的情况下可以任意地将工作站在工作组或子网之间移动。通过职能划分,项目管理或特殊应用的处理都变得十分方便。

6. 增加了网络连接的灵活性

借助 VLAN 技术,能将不同地点、不同网络、不同用户组合在一起,形成一个虚拟的网络环境,就像使用本地 LAN 一样方便、灵活、有效,相应的职能划分,项目管理或特殊应用的处理都将变得十分方便。此外,也很容易确定升级网络服务的影响范围。

二、VLAN 的实现

在进行 VLAN 划分时,从实现机制和策略来看,VLAN 可以分为静态 VLAN 和动态 VLAN。

1. 静态 VLAN

静态 VLAN 是指由网络管理员根据交换网络中 VLAN 划分的具体需求,对交换机的端口进行 VLAN 分配。在基于端口的 VLAN 中,端口到 VLAN 的映射是手动——配置的,指定了哪些端口与特定的 VLAN 相关联。这就直接在每个交换机上实现了端口和 VLAN 的映射。这种端口和 VLAN 的映射只是本地有效的,交换机之间不共享这一信息。当交换机上某个端口分配给了某个 VLAN 之后,它将一直保持不变,直到管理员变更端口 VLAN 的分配,它的实现方式是现在最常见也是最简单的,网络的可监控性强,灵活性差,当主机在网络中的位置发生变化时,必须由管理员重新配置交换机的端口,静态 VLAN 的配置适合于网络拓扑相对固定的环境。

2. 动态 VLAN

动态 VLAN 是根据终端用户的 MAC 地址、逻辑地址(IP 地址)或数据包协议,决定交换机的端口属于哪一个 VLAN。

例如,基于 MAC 地址的动态 VLAN 划分时,交换机将维护一个 MAC 地址- VLAN 的映射 VLAN 管理数据库,当主机接入到交换机的端口时,交换机将会检测该主机的 MAC 地址信息,并查找 VLAN 管理数据库中的 MAC 地址表项,并根据数据库中的表项内容动态分配相应交换机的端口。

动态 VLAN 配置的优点是只要用户的应用性质不变,并且用户使用的主机地址不变,则用户在网络中移动时,并不需要对网络进行额外的配置和管理,从而简化了管理员的工作。

2.5 局域网的拓扑结构

计算机网络的拓扑(Topology)结构是指网络中的通信线路和各自节点之间的几何排列,它决定了网络环境下如何管理网络客户和网络资源,影响着整个网络的设计、功能、可靠性和通信费用等方面。常见的网络拓扑结构有总线拓扑(Bus Topology)、星状拓扑(Star Topology)和环状拓扑(Ring Topology)等。

2.5.1 总线拓扑

总线拓扑结构通常应用于小规模网络,它使用一根同轴电缆(或双绞线)把所有的计算机连接起来,构成一个总线网络,如图 2‑15 所示。

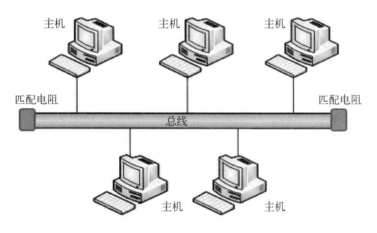

图 2‑15 总线拓扑结构

总线拓扑结构中的一根电缆连接到网络中的所有节点,除网络的两个端点之外,每个节点都与其他节点相连,端点一般采用匹配电阻封闭。这种结构的网络一般组网方便,设备简单,使用中继器可以方便地扩大网络的地理范围,网络中的各个主机通过网卡与总线直接相连,任何一台主机发出的信息都可以沿着总线向两端传播,并被网络上的所有主机接收。网络上每一个主机既可以从网络上接收信息,也可以将自己的信息发送到网络上。

总线网络采用的是 CSMA/CD 对网络中的用户信息进行冲突性检测。由于主机采用广播方式将信息发送到网络中,因此,随着用户的增加,网络中的冲突信号会增加,网络传输速率会随之减慢。

总线网络的特点如下:

① 结构简单、扩充性好。

② 设备少,费用低。

③ 安装容易,使用方便。

④ 资源共享,便于广播。

⑤ 网络一旦出现故障,诊断和隔离都比较困难。

⑥ 采用的是广播方式,网络中的冲突大,因此网络重载时效率低。

⑦ 总线长度受限,只能使用中继器扩大网络的地理范围。

⑧ 如果一个节点出现故障,则整个网络瘫痪。

2.5.2 星状拓扑

星状拓扑结构是目前局域网中采用最多的一种组网方式,网络的控制集中在中心节点处。星状网络中的所有主机都利用一条专线连接到中心节点上,该中心节点一般采用集线器或交换机进行信号转播和网络通信转换。从主机到集线器或交换机,通常使用双绞线连接,也可以使用同轴电缆连接。图 2 - 16 所示为星状拓扑结构。

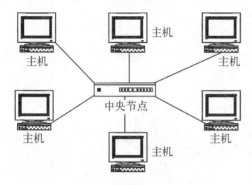

图 2 - 16　星状拓扑结构

使用星状拓扑结构的网络便于集中控制与维护,使用方便,易于网络扩充。若需要在网络中增加主机,只需要将主机连接到集线器的空闲接口上即可。网络中的某台主机出现故障时,也不会影响到网络中其他主机的工作。但只有网络的中心节点或根集线器出现故障时,整个网络才会瘫痪。

星状网络的特点如下:

① 实现简单,费用低。

② 可扩展性好,可以将计算机直接接入集线器增加网络的节点,也可以通过级联集线器扩大网络的地理范围。

③ 采用 CSMA/CD 的网络访问控制方式,网络中的节点多时,容易产生广播风暴。

2.5.3 环状拓扑

在环状拓扑结构中,网络中的每一台主机通过环接器连接在一个环形配置的传输介质上,该传输介质可以是双绞线、同轴电缆、光纤等,每台主机通过传输介质首尾相接,最终所有的主机连接成一个环状结构,如图 2 - 17 所示。

由于环状网络采用了闭合回路,环内的信号全部采用单向传输,所以在网络上传输的所有信息都必须经过所有节点,即网上传输的数据将沿一个方向逐个传送直至目的站。如果环上某个节点出现故障,环上所有节点的通信将全部终止。在可靠性要求较高的网络系统中,为了解决环状网络的这一缺点,可连接两个环路,网络中的重要节点(如服务器、主要工作站等)除与一个主环连接外,还连接到一个备用环(次环)上,当主环出现故障时,节点会自动倒换到备用的次环上继续工作。

使用环状网络,可以保证信号的安全性和完整性,一般不会出现信号衰减或丢失现象。

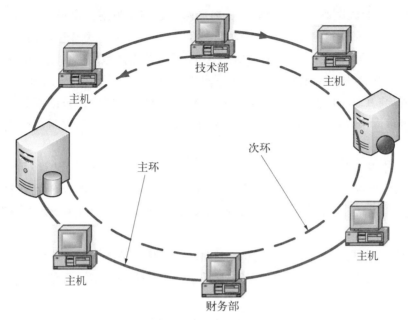

图 2 - 17　环状拓扑结构

环状网络采用的是分布式平等结构,对信道资源的分配比较公平,不会出现因网络垄断而导致的信息阻塞;网络性能比较稳定,能够负担较重的网络负载,而不会发生节点阻塞或报文冲突。

环状网络的特点如下。

① 网络中信号没有冲突,重载时网络效率高。

② 网络具有固定的延时,实时性好。

③ 使用双环结构增加了网络的可靠性。

④ 实现技术复杂,对环接要求高,当网络中的主机出现故障时,整个网络瘫痪。

⑤ 网络故障诊断困难、网络扩展难、节点多、传输速率低。

2.6　局域网的体系结构

为了促进局域网产品的标准化,便于组网,美国电气和电子工程师协会 IEEE 802 委员会为局域网制订了一系列标准,并得到了国际标准化组织(ISO)的认可。

2.6.1　IEEE 802 标准

IEEE 802 标准着重描述了局域网的低 2 层。

(1) 物理层标准:与 OSI 参考模型相似,主要规定比特流的传输与接收,描述信号电平编码,规定网络拓扑结构、传输速率及传输介质等。

(2) 数据链路层标准:OSI 参考模型的数据链路层在局域网中实际上分成两部分,即逻辑链路控制(LLC)子层和介质访问控制(MAC)子层。

OSI 参考模型的数据链路层不具备解决局域网中各站点争用共享通信介质的能力,为了解决这个问题,同时又保持与 OSI 参考模型的一致性,在将 OSI 参考模型应用于局域网时,将数据链路层划分为两个子层:LLC 和 MAC。MAC 子层处理局域网中各站点对通信介质的争用问题,对于不同的网络拓扑结构可以采用不同的 MAC 方法;而 LLC 子层屏蔽各种 MAC 子层的具体实现,将其改造成为统一的 LLC 界面,从而向网络层提供一致的服务。这样既保证了可以解决局域网中的各站点对于通信介质的争用问题,也能保证局域网与 OSI 参考模型的衔接。

MAC 协议主要分为两大类:一类是争用型访问控制,如 CSMA/CD 协议;另一类是确定类型的访问协议,如令牌访问协议。介质访问控制方式与网络拓扑结构密切相关,每种介质访问控制方法都对应一种特定的网络拓扑结构,例如 CSMA/CD 对应于总线拓扑,令牌访问则对应于环状拓扑结构。

LLC 子层向高层提供一个或多个逻辑接口,并提供两种控制类型:一种是无连接的控制,另一种是面向连接的控制。LLC 子层具有帧顺序控制及流量控制等功能,还包括某些网络层功能,如数据报、虚拟控制和多路复用等。

IEEE 802 提出了局域网参考模型,它与 OSI 参考模型的对应关系见表 2-1。

表 2-1　OSI 参考模型与局域网参考模型的对应关系

OSI 参考模型	局域网参考模型
应用层	
表示层	
会话层	
传输层	
网络层	
数据链路层	逻辑链路控制(LLC)子层
	介质访问控制(MAC)子层
物理层	物理层

IEEE 802 共有 20 多个分委员会,分别制订了相应的标准,其中 IEEE 802.1～IEEE 802.6 已成为国际标准 ISO 802.1～ISO 802.6。

① IEEE 802.1:综述、体系结构和网络互联,以及网络管理和性能测量。

② IEEE 802.2:逻辑链路控制,提供 OSI 参考模型数据链路层两个子层中任一个子层的功能,逻辑链路控制是高层协议与任何一种局域网 MAC 子层的接口。

③ IEEE 802.3:CSMA/CD,定义了 CSMA/CD 总线网的 MAC 子层和物理层的规范。

④ IEEE 802.4:令牌总线网,定义了令牌传递总线网的 MAC 子层和物理层的规范。

⑤ IEEE 802.5:令牌环网,定义了令牌传递环形网的 MAC 子层和物理层的规范。

⑥ IEEE 802.6:城域网,定义了城域网的 MAC 子层和物理层的规范。

⑦ IEEE 802.7:宽带技术。

⑧ IEEE 802.8:光纤技术。

⑨ IEEE 802.9：综合话音数据局域网。

⑩ IEEE 802.10：可互操作的局域网的安全。

⑪ IEEE 802.11：无线局域网。

⑫ IEEE 802.12：需求优先的介质访问控制协议。

⑬ IEEE 802.13~802.23：分别定义了蓝牙、宽带无线、移动宽带等标准。

IEEE 802 体系结构是一个标准系列，并不断增加新的标准，它们之间的关系如图2-18所示。

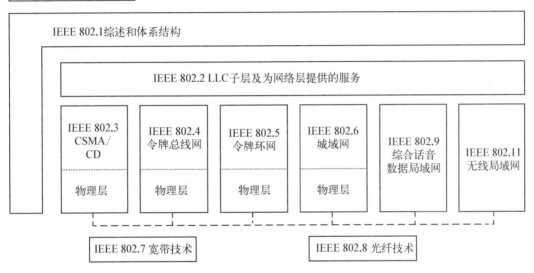

图 2-18　IEEE 802 标准系列间的关系

在局域网参考模型中，同样每个实体须与另一系统的同等实体按协议进行通信。在一个系统中，上下层之间则通过接口进行通信，用"服务访问点"（SAP）来定义接口。SAP 就是一个层次系统的上下层之间进行通信的接口，N 层的 SAP 就是 N+1 层可以访问 N 层服务的地方。

2.6.2　开放系统互联参考模型

OSI 参考模型（Open System Interconnection，OSI）即开放系统互联参考模型。在 OSI 出现之前，计算机网络中存在众多的体系结构，其中以 IBM 公司的 SNA（系统网络体系结构）和 DEC 公司的数字网络体系结构（Digital Network Architecture，DNA）最为著名。为了解决不同体系结构的网络互联问题，国际标准化组织（ISO，注意不要与 OSI 搞混）于 1981 年制订了 OSI 参考模型，这个模型把网络通信的工作分为 7 层。

OSI 参考模型共分 7 层：物理层、数据链路层、网络层、传输层、会话层、表示层和应用层。OSI 参考模型的分层结构如图 2-19 所示。

一、OSI 参考模型的分层原则

OSI 参考模型的分层原则如下。

① 层数不要划分得太多，以简化系统设计工作。

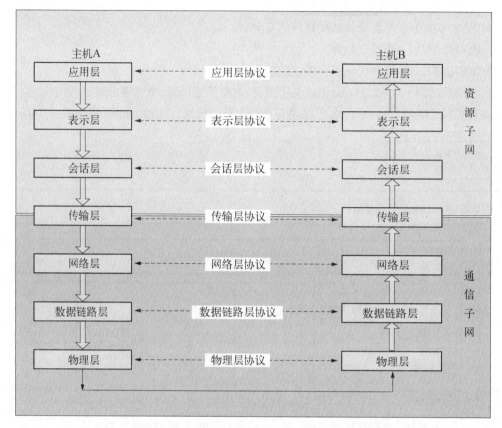

图 2-19　OSI 参考模型的分层结构

② 边界划分应该在服务描述少且通过这个边界相互交往次数最少的地方。

③ 对于那些执行过程或所涉及技术中明显不同的功能,应设置独立的层次来对其进行处理,并把类似的功能汇集在同一层。

④ 选择过去几年比较成功的点作为边界。

⑤ 为容易局部化的功能创建一个层,使该层可以完全重新设计,以便吸收体系结构、硬件和软件等方面的成熟技术。

⑥ 对接口标准化可能有用的点应设一边界。

⑦ 在数据处理过程中需要不同程度的抽象(语法、词法)的地方,应设为一层。

⑧ 层与层之间相互独立,各层之间的功能互相屏蔽。

⑨ 每一层仅与其相邻的上层或下层建立边界关系。

二、OSI 参考模型各层的基本功能

1. 物理层

物理层位于 OSI 参考模型的最底层,是设备之间的物理接口,主要定义了物理链路所要求的机械、电气功能等,为上一层(即数据链路层)提供一个物理连接,以便透明地传输比特流。

"透明地传输比特流"表示以实际电路传送后的比特流没有发生变化。因此,任意组合的比特流都可以在这个电路上传送。

物理层还需要考虑的问题是：什么范围的电压代表"1"或"0"，接收端接收数据后如何区别"1"或"0"；确定连接电缆的插头应有多少个管脚等。

2. 数据链路层

数据链路层负责在两个相邻节点之间的线路上无差错地传送以帧为单位的数据，确保网络节点之间的数据帧可靠地传输，每一帧包含一定数量的数据和一些必要的控制信息。数据链路层负责建立、维护和释放数据链路的连接。

3. 网络层

在网络层中，数据的传输单位是分组或包，每一个数据包中都含有目的地址和源地址，网络层的任务是选择合适的路由，使发送站的传输层所传下来的分组能正确无误地按照地址找到目的站，并交付给目的站的传输层，即网络层具有寻址功能。

由于采用分组交换技术，节点之间不必建立直接的物理连接，由网络层协议来决定数据到达目的地的路径，负责处理网络通信、拥塞和介质传输速率。TCP/IP 中的 IP 和 IPX/SPX 协议中的 IPX 都是典型的网络层协议。

4. 传输层

传输层的信息传送单位是"报文"，其主要任务是根据通信子网的特性最佳地利用网络资源，并以可靠和经济的方式，在两端系统的会话之间，建立一条运输连接，以透明地传送报文，即传输层向上一层提供一个可靠的端到端的数据服务。TCP/IP 中的 TCP(或 UDP)是一个典型的跨平台的、支持异构网络的传输层协议。

传输层是计算机网络中的核心层，它的作用是为发送端和接收端之间提供性能可靠的数据传输，而与当前实际使用的网络无关。传输层位于高层的资源子网与低层的通信子网中间，起承上启下的作用，传输层下面的 3 层是面向数据的通信子网，上面的 3 层是面向信息处理的资源子网，因此，传输层是 7 层中最重要、最复杂的一层。

5. 会话层

会话层的数据传送单位仍为报文，负责在各网络节点的两个应用程序或进程之间建立、组织和协调它们间的通信，不仅要建立合适的连接，还需要验证会话双方的身份。会话层的主要任务是对传送的数据进行管理，对会话允许的信息进行传输(半工、半双工、全双工)。

6. 表示层

表示层的作用是解决用户信息的语法表示问题。表示层将欲交换的数据从适合于某一用户的抽象语法，变换为适合于 OSI 参考模型内部使用的传送语法。表示层的任务之一是为传送的信息加密和解密。

7. 应用层

应用层是 OSI 参考模型的最高层，直接面向用户，是用户访问网络的接口层。其主要任务是提供计算机网络与最终用户的界面，提供完成特定网络服务功能所需要的各种应用程序协议。其他 6 层解决了网络通信和表示问题，应用层则解决应用程序相互请求数据服务的问题，包括文件传输、数据库管理、网络管理等。应用层确定进程之间通信的性质以满足用户的需要，负责用户信息的语义表示，并在两个通信者之间进行语义匹配。

在 OSI 参考模型中，各层的数据类型是不相同的，在应用层、表示层、会话层和传输层，数据的单位是报文(Message);在网络层,数据的单位是数据包(Packet);在数据链路层,数据的单位是帧(Frame);在物理层,数据的单位是二进制比特流。当数据从一层传输到另一层时,支持的功能层的协议负责相应的数据模式转换。

OSI 参考模型定义了一个标准框架,具体的实现则依赖于各种网络体系的具体标准,它们通常是一组可操作的协议集合,不同的层有不同的通信协议。OSI 参考模型各层的主要功能见表 2 - 2。

表 2 - 2　OSI 参考模型各层的主要功能

名　称	主　要　功　能
应用层	与用户应用进程的接口,即相当于做什么
表示层	数据格式的转换,即相当于对方看起来像什么
会话层	会话的管理与数据传输的同步,即相当于轮到谁讲话或从何处讲起
传输层	从端到端经网络透明地传送报文,即相当于对方在何处
网络层	分组传送和路由选择,即走哪条路到达该处
数据链路层	在链路上无差错地传送帧,即每一步该怎样走
物理层	将比特流送到物理媒介上进行传送,即如何利用物理媒体

OSI 参考模型中的低 4 层是面向通信的,高 3 层是面向信息处理的。

2.6.3　TCP/IP 协议簇

TCP/IP 是指一整套数据通信协议,由这些协议中的两个主要协议来命名,这两个协议是传输控制协议(Transmission Control Protocol, TCP)和网际协议(Internet Protocol, IP)。TCP/IP 是多个独立定义的协议集合,简称为 TCP/IP 协议簇或协议集。

一、TCP/IP 体系结构

虽然 TCP/IP 不是 ISO 标准,但它是一种实际上的工业标准,OSI 参考模型的制订也参考了 TCP/IP 协议簇及分层结构的思想。

TCP/IP 参考模型由 4 层组成,4 层体系结构中将 OSI 参考模型中的会话层和表示层合并到应用层中,图 2 - 20 所示为 TCP/IP 参考模型。

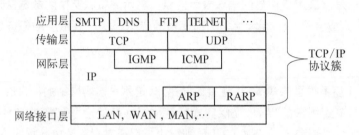

图 2 - 20　TCP/IP 参考模型

1. 应用层

应用层协议是构筑在 TCP 和 IP 等低层协议基础上的最高层协议,直接为特定的应用提供服务。应用层向用户提供一组常用的应用程序,如电子邮件等,包含 TCP/IP 协议簇中的所有高层协议,如简单邮件传输协议(SMTP)、域名系统服务(DNS)、文件传输协议(FTP)、远程登录协议(TELNET)、超文本传输协议(HTTP)等。

(1) SNMP:简单网络管理协议,支持网络管理员收集有关网络的信息。

(2) SMTP:简单邮件传输协议,支持用户将电子邮件发送到邮件服务器上。

(3) FTP:文件传输协议,支持不同类型的计算机之间传送文件。FTP 建立在 TCP 的基础上,提供了可靠的传输路径,无论是基于 UNIX 操作系统的大型机还是基于 Windows 操作系统的 PC,只要双方都支持 FTP,就可以方便地交换文件。

(4) TELNET:是一种交互式远程访问终端协议,用户访问远程主机,就像自己的计算机与远程主机直接连接一样。

(5) HTTP:是一种超文本传输协议,是当今最为流行的 TCP/IP 应用,支持 Internet/Intranet 发展最为迅速的 Web 服务。用户可浏览到广泛分布于 Internet/Intranet 上的大量信息资源。

2. 传输层

传输层提供可靠的点到点的数据传输,确保源节点传送的数据包正确地到达目标节点,传输层包含两个协议即 TCP 和用户数据报协议(UDP)。

TCP 的作用是保证命令或数据能够正确无误地到达目的节点,它是一个面向连接的、可以提供可靠服务的协议,在与对方进行数据传输前,首先建立与对方 TCP 的逻辑通路,然后用该连接进行数据传输,传输完成后切断通路,即三次握手。它对所有发出的信息进行跟踪,并负责对那些没有到达目的节点或陷入无法识别状态的包进行重新传输。

TCP 给每个包加上一个头部信息(源主机和目的主机的端口号、包的顺序号等),使用不同的端口号区别同一时刻不同用户通过网络发送的数据。

UDP(User Datagram Protocol)是一个无连接的、不可靠的、无流量控制、不排序的服务,它可以简单地与 IP 或其他协议进行连接,只进行数据报的发送和接收,不进行报文跟踪和差错控制。UDP 实现简单,适合发送大量的差错控制不太严格的数据,每个 UDP 数据报都有一个长度,当一个数据包到达目的节点时,UDP 可以根据接收长度判断接收的数据是否有误,但不能准确地判断传输的数据内部是否有误。

3. 网际层

网际层的主要功能是负责 IP 数据包的发送或接收,网际层具有路由选择、拥塞控制的功能,该层定义了正式的 IP 数据包格式和协议。网际层包含多个协同工作的协议,如 IP、网际控制报文协议(ICMP)、网际组管理协议(IGMP)、地址解析协议(ARP)、反向地址解析协议(RARP)等。

IP 协议负责完成网络中数据包的路径选择,并跟踪这些数据包到达不同的目的端的路径。IP 的数据包包含发送端主机的地址和到达目的端主机的地址,IP 不了解所发送的数据包的内容,也无须考虑数据包的顺序,IP 有自己的校验码以保证目的端收到正确的包。

4. 网络接口层

网络接口层的主要功能是负责通过物理网络(物理层 + 数据链路层)无差错地发送与接收数据帧,并负责建立、维护和释放数据链路的连接。

二、IP 地址的概念

1. IP 地址的组成

IP 地址是 Internet 上一台主机的标识, Internet 中每一台主机要配置一个 IP 地址, 这个 IP 地址在 Internet 上必须是唯一的。网络中的 IP 地址是由"网络标识号 + 主机标识号"组成的, 其中网络标识号代表本台主机所在的网络, 用于 Internet 环境下对主机所在网络的定位, 而主机标识号则是本机的地址, 用于在本网内对主机的定位。

主机 IP 地址的分配原则: 要为同一网络内的所有主机分配相同的网络标识号, 同一网络内不同主机必须分配不同的主机标识号以区分主机。不同网络内的每台主机必须具有不同的网络标识号, 但是可以具有相同的主机标识号。

IP 地址有两个版本: 早期使用的 IPv4, 由 32 位二进制组成, 使用点分十进制表示, 例如 192.168.32.112; 最新的下一代 Internet 支持的 IPv6, 由 128 位二进制组成, 用冒号分 16 进制表示。目前, 大多数网络产品都支持 IPv6 版本, 但还没有普及, 因此, 下面仍以 IPv4 为例介绍 IP 地址的应用。

2. IPv4 地址的分类

为了适应不同规模的网络需求, Internet 管理信息中心将 IP 地址划分为 A、B、C、D 和 E 五大类, 其中 A、B、C 类可供 Internet 上的主机使用, 而 D、E 两类有特殊的用途, 各企业可根据自己企业的规模申请 IP 地址的类别。表 2 - 3 所示为 IP 地址的类别与规模。

表 2 - 3　IP 地址的类别与规模

类别	第一个字节范围	网络地址长度	最多支持的网络数	最多主机数	适用的网络规模
A	1~126	1 个字节	126	16 777 216	大型网络
B	128~191	2 个字节	16 384	65 536	中型网络
C	192~223	3 个字节	2 097 152	254	小型网络

① A 类地址: 一个字节网络地址, 共允许有 126 个网络, 每个网络中的主机用 3 个字节主机地址。

② B 类地址: 两个字节网络地址, 最高位为"10", 接下来的 14 位为网络地址, 共允许 16 384 个网络, 每个网络允许 65 536 台主机。

③ C 类地址: 最高 3 位为"110", 接下来的 21 位为网络地址, 允许有超过两百万个网络, 每个网络允许的主机数为 254。

④ D 类地址: 多目的地址, 实现一点对多点的传送, 常用于 X.25、帧中继(Frame Relay)和异步传输模式(ATM)等点对点的协议网络。这类网络不支持全网广播, 需要配置 D 类地址实现一点对多点的传送。D 类地址前 4 位为"1110", 即地址为 224.0.0.0~239.255.255.255。

⑤ E 类地址: 用于将来扩展, 前 5 位为"11110"。

3. 特殊用途的 IPv4 地址

以下是几种特殊用途的 IP 地址。

(1) 网络地址: 主机标识号全 0 的 IP 地址。

(2) 广播地址: 主机标识号全 1 的 IP 地址, 含这类 IP 地址的 IP 分组被广播传送到网络上的每个节点。

(3) 循环地址：127.0.0.0 或 127.0.0.1,被保留用作循环地址。

(4) 全 0 地址：0.0.0.0 常用于代表缺省网络,在路由表中用于构造缺省路径。

4. 专用的 IPv4 地址

在申请公用 IP 地址时,公司需要支付一定的费用,如果单位申请的 IP 地址不够使用时,如何让公司内部网络所有的主机都能够使用 TCP/IP 进行信息共享,并连接到 Internet 访问网上的资源呢？利用专用 IP 地址是一种最好的办法。

为了使企业内部的主机能进行信息交流,并没有将 A、B、C 三类 IP 地址全部用于公网,还保留了一部分 IP 地址用于企业内部使用,这部分 IP 无法直接接入到 Internet 上,但可以通过防火墙、网络地址转换(Network Address Translation,NAT)等方式接入到 Internet。通过这种方式访问 Internet 时,外部只能看到公司的公网地址,而看不到公司部分使用的专用 IP 地址,保证了企业信息的安全。专用 IP 地址范围见表 2-4。

表 2-4　专用 IP 地址

专用 IP 地址范围	默认的子网掩码
10.0.0.0~10.255.255.255	255.0.0.0
169.254.0.0~169.254.255.255	255.255.0.0
172.16.0.0~172.31.255.255	255.255.0.0
192.168.0.0~192.168.255.255	255.255.255.0

5. IP 地址的申请

要使自己的主机加入 Internet,为了避免 IP 地址与其他网络冲突,必须向网络信息中心申请一个网络标识号,然后为网络上的每一台主机分配一个唯一的主机标识号,这样主机在 Internet 上就具有唯一的地址。国内用户可以通过中国互联网信息中心(CNNIC)获得 IP 地址。

6. 子网掩码

在小规模网络或多个部门的企业中,可以将每个部门划分为一个子网,这样可屏蔽不同部门之间主机的访问频率,减少网络风暴。因此,可以将一个网络中的主机再分为不同的小网络,用子网掩码对网络再划分。

子网掩码的划分方法是：在 32 位二进制数中,网络标识号全 1,主机标识号全 0 的 IP 地址即为该网络的子网掩码。例如：

　　A 类地址子网掩码：255.0.0.0

　　B 类地址子网掩码：255.255.0.0

　　C 类地址子网掩码：255.255.255.0

(1) 给定一个网络中主机 IP 地址,以及网络中最大的主机数,可计算子网掩码。

实例 1　将 210.20.15.5 主机所在的网络划分为每个网络 50 台主机的小规范的子网,其子网掩码是什么？

实例分析：

① 如果每个子网 50 台主机,则该子网中表示主机的二进制数(位数为 n)数值≥50,即 $2^n \geq$

50,由此可以计算出 $n=6$,即可以用 6 位二进制表示主机标识号, $2^n=64$。

② IPv4 的地址共计 32 位二进制数,其中 6 位表示主机标识号,则 26 位表示网络标识号,因此,子网掩码如下:

11111111,11111111,11111111,11000000(255.255.255.192)

(2) 已知主机 IP 地址和子网掩码,可计算网络标识号和广播号。

实例 2 一台主机的 IP 地址为 203.221.11.121,子网掩码为 255.255.255.248。试问:该主机所在的网络标识号? 该子网的广播号? 该子网的主机 IP 范围?

实例分析:

子网掩码与主机的 IP 地址相与之后的二进制数即为主机的网络标识号。该主机的网络标识号为 203.221.11.120。

因为全 1 的主机标识号为该网络的广播号,因此该子网的广播号为 203.221.11.127。

该子网的主机 IP 范围为 203.221.11.121～203.221.11.126。

 **小 结**

本章主要介绍了局域网的发展情况、局域网的作用,局域网的特征、分类及组成,以太网,虚拟局域网,网络的常见拓扑结构,其中详细介绍了总线、星状和环状拓扑结构的特点及应用。局域网的 802 体系结构是实际上的 ISO 标准化结构,其 IEEE 802.3、IEEE 802.5 是以太网和令牌环网的规范标准。本章还对常用的以太网进行了详细的分析,从标准以太网、快速以太网、吉比特以太网到 10 吉比特以太网,及其特定规范和应用场合最后介绍了 TCP/IP 协议簇。

习 题

1. 局域网能提供什么服务?
2. 网络中常见的拓扑结构有哪几种,每一种拓扑结构的特点是什么?
3. 局域网按其服务方式可分为哪几类,各有什么特点?
4. IPv4 地址中的一个 B 类地址划分为两个子网后,其子网掩码是什么?
5. 以太网分哪几类,每一类的特点是什么?
6. TCP/IP 协议簇分哪几层,每一层的功能有哪些?
7. IP 地址分哪几类,分别适用于什么规模的网络?
8. 特殊的 IP 地址有哪些,都有什么作用?
9. 简述 TCP/IP 的工作原理。
10. OSI 参考模型共分几层? 请说明每一层的功能。

第二篇　小型局域网规划与组建篇

本篇通过小型公司和家用网络——小型局域网的组建案例,介绍了组建一个小型局域网涉及的理论知识、网络技术、组建方法,操作系统的选择与安装等。

第3章小型局域网规划与组建,主要内容是小型网络的规划方案,包括网络硬件的规划与选择、网络操作系统和应用软件的选择、网络规划方案的设计等,通过典型的案例分析全面介绍网络的设计与实施。

第4章安装网络操作系统,全面介绍了目前主流的网络操作系统的功能及版本,并以 Windows Server 2008 为例,介绍了网络操作系统的安装与配置,例如对文件系统的选择(FAT32 或 NTFS)、用户管理的需求、许可管理方式的选择等。

第5章安装局域网应用服务器,主要介绍了各种应用服务器的安装、配置与管理,包括 WWW 服务器、DNS 服务器、FTP 服务器、DHCP 服务器。通过 DHCP 服务器的配置管理,可以使网络中的所有用户自动获得IP 地址,从而减少管理员的工作量,提高网络管理的效率。

所有的网络应用服务器不仅适用于小型局域网,也适用于大中型局域网,只是在大型网络中,对服务器硬件的要求更高,但各应用功能是一样的。

第 3 章
小型局域网规划与组建

　　计算机网络是计算机系统和通信系统相结合的产物,它是由多个计算机系统通过各种通信系统和协议互联,并在按照一定网络通信体系结构设计的软件、硬件的协同下构成的一种复杂有序的大系统,计算机网络已成为信息社会中主要的基础设施,广泛地应用于社会各个领域。由于各种新技术、新设备和新需求的不断出现,使得计算机网络已由简单的模式变得越来越复杂,规模越来越大,功能越来越全面。因此构建网络时一定要根据企事业单位的实际情况做好计算机网络工程的总体规划、施工设计和综合布线方案,以便管理,节省成本。

3.1　小型局域网规划概述

　　小型局域网是适用于小型企业、家庭的小型网络,组建小型局域网的主要目的是为小型企业员工或家庭用户提供资源共享。因此,在进行小型局域网规划时,必须考虑的是如何简单、方便地组建网络并实现资源共享。

　　小型局域网是最常见的局域网,小型局域网的用户人数一般不超过 100 人,在小规模企业中常见。由于它规模较小,组建起来也相对方便,主要是为了方便企业内部的数据交换和数据访问,以及打印机等硬件设备的共享。这样不但可以为小型企业节省资金和空间,也可以大大提高员工的工作效率。

3.1.1　规划设计的原则及内容

一、规划设计的原则

　　网络结构设计主要是进行网络的物理设计和逻辑设计,在完成结构设计后才能对网络设备进行选型。网络结构设计对于整个网络系统来说十分重要,它设计的成功与否直接影响网络功能的实现。因此,在设计网络组建方案时,必须遵循以下原则。

　　① 整体最优原则。在进行系统设计和配置时,常遇到很多矛盾,需根据有限合理性原则,进行综合考虑和评价,折中选择。

　　② 开放原则。系统应具有良好的开放性,能方便用户在已建设的系统上进行二次开发。

　　③ 兼容性原则。在组建网络时,所选择的设备应具有良好的兼容性,符合行业标准,以方便使用不同企业的产品。

　　④ 先进性原则。在进行系统设计时,在选择网络带宽、网络设备时要考虑新技术的发展,选择最适合的产品。

　　⑤ 可扩展原则。在设计系统时,要考虑技术的不断发展和实际需求,需留有足够的扩展余地,以便对系统进行扩充和改进。

　　⑥ 成本最低原则。在选择系统的软件和硬件设备时,要考虑到用户的总体投入,选择既能

满足用户需求又尽可能高配置的软件和硬件系统。

⑦ 分层设计原则。从逻辑上讲,组建网络时采用分层原则,可以简化网络的管理。可分为三个层次:核心层、分布层和接入层。每层都有其各自的特点,其优点有可扩展、简单、设计灵活以及可管理性佳等。

二、规划设计的内容

1. 组网需求分析

网络组建是为最终用户服务的,因此,在进行网络组建方案设计之前必须全面了解用户需求,并对网络的功能进行全面的设计,组建的网络不论从方案设计、功能规划等方面都要符合用户的需求。

需求分析是用户和系统设计人员在对部门进行粗略调查后提出的报告,它反映了用户的需求和目标,即网络系统的宏观目标。如果仅以此作为网络的规划方案,则还存在着一定的问题。因为从需求到方案的确定,必须有技术上的论证。从网络规划人员的角度看,用户的某些需求可能不确切,甚至有些不合理,在目前的情况下,技术上可能实现不了。那么,技术性论证的一个重要任务就是对用户的问题进行技术分析,从中找到解决这些问题的途径。

具体的操作方法大致分为两种。第一种是如果需求分析及用户目标非常详细和充分,那么技术人员应逐条论证,并给出明确的技术实施方案。第二种是如果需求分析不够充分,或是其中很多需求是由一些不熟悉计算机和网络技术的人员提出的,那么双方互相的沟通将是非常重要的;否则,将会给后期网站建设工作带来不必要的麻烦。可采用问答的形式,即用户提出问题,技术人员从技术角度给予解答,从而取得一致意见。

一般需要从以下几方面进行用户调查和需求分析。

① 网络的物理布局。

② 用户设备的类型和配置。

③ 通信类型及通信负荷。

④ 网络应提供的服务。

⑤ 网络的安全性。

2. 系统的总体规划

网络系统的设计与实施遵从一切从实用性出发、经济适用的原则,总体规划如下所述。

依据用户网络规模的不同,网络的规划可以采用二层或三层网络结构模式,针对于小型网络,只要工作组交换机将所有终端连接起来实现资源共享,即可达到组网的目的;而对于大中型网络,组网的目的不仅是实现资源共享,还需要通过网络实现企业的信息化管理,为网络用户提供服务,为企业内网用户提供服务等,从而提高企业的管理水平。因此,网络的组建不仅需要工作组交换机,还需要企业级核心交换机(网络中心核心层)、接入路由器、汇聚路由器、防火墙、服务器等核心设备,以保证高速的数据交换率与稳定性;同时,核心设备应有一定的冗余,以应对网络故障,还需要考虑企业数据与信息的集中性与保密性。网络中心设在企业内部的第二层,内设中心交换机、服务器、电源、配线设备,各服务器间使用万兆以太网。

3. 技术文档

网络规划的每一个阶段都将产生一些重要的技术文档,这些技术文档对网络设计和网络工程实施起着指导性作用。因此,要求文档简明扼要和准确。由于各种网络系统规模、技术要求和系统设计的目标不同,所以文档格式不要求千篇一律,但针对某一类的网络规划,文档格式应大体相同,下面给出一些格式。

（1）组建网络系统名称

（2）需求分析报告

　　—用户目标

　　—系统目标

　　—需求分析报告

（3）网络规划

　　—技术性论证

　　—总体设计方案

　　—网络经费预算

（4）网络性能简要评价

4. 网络拓扑选择的一般原则

网络拓扑结构是将网络系统连接形式用相对简单的拓扑图形表示出来,主要有星状（广泛用于局域网）、环状（广泛用于光纤网）、总线（早期局域网）、树状和网状（复杂网络）。在选择网络拓扑结构时,应遵循如下原则。

① 安装简单原则。容易安装,使用的电缆较少。在初始安装时,环状拓扑网络比较简单,其他拓扑结构相对来说安装就比较困难,使用的电缆较多。

② 可靠性原则。尽可能提高可靠性,以保证所有数据流被准确接收。环状拓扑采用令牌的形式传递数据,一般不会丢失数据包,且延时固定,因此可靠性较高。

③ 灵活性原则。需要考虑网络节点增加或网络规模扩大时,能容易地重新配置网络拓扑结构,能方便地处理原有站点的删除和新站点的加入,星状拓扑结构的网络一般采用交换机连接,在网络规模扩大或增加节点时,只需要增加交换机的数量即可,操作方便简单。

④ 可维护性原则。在网络发生故障时,故障检测和故障隔离较为方便。星状拓扑结构的网络可以通过交换机的指示灯方便地进行故障排查。

⑤ 费用最少原则。组网时需考虑网络综合布线的费用和设备安装的费用,尽可能节约成本。

3.1.2　规划设计的要点

局域网的建设规划实施不是随意的,不能认为只要达到目标,网络可以工作了就是一个好的局域网。应该综合考虑局域网的投资、后期的维护、可扩充等,归纳起来主要有以下几个方面。

1. 高性能

网络作为企业信息运行的承载平台,涉及众多不同的应用及众多用户,包括一些实时性强的交互业务应用（如语音、图像、视频等）,势必对网络的性能提出更高的要求。因此,设计方案时首先要考虑有足够的骨干带宽、合理的网络拓扑结构、先进适用的技术,同时还要实现网络的无阻塞性,不能让网络成为业务应用的瓶颈。

2. 高可靠性

网络系统的稳定可靠是应用系统正常运行的关键。在设计方案时,应选用高可靠性的网络产品、合理的网络架构,制订可靠的网络备份策略,保证网络具有较好的故障自愈能力,以减少网络中断时间。在网络投入运营后,企业和用户会对网络产生依赖性,一旦网络中断,将造成巨大的影响和损失。从企业应用的角度来看,发生故障后再考虑网络的可靠性问题,无疑是一种投资浪费。

3. 安全性

要解决安全性问题,需制订统一的网络安全策略和过滤机制,充分使用各种网络技术,如虚拟局域网络(VLAN)、代理、防火墙等。从数据安全的角度来讲,还应将重要的数据服务器集中放置,构成服务器群,以方便采取措施集中保护,并对重要数据进行备份。

4. 可管理性

为了尽可能提高工作效率,减少网络中断时间,同时为未来网络的发展打下基础,必须使网络具有良好的可管理性。选择方案时应考虑以下几个方面。

① 对网络实行集中监测,分权管理,并统一分配资源。

② 选用先进的网络管理平台,可以集中对全网设备(路由器、以太网交换机等)实施具体到端口的管理,并可提供及时的故障报警和日志。

③ 选用的网络设备及其他连接在网络上的重要设备都应支持远程管理。

④ 设计时需充分考虑运行维护的问题,特别在工程结束时,应要求建设方提供足够的设计及实施文档。

5. 技术先进性

先进合理的技术是投资保护的重要方面。网络核心设备应考虑使用国内外主流厂家生产的设备,同时要把先进的技术与国际公认的标准结合起来,使网络支持国际上通用的标准网络协议。

另外还应当注意以下几点:多倾听第三方专家的意见,对由厂商自己介绍的先进技术必须加以确认;从使用的角度倾听集成公司或其他用户的意见;各主流厂商都有其优秀产品,关键看是否符合自己的实际需求,性价比是否合理等。

3.2 小型局域网硬件系统的规划

3.2.1 网络硬件概述

现在局域网大多采用以太网的星型拓扑结构,物理上由服务器、工作站(主机)、集线器或交换机、路由器、网卡、RJ‐45 水晶头、网线等组成。

一、服务器和工作站

服务器是网络的核心(当然对等网也可以没有服务器)。普通的办公、信息管理等应用服务器一般可以采用配置较高的普通计算机,注意内存和硬盘的容量应适当大一点,主板、机箱等配件也应选购名牌的产品,保证质量稳定可靠,而在显卡、显示器、多媒体等方面则不必花费过多。

但如果是企业级的管理服务器,并承担为互联网提供服务的任务,则必须采用专用的服务器。一般服务器的最低配置为英特尔至强处理器(4 核或 8 核),最少 8 GB 内存,最大可支持 256 GB 以上的内存,SCSI 热插拔硬盘,多种外部存储和备份选择,支持热插拔冗余电源风扇。如果是高性能大数据存储服务器,则应该支持群集技术,并支持虚拟化等高性能计算,以及安装管理和安全相关的软件。

专用服务器与普通计算机的主要区别在于:专用服务器具有更好的安全性和可靠性,更加注重系统的 I/O 吞吐能力,一般采用了双电源、热拔插、SCSI RAID 硬盘等技术。当然专用服务器的价格也不菲。

工作站实际上就是普通的计算机,目前计算机的配置一般为 CPU 双核 i3 4170 及以上,内存 4 GB 以上,硬盘 500 GB 以上。一般根据资金、应用等具体情况使用当时流行的配置选择计算机作为工作站。网络工作站可以不配置光驱,这样不仅可以充分利用服务器的资源,节省资金,还可防止病毒感染,保证网络安全。

二、网卡

网卡也称为网络适配器或接口卡,主要作用是将计算机数据转换为能够通过介质传输的信号。当网络中有数据在传输时,网卡首先接收来自计算机的数据包,并将数据附加包括网卡地址的报头,然后将数据转换为信号,通过传输介质发送到目的地。

三、传输介质

依据用户需求的不同,可以采用不同的传输介质,局域网常用的传输介质为双绞线、同轴电缆和光纤。

1. 双绞线

双绞线是局域网组建的主要传输介质之一,依据双绞线的传输速率不同,可以分为三类、四类、五类、超五类、六类、超六类和七类;依据其屏蔽能力不同,可分为非屏蔽双绞线(UTP)和单屏蔽双绞线(FTP 和 STP)以及双屏蔽双绞线(SFTP)。通常情况下,交换机到主机之间的连接采用非屏蔽五类或超五类双绞线,主干链路之间可以用超五类或六类双绞线,除非特殊需求,一般采用非屏蔽双绞线。

(1) 制作网线

国际上常用的制作 RJ‐45 接头的标准包括 EIA/TIA 568A(简称 T568A)和 EIA/TIA 568B(简称 T568B)两种。EIA/TIA 568A 的线序定义依次为绿白、绿、橙白、蓝、蓝白、橙、棕白、棕,其线序排列表见表 3‐1。

视频

双绞线的制作

表 3‐1　T568A 双绞线线序排列表

绿白	绿	橙白	蓝	蓝白	橙	棕白	棕
1	2	3	4	5	6	7	8

EIA/TIA 568B 的线序定义依次为橙白、橙、绿白、蓝、蓝白、绿、棕白、棕,其线序排列表见表 3 - 2。

表 3 - 2　T568B 双绞线线序排列表

橙白	橙	绿白	蓝	蓝白	绿	棕白	棕
1	2	3	4	5	6	7	8

在整个网络布线中应统一采用一种布线方式,但两端都有 RJ - 45 接头的网络连线无论是采用 T568A,还是 T568B,在网络中都是通用的。双绞线的顺序与 RJ - 45 接头的引脚序号一一对应。10/100 M 以太网的网线使用 1、2、3、6 号芯线传递数据。那为什么采用 4 对(8 芯线)的双绞线呢? 这主要是为适应更多的使用范围,在不变换基础设施的前提下,就可满足各式各样的接线要求。例如,可同时用其中一对线来实现语音通信。

网线的制作步骤如下:

① 剥线。用双绞线剥线器将双绞线塑料外皮剥去 2～3 cm,如图 3 - 1a 所示。

② 排线。将绿色线对与蓝色线对放在中间位置,而橙色线对与棕色线对放在靠外的位置,形成左一橙、左二蓝、左三绿、左四棕的线对次序,如图 3 - 1b 所示。

③ 理线。小心地剥开每一线对(开绞),并将线芯按 T568B 或 T568A 标准排序,特别是要将绿白线芯从蓝和蓝白线对上交叉至 3 号位置,将线芯拉直压平、挤紧理顺,朝一个方向紧靠,如图 3 - 1c 所示。

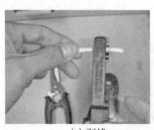  

(a) 剥线　　　　　　　　(b) 排线　　　　　　　　(c) 理线

图 3 - 1　网线制作(一)

④ 剪切。将裸露出的双绞线线芯用压线钳、剪刀、斜口钳等工具整齐地剪切,只剩下约 13 mm 的长度。

⑤ 插入。一手以拇指和中指捏住水晶头,并用食指抵住,水晶头的方向是金属引脚朝上、弹片朝下。另一只手捏住双绞线,用力缓缓将双绞线 8 条导线依序插入水晶头,并一直插到 8 个凹槽顶端,如图 3 - 2a 所示。

⑥ 检查。检查水晶头正面,查看线序是否正确;检查水晶头顶部,查看 8 根线芯是否都插到顶端(为减少水晶头的用量,①—⑥可重复练习,熟练后再进行

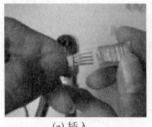 

(a) 插入　　　　　　　(b) 压接

图 3 - 2　网线制作(二)

下一步）。

⑦ 压接。确认无误后,将 RJ－45 水晶头推入压线钳夹槽后,用力握紧压线钳,将突出在外面的针脚全部压入 RJ－45 水晶头内,RJ－45 接头制作完成,如图 3－2b 所示。

⑧ 测试。用综合布线实训台上的测试装置或工具箱中的简单线序测试仪对网络进行测试,会有直通网线通过、交叉网线通过、开路、短路、反接、跨接等显示结果。

RJ－45 水晶头的保护胶套可防止跳线拉扯时造成接触不良,如果水晶头要使用这种胶套,需在连接 RJ－45 水晶头之前将胶套插在双绞线电缆上。

注意:

双绞线分为直通线和交叉线两种。在制作时,如果是直通线,则线两端的线序一样,可以都是 T568A 或 T568B;制作交叉线时,线两头的线序不同,一头为 T568A 标准,另一头则为 T568B 的标准,线缆的交叉方式如图 3－3 所示。

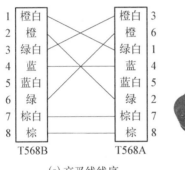

(a) 交叉线线序　　　　　　(b) 双绞线压线钳

图 3－3　交叉双绞线的两头线序

(2) 网线测试

网线制作完成后,要对其连通性、数据传输效率进行测试。一般情况下,在中小型企业局域网环境下,如果对网络数据传输的实时性、传输的差错率要求不太高,网线制作完成后用普通测试仪就可以测试其正确性和连通性。而对于在数据传输差错率和实时性方面要求较高的大型企业,由于企业数据安全性要求较高,因此,对数据传输质量要求也很高,此时对网线的测试不能仅仅考虑连通性,还必须考虑其传输过程中的信号衰减等详细参数。这些必须使用较专业的、能测试出网线详细参数的测试仪,如图 3－4 所示,可以简单地测试连通性、详细参数、实际链路。

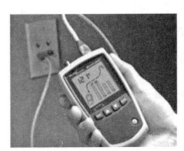

详细参数测试　　　　　　　实际链路测试　　　　　　　连通性测试

图 3－4　网线测试

专业的测试仪可以测试线材内的元器件,测试速度比传统的仪器速度快一倍以上,并提供单边、导通阻抗编辑及点测颜色编辑等测试功能。

详细参数如下。

① 测试电压:直流 5 V。

② 测试点数:1~128 点。

③ 短断路判定:2~50 kΩ。

④ 量测速度:128 点/10 ms。

⑤ 测试方式:手动、自动、连续。

⑥ 存储管理:512 KB,最多可存储 56 组设定档案。

⑦ 电阻测量:0.1~10 MΩ。

⑧ 二极管测量:0.0~7.0 V。

⑨ 电容测试:10 pF~500 μF。

⑩ 瞬间短断路测试:2~50 kΩ;瞬间导通测试:0.1~50 Ω。

⑪ 导通电阻测试:0.1~50 Ω(精确到 0.05 Ω)。

⑫ 绝缘阻抗测试:0.1~10 MΩ。

⑬ 系统具有自动扫描和自动找点功能。

⑭ 提供先进的短路、断路、错位、导通阻抗、瞬间短断路测试,所有功能测试一步完成。

⑮ 提供单边、标准、多段和点测功能。

⑯ 提供快速准确的测试,较传统产品测试速度快一倍左右。

⑰ 系统提供统计与列印功能,并提供不良品的统计分析。

⑱ 具有远程监控和 RS 232 通信接口。

⑲ 提供两个 USB 端口,并支持 USB 文件读写。

2. 同轴电缆

同轴电缆从用途上分可分为基带同轴电缆和宽带同轴电缆,其中基带电缆又分细同轴电缆和粗同轴电缆。基带电缆仅仅用于数字传输,数据传输速率可达 10 Mbps,同轴电缆主要用于早期的总线以太网,而目前组建的局域网一般是用双绞线连接的以太网,传输速率可达100 Mbps以上。

3. 光纤

光纤主要用于局域网中的楼宇之间的主干链路,依据局域网楼宇之间的距离要求,可以选用单模光纤或多模光纤。一般情况下,需将光纤熔接才能进行网络连接。

光纤熔接是目前普遍采用的光纤接续方法,光纤熔接机通过高压放电将接续光纤端面熔融后,将两根光纤连接到一起成为一段完整的光纤。这种方法接续损耗小(一般小于0.1 dB),而且可靠性高。熔接连接光纤不会产生缝隙,因而不会引入反射损耗,入射损耗也很小,在 0.01~0.15 dB 之间。在光纤进行熔接前要把涂敷层剥离。机械接头本身是保护连接的光纤的护套,但熔接在连接处却没有任何的保护。因此,光纤熔接机采用涂敷器重新涂敷熔接区域和使用熔接保护套管两种方式来保护光纤。现在普遍采用熔接保护套管的方式,它将保护套管套在接合处,然后对它们进行加热,套管内管是由热材料制成的,因此这些套管就可以牢牢地固定在需要保护的地方。加固件可避免光纤在这一区域内弯曲。

(1) 光纤熔接步骤

① 开启光纤熔接机,确定要熔接的光纤是多模光纤还是单模光纤。

② 测量光纤熔接距离。

③ 用开缆工具去除光纤外部护套及中心束管、剪除凯夫拉线,除去光纤上的油膏。

④ 用光纤剥离钳剥去光纤涂敷层,其长度由熔接机决定,大多数熔接机规定剥离的长度为2～5 cm。

⑤ 光纤一端套上热缩套管。

⑥ 用酒精擦拭光纤,用切割刀将光纤切到规范距离,制备光纤端面,将光纤断头扔在指定的容器内。

⑦ 打开电极上的护罩,将光纤放入 V 形槽,在 V 形槽内滑动光纤,在光纤端头达到两电极之间时停下来。

⑧ 两根光纤放入 V 形槽后,合上 V 形槽和电极护罩,自动或手动对准光纤。

⑨ 开始光纤的预熔。

⑩ 通过高压电弧放电把两光纤的端头熔接在一起。

⑪ 光纤熔接后,测试接头损耗,作出质量判断。

⑫ 符合要求后,将套管置于加热器中加热收缩,保护接头。

⑬ 光纤熔接完后放于接续盒内固定。

开缆就是剥离光纤的外部护套、缓冲管。光纤在熔接前必须去除涂敷层,为提高光纤成缆时的抗张力,光纤有两层涂敷。由于不能损坏光纤,所以剥离涂敷层是一个非常精密的程序,去除涂敷层应使用专用剥离钳,不得使用刀片等简易工具,以防损伤纤芯。去除光纤涂敷层时要特别小心,不要损坏其他部位的涂敷层,以防在熔接盒内盘绕光纤时折断纤芯。光纤的末端需要进行切割,要用专业的工具切割光纤以使末端表面平整、清洁,并使之与光纤的中心线垂直。切割对于接续质量十分重要,它可以减少连接损耗。任何未正确处理的表面都会由于末端的分离而产生额外损耗。

在光纤熔接中应严格执行操作规程的要求,以确保光纤熔接的质量。

(2) 光纤熔接时熔接机的异常信息和不良接续结果

光纤熔接过程中由于熔接机的设置不当,熔接机会出现异常情况。对光纤操作时,光纤不洁、切割或放置不当等因素,会引起熔接失败,具体情况见表 3-3。

表 3-3 光纤熔接时熔接机的异常信息和不良接续结果

信　　息	原　　因	提　　示
设定异常	光纤在 V 形槽中伸出太长	参照防风罩内侧的标记,重新放置光纤在合适的位置
	切割长度太长	重新剥除、清洁、切割和放置光纤
	镜头或反光镜脏	清洁镜头、升降镜和防风罩反光镜

续　表

信　息	原　因	提　示
光纤不清洁 或者镜头不清洁	光纤表面、镜头或反光镜脏	重新剥除、清洁、切割和放置光纤清洁镜头、升降镜和风罩反光镜
	清洁放电功能关闭,时间太短	如必要时增加清洁放电时间
光纤端面 质量差	切割角度大于门限值	重新剥除、清洁、切割和放置光纤,如仍发生切割不良,确认切割刀的状态
超出行程	切割长度太短	重新剥除、清洁、切割和放置光纤
	切割放置位置错误	重新放置光纤在合适的位置
	V 形槽脏	清洁 V 形槽
气泡	光纤端面切割不良	重新制备光纤或检查光纤切割刀
	光纤端面脏	重新制备光纤端面
	光纤端面边缘破裂	重新制备光纤端面或检查光纤切割刀
	预熔时间短	调整预熔时间
太细	锥形功能打开	确保"锥形熔接"功能关闭
	光纤送入量不足	执行"光纤送入量检查"指令
	放电强度太强	如不用自动模式时,减小放电强度
太粗	光纤送入量过大	执行"光纤送入量检查"指令

四、交换机

交换式以太网的主要连接设备为交换机,交换机根据其在局域网中的功能和位置不同,可以分为接入交换机和汇聚交换机,如图 3 - 5 所示,其中汇聚交换机负责将网络中的所有交换机汇聚到中心节点,接入交换机将网络中的所有节点接入网络,并为每个节点提供尽可能大的带宽,再通过汇聚交换机进行数据传输。

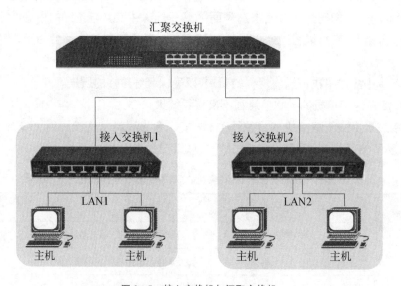

图 3 - 5　接入交换机与汇聚交换机

局域网交换机是组成网络系统的核心设备,对用户而言,交换机的主要指标是价格、端口数量、数据交换能力、包交换速率等。因此在选择交换机时,应尽可能地从这几个方面考虑从而满足用户的要求。

五、路由器

路由器是网络中进行网间连接的关键设备。作为不同网络之间互相连接的枢纽,路由器工作在 OSI 参考模型的网络层,负责数据包的路由选择和数据转发。局域网中路由器的主要功能是实现不同网段之间的通信,从而保证全网连通。

六、网关

网关(Gateway)是一种充当转换重任的计算机系统或设备。使用在不同的通信协议、数据格式,甚至体系结构完全不同的两种系统之间,网关是一个翻译器,因此,网关又称网间连接器、协议转换器。

网关在网络层以上实现网络互连,是复杂的网络互连设备,仅用于两个高层协议不同的网络互连。网关对收到的信息要重新打包,以适应目的系统的需求,既可以用于广域网互连,也可以用于局域网互连。

3.2.2　网络硬件的选择

组建不同类型和规模的计算机网络,所需的设备不尽相同。除了联网的计算机外,对于总线网络,还需要细缆和 50 Ω 终端电阻器等;对于星状网络,还需要双绞线、集线器或交换机等。如果网络规模较大,还应该准备光纤、中继器、网桥、路由器及网关等网络设备。在施工过程中,压线钳、测线仪等工具是必不可少的。另外需要附属设备,如插头插座、电源、机柜、通风设备,以及消防设备等。

在选择设备时应选用主流及正规厂家的产品,这样既可为施工提供质量保证,又能保证技术及发展的可维持性。确定方案后,还要进行投资预算,当然预算中除了包括网络硬件设备外,还应包括软件购置、工程施工、安装调试、人员培训、网络运行及维护等费用。

3.3　小型局域网软件系统的规划

3.3.1　网络软件的分类

硬件系统是计算机网络的框架,软件系统是计算机网络的精髓。局域网软件系统主要分为网络操作系统、网络通信协议和网络管理软件。

网络操作系统是使网络中各计算机能够方便而有效地共享网络资源,为网络用户提供各种服务的计算机操作系统。通常的操作系统具有文件管理、设备管理和存储器管理等功能,而网络操作系统除了具有上述功能外,还能够提供高效、可靠的网络通信能力及多种网络服务。目前,使用比较广泛的网络操作系统主要有 Windows Server、UNIX 和 Linux 等,国产网络操作系统有银河麒麟、思普(SPGnux)等。

网络通信协议是一种特殊的软件,是计算机网络实现其功能的最基本机制。在网络中,通信协议扮演着重要的角色。无论使用哪种网络连接方式,都需要相应的通信协议的支持。如果没有网络通信协议,资源就无法共享,网络连接就失去了意义。常见的通信协议有:TCP/IP、NetBEUI、NWLink IPX/SPX/NetBIOS、AppleTalk 等。

网络管理软件提供网络系统的配置、故障、性能、安全及记账管理的基本功能,是支持网络管理的软件包。比较典型的网络管理软件有 IBM NetView、HP OpenView、Sun NetManager、SiteView 等。虽然各种网络管理软件的界面与功能都有差别,但一般都是对网络区域 5 个功能的管理:配置管理、故障管理、性能管理、安全管理和记账管理。

3.3.2　网络操作系统的选择

实际上,在设计一个局域网时,可以选择的网络操作系统很少。如果网络是过时的或者运行一个专用于特殊环境的应用(例如,在测试实验室中测试催化剂转化器性能的一个质量控制系统),不选用通用网络操作系统的唯一理由就是它要求使用一种非通用的网络操作系统(如 Banyan VINES)。许多局域网环境都对互操作性给予了极大的关注。

选择网络操作系统时,应当在做出决定前仔细权衡其优缺点。然而,所做的决定在很大程度上取决于操作系统和局域网中已经运行的应用程序。换句话说,该决定可能会限于现有的基础结构(这个基础结构不仅仅包括其他的网络操作系统,也包括局域网拓扑结构、协议、传输方法和连接硬件)。

例如,一所社区学院使用 150 个 Linux 服务器来管理 4 000 个用户的 ID、安全以及文件和打印共享。另外,该学院的网络管理员还监控着可以提供网络开发和备份服务的 5 台 Windows 服务器,现被要求为该学院戏剧系的新服务器选择一种网络操作系统。由于 Linux 服务器可以对现有的网络进行无缝集成并且能够为诸如添加新用户或资源这样的管理任务提供便利,所以该网络管理员可能不会选择 Windows 服务器。

下面总结了在选择一种网络操作系统时应该考虑的问题。

① 它能否与现有的基础结构兼容?

② 它能否提供资源所要求的安全性能?

③ 技术人员能够有效地管理它吗?

④ 应用能够在其上平稳运行吗?

⑤ 它为未来的发展留有余地吗(也就是说,它是否是可扩展的)?

⑥ 它支持用户要求的附加服务(例如,远程访问和信息发布)吗?

⑦ 它的成本是多少?

⑧ 期望从厂商那里取得哪种支持?

需要逐个考虑各个因素对机构的重要性。另外,还要在决定购买某种网络操作系统前先在环境中测试一下这种网络操作系统。可以在额外的服务器上用一组典型用户和应用程序按专用的测试标准执行这种测试。必须牢记一点:不能依靠商业杂志上的文章或厂商提供的市场信息来估计哪种网络操作系统最适合自己。

对上述问题的关注程度是因不同的用户而不同的。例如,对于一家跨国制药公司的网络管理员,公司的发展要求网络总是畅通的,同时 IT 预算经费也很多,与网络操作系统的成本相比,未来网络扩展的容纳能力和厂商能够提供的技术支持就显得更为重要。相反,对于一家本地的食物救济站的网络管理员,更关心的是网络操作系统的成本,而不是担心该系统是否能很容易地扩展到支持几百台服务器这个问题。

3.3.3　网络管理软件的选择

网络管理(简称网管)软件种类繁多,近年来,众多网管软件厂商的竞争也十分激烈。正是这种激烈的竞争,促使了网管软件的飞速进步和发展。各网管软件的侧重点各有不同,但功能单一且没有可扩展性的网管软件是适应不了当今信息化发展速度的。那么在建设网管系统的时候应如何选择网管软件呢?

一、明确需求

不同的网管软件的功能不一样,有的是桌面管理系统,有的是网络监控系统,还有的是邮件、页面管理系统。用户必须在种类众多的网管软件中挑选出最为适合自身需求的产品。如何确定自身需求呢? 一般是用户和厂商共同探讨并制订需求说明书。

二、网管软件选购的基本原则

通常,在选择网管软件时的基本原则应该包括以下几方面。

① 网管人员的日常工作。

② 每种工作的执行人员的知识经验要求和时间投入。

③ 每种工作的执行效果;每种工作的支持软件工具能带来的效果。

④ 减少了多少网管人员的时间投入;降低了多少网管人员的知识经验要求。

⑤ 完成了多少网管人员手工不能实现的功能,以及这些功能的价值。

⑥ 每种工作的支持软件工具的整体成本。

⑦ 资金投入,知识经验要求,培训学习时间,使用时间。

另外,要注意同类网管软件的共通性。在同类型网管软件之中存在着很多的共通性,这些共通性指的是它们的主要功能。可以将网管软件归类为"行为支持系统",认为它的目的无非是帮助网管人员更高效、更低成本地完成日常工作。

三、网管工具选择的五大基本标准

对于一套综合网管工具的选择,应该有如下五大基本标准。

(1) 提高工作效率

这个标准是所有工具的评估标准,而信息系统这类工具和其他工具的不同之处在于,信息系统工具的科技含量比较高。如果在进行信息系统研发的时候没有注意到易用性方面的问题,就很容易造成从一种复杂到另一种复杂,这样一来,使用信息系统工具来提高工作效率的初始目标便没有实现。所以,在选择网管工具的时候,产品的易用性是非常重要的。

(2) 注重与业务系统的整合

网管软件不应该仅停留在设备管理层面,它应该能进一步深入地对服务器和应用系统进行监测和管理。目前很多网管软件仅仅是帮助网管人员对网络中的各个设备进行监控,却忽视了对服务器系统的管理,忽视了同各个业务系统的协调合作。这样一来,网管软件的很多功能便被浪费了。如果网管软件能够像 SiteView ECC 一样对各个服务器的应用进程、应用系统等进行监控和分析,那么对于用户来说,也许困扰他们许久的信息孤岛问题就可以得到解决。

(3) 采用 B/S 架构和非代理模式

成熟的网管软件一般采用友好的 Web 浏览器界面,这样就可以远程协同维护和管理,实现分布式大规模网络的集中层级管理。现在有非常流行的一类网管软件,即采用非代理模式,避免了传统代理模式的繁琐和重复性劳动,而且便于实施和后期维护,极大地节省了工作时间和工作繁杂度。举个简单的例子,通过非代理模式,就再也不用从 1 楼爬到 5 楼去更改监测内容,更不用为了更改某些设置在城市内或城市间穿梭了。

(4) 实现应用监测和拓扑图展示

网管软件必须做到对网络中每个关键应用进行监测和管理。这样,管理人员可以迅速对其应用系统、服务器或设备进行定位,检测各关键应用、业务系统、办公系统、财务系统等的运行是否正常。先进的网管软件还能提供美观的网络应用拓扑图,对应用系统的流程进行逐步监测,当系统异常时,通过颜色变化及时定位和提示应用系统故障。

(5) 主动式的网络管理

目前,对网管系统的需求最为强烈的用户一般都是网络规模比较大或者核心业务建立在网络上的企业,一旦网络出现了故障,影响和损失是非常大的。所以,网管系统如果仅仅达到了“出现问题后及时发现并通知网管人员”的程度是远远不够的,这种被动式的管理必然会被淘汰,而主动式的网络管理是网管系统的发展方向。

一款好的网管软件应该具有操作简便、能全面监测网络中各种应用及其他设备、良好的开放式接口等特性,能够自动恢复各种标准及非标准故障,极大地降低网管人员的工作强度,提高工作效率,使得 IT 投资的效用最大化。当然,用户的需求还是第一位的,所以功能非常强大且符合标准的产品,对用户来说也许并不是合适的产品,用户在选择网管系统的时候还是应该先对自身的需求做好定位。

但对小型局域网而言可以不用考虑得太复杂,注意以下几点即可。

① 该软件是否支持 SNMP、RMON 等网络管理协议。

② 该软件是否基于网管平台软件。

③ 生产该软件的厂商是否和本单位使用的网络产品的厂商相对应。

3.4　小型局域网的组建

通常情况下,小型局域网的网络节点不足 100 个。它可以是以太网或以太网和无线局域网(Wireless LAN)的混合网络。小型局域网采用 ADSL、电缆或 T1/E1 通过 ISP 访问 Internet。

一个典型的小型局域网拓扑图如图 3-6 所示。将现有主机相互连接形成一个小型局域网,其花费并不多,且操作比较简单。计算机网络的拓扑结构是指网络中的通信线路和各节点之间的几何排列,它决定了在网络环境下如何管理网络客户和网络资源,影响着整个网络的设计、功能、可靠性和通信费用等。下面主要介绍总线局域网和星状局域网的组建方案。

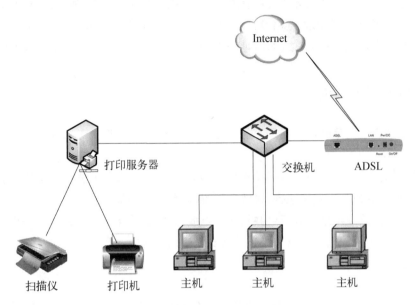

图 3-6　典型的小型局域网拓扑图

3.4.1　总线局域网组建方案

　　如果一个网络的主机数量比较小,比如 10 台左右,相距最远的两台计算机之间的距离小于 180 m,就可以采用较廉价的总线拓扑结构,如图 3-7 所示。这种网络称为总线局域网,网络中所有主机都通过总线接入局域网。总线局域网的优点是电缆长度短、布线容易、便于扩充,其缺点主要是总线中任何一处发生故障将导致整个网络的瘫痪,且故障诊断困难。

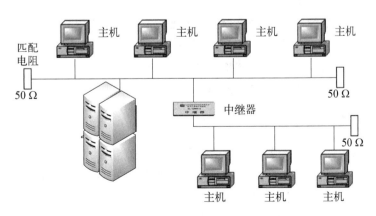

图 3-7　总线拓扑结构

总线局域网适用于计算机数量较少的局域网,传输速率为 10～100 Mbps,网络连接选用同轴电缆,典型的总线局域网为以太网。在总线局域网中,主机和服务器连接在一条总线上,各主机地位平等,无中心节点,公用总线上的信息多以基带形式串行传递,其传递方向总是从发送信息的节点开始向两端扩散,如同广播电台发射信息一样,因此又称广播式计算机网络。各节点在收到信息时都会进行地址检查,如果地址与自己的工作站地址相符,则接收网上的信息,否则忽略。

一、总线局域网的优点

(1) 结构简单

各网络节点通过简单的搭线器(T 头)即可接入网络,施工类似接电视天线。

(2) 布线量小

星状网络需要从中心集线器向每个网络节点单独走线。如果不使用线槽走线,地面上经常爬满一捆一捆的网线;如果使用线槽、接线盒走线,就会大量增加布线成本和工作量,且不便于移动节点的位置。而总线网络所有节点共用一条电缆,走线量要比星状网络小许多倍,并且看起来很整洁,基本可以不用线槽。所以这种布线方式最适用于对网速要求不高、单个房间内有大量节点相邻摆放的网吧。

(3) 成本较低

总线局域网因用线量小,无须集线器等昂贵的网络设备,不用线槽、接线盒等结构化布线材料,成本要大大低于星状局域网。

(4) 扩充灵活

如果在网络最初规划时留的空间较小,在星状局域网中可能会因为只增加一个节点而必须购买一个交换机;而总线局域网中只需增加一段电缆和一个 T 头就可增加一个节点。

二、总线局域网的缺点

总线局域网有如下缺点。

① 最高传输速率为 100 Mbps。

② 无法应用交换技术。

③ 网络无法采用分层结构。

④ 网络一旦出现故障,诊断和隔离都比较困难。

⑤ 采用的是广播方式,网络中的冲突大,因此网络重载时效率低。

⑥ 总线长度受限,只能使用中继器扩大网络的地理范围。

⑦ 一个节点出现故障,则整个网络瘫痪。

3.4.2 星状局域网组建方案

在星状局域网中,网络中的各节点通过点到点的方式连接到一个中心节点(又称中央转接站,一般是集线器或交换机)上,由该中心节点向目的节点传送信息。中心节点执行集中式通信控制策略,因此中心节点相当复杂,负担比各节点重得多。在星状局域网中,每一台主机都通过网卡连接到中心节点,主机之间通过中心节点进行信息交换,各节点呈星状分布而得名。星状结构是目前在局域网中应用得最为普遍的一种拓扑结构,在企业网络中几乎都是采用这一方式。

星状网络几乎是以太网络专用。这类网络目前用得最多的传输介质是双绞线,如常见的五类双绞线、超五类双绞线等,也可以使用同轴电缆。图 3-8 所示为采用交换机连接的典型星状局域网案例。

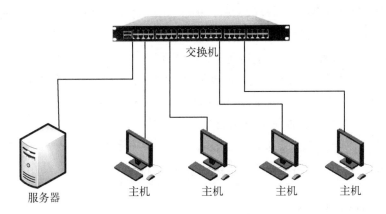

图 3-8 典型星状局域网案例

星状结构的网络便于集中控制与维护,使用方便,易于网络扩充。若需要在网络中增加主机,只需要将主机连接到交换机(或集线器)的空闲接口上即可。网络中的某台主机出现故障时,也不会影响到网络中其他主机的工作。

但网络的中心节点、根集线器或交换机出现故障时,整个网络将会瘫痪,所有连接到网络中的主机都无法实现网络连接。另外,中心节点连接的网络,所有主机都直接连接到中心节点,因此,所有主机的物理位置会受到线路传输距离的限制,网络距离的可扩展性受到限制。如果网络中的每个交换机(或集线器)也为星状级联,之后再连接到主机,则可以组成树状拓扑结构,即可以扩大网络的规模,也可以增加网络的传输距离,如图 3-9 所示。

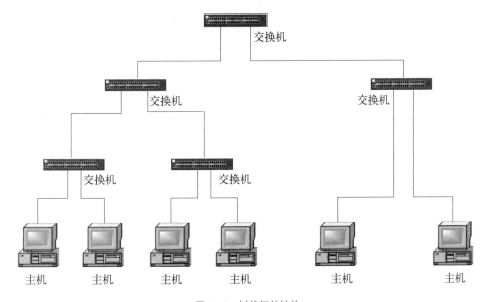

图 3-9 树状拓扑结构

一、星状局域网的特点

星状拓扑结构的网络属于集中控制型网络,整个网络由中心节点执行集中式通行控制管理,各节点间的通信都要通过中心节点。每一个要发送数据的节点都将要发送的数据发送到中心节点,再由中心节点负责将数据送到目的节点。因此,中心节点相当复杂,而各个节点的通信处理负担都很小,只需要满足链路的简单通信要求。

星状局域网中任何两个节点要进行通信,都必须经过中心节点。因此,中心节点的主要功能有三项:当某个节点发出通信请求后,控制器要检查中心节点是否有空闲的信道,被叫设备是否空闲,从而决定是否能建立双方的物理连接;在两台设备通信过程中要维持这一信道;当通信完成或者不成功、要求中断连接时,中心节点应能拆除上述信道。

由于中心节点要与多主机连接,线路较多,为便于集中连线,采用一种称为集线器或交换机的硬件作为中心节点。一般网络环境都被设计成星状拓扑结构。星状网是广泛被使用的网络拓扑设计之一。

二、星状局域网的优缺点

1. 优点

① 控制简单。任何一节点只和中心节点相连接,因而介质访问控制方法简单,访问协议也十分简单,易于网络监控和管理。

② 故障诊断和隔离容易。可以对连接线路逐一隔离进行故障检测和定位,单个连接点的故障只影响一个设备,不会影响全网。

③ 方便服务。中心节点可以方便地对各个节点提供服务和重新配置网络。

④ 容易实现。它所采用的传输介质一般都是通用的双绞线,这种传输介质相对来说比较便宜,如目前五类双绞线每米仅 1.50 元左右,而最便宜的同轴电缆也要每米 2.00 元左右,光纤就更贵了。这种拓扑结构主要应用于 IEEE 802.2、IEEE 802.3 标准的以太局域网中。

⑤ 节点扩展、移动方便。节点扩展时只需要从集线器或交换机等集中设备中接出一条线,要移动一个节点时只需要把相应节点设备移到新节点,而不会像环状网络那样"牵其一而动全局"。

⑥ 维护容易。一个节点出现故障时不会影响其他节点的连接,可任意拆掉故障节点。

2. 缺点

(1) 需要耗费大量的电缆,安装、维护的工作量也骤增。

(2) 中心节点负担重,形成"瓶颈",一旦发生故障,则全网受影响。

(3) 各节点的分布处理能力较低。

总的来说,星状拓扑结构相对简单,便于管理,建网容易,是局域网普遍采用的一种拓扑结构。采用星状拓扑结构的局域网,一般使用双绞线或光纤作为传输介质,符合综合布线标准,能够满足多种带宽需求。

3.5　小型局域网组建案例分析

3.5.1　项目背景与建设需求

一、项目背景

一个刚成立的物联网产品研发公司,在中关村某商业楼租用了一层楼(共计 6 个房间)作为办公室,该公司目前共有 30 名员工,成立了三个部门:技术研发部(16 人)、市场部(8 人)、行政部(4 人),另外还有公司总经理和副经理各 1 名。由于公司刚起步,经费预算有限,希望网络的组建总费用在 15 万元以内。

二、用户基本需求

公司需要组建小型办公网络,对网络的要求如下。

① 能够资源共享,网络的桌面用户能够共享数据库、打印机、文件服务器,实现办公自动化。

② 有足够的带宽,能够顺畅地实现局域网内部用户之间的相互通信。

③ 广域网接入方式合理、安全,可以收发电子邮件。

④ 建立公司对外 WWW 网站,进行企业宣传。

⑤ 公司内部的信息与数据的基本安全保护。

⑥ 网络管理简单实用、网络接入方便等。

⑦ 综合考虑系统的可靠性、实用性、开放性、扩展性、先进性和经济性。

三、网络规划时应遵循的原则

① 满足目前的要求并能适应未来 5 年时间内的发展需求。

② 有清晰、合理的层次结构,便于维护。

③ 采用先进、成熟的技术,降低系统风险。

④ 网络信息流量合理,不产生瓶颈。

⑤ 满足当前主流网络设计的原则,能够和其他网络互联。

⑥ 有较好的扩展性,便于将来升级。

四、公司网络组建应达到的要求

① 实现专线 10 Mbps 接入,完成对 Internet 网络资源的应用。

② 实现公司内部 100 Mbps 到桌面的网络数据传输。

③ 租用 2 个 ISP 公网 IP 地址。

④ 各部门都有到本楼层设备间或配线间的物理链路。

⑤ 为了实现同一部门间的互访,使用 VLAN 技术。

⑥ 为了实现各节点能够自动获取 IP、网关及 DNS 地址,使用 DHCP 技术。

⑦ 考虑到方便移动 PC 的工作需要,公司内部要求实现无线局域网覆盖。

⑧ 采用主流的 TCP/IP 协议对网络进行规划。

⑨ 对广播流量进行分割,不同部门之间可以进行访问控制。

3.5.2　方案设计原则

从技术措施角度来讲,在网络的设计和实现中,本方案严格遵守了以下原则。

一、实用性

系统的软硬件设计和集成,均以实用为第一宗旨,在系统充分适应企业信息化需求的基础上再来考虑其他的性能。该系统所包含的内容很多,必须将各种先进的软硬件设备有效地集成在一起,使系统的各个组成部分充分发挥作用,协调一致地进行高效工作。

二、标准性

只有支持标准性和开放性的系统,才能支持与其他开放型系统协同工作,在网络中采用的硬件设备及软件产品应该支持国际工作标准或事实上的标准,以便能和不同厂家的开放性产品在同一网络中共存。应采用标准的通信协议以使不同的网络之间顺利进行通信。

三、先进性

对于系统所有的组成要素,均应充分地考虑其先进性。虽然这是一个小型网络,规模小、投入小,但也不能只考虑实用性,而忽略先进性,在设计方案时,也要考虑先进的技术设备,才能获得最佳的系统性能和效益。

四、安全性

网络安全是非常重要的,在某些情况下,宁可牺牲系统的部分功能也要保证系统的安全。针对此小型局域网,可以选择免费的个人版的安全产品,以确保网络的安全性。

五、可靠性

可靠性是衡量一个网络系统的重要标准之一。此小型局域网的应用服务相对较少,只要保证服务器稳定运行即可。可以通过不间断电源(UPS)保证设备的稳定运行,增加服务器的硬盘,并采用硬盘阵列,以提高网络整体的容错能力、安全性及稳定性,在系统出现问题和故障时能迅速地修复。

六、可维护性

在设计和实现时,必须充分考虑整个系统的可维护性,在系统万一发生故障时能提供有效手段及时进行恢复,尽量减少损失。所选的网络设备应支持多种协议,能方便进行网络管理、维护甚至修复。

3.5.3　网络方案设计

一、网络拓扑设计

为了更好地进行公司的安全管理,考虑到公司各部门之间的隔离需求,在网络拓扑设计时,采用层次化的设计模型,不仅可以实现网络的功能,还能更方便地实现网络的安全管理。

1. 节省成本

在采用层次模型之后,各层次各司其职,不需要在同一个平台上考虑所有的事情。层次模型模块化的特性使网络中的每一层都能够很好地利用带宽,减少了系统资源的浪费。

2. 易于理解

层次化设计使得网络结构清晰明了,可以在不同的层次实施不同难度的管理,降低了管理成本。

3. 易于扩展

在网络设计中,模块化的特性使得在扩展网络时网络的复杂性能够限制在子网中,而不会蔓延到网络的其他地方。而如果采用扁平化和网状设计,任何一个节点的变动都将对整个网络产生影响。

4. 易于排错

层次化设计能够使网络拓扑结构分解为易于理解的子网,网管人员能够轻易地确定网络故障的范围,从而简化了排错过程。

二、IP 地址规划

根据公司目前的实际情况,只租用了两个外网 IP 地址,公司内部的所有主机都使用私有 IP,可以考虑使用较普及的 192.168 网段的 IP 地址,在进行 IP 地址规划时,必须遵循如下的原则。

① 唯一性。全公司每台主机的 IP 地址必须唯一。

② 连续性。公司各部门内部的 IP 地址最好是连续的,以方便管理。

③ 扩展性。每个部门应预留足够的 IP,以方便公司规模扩大。

④ 实意性。对公司特殊主机的 IP 地址,规划时要有实际的意义,例如,服务器的 IP 地址一般用 100,而网关 IP 一般用 254,方便用户配置使用。

根据实际情况,公司可以考虑租用 ADSL 专线上网,ADSL 路由器的 WAN 接口可以通过 ADSL Modem(调制解调器)从 ISP 动态获取互联网公有 IP 地址。内部用户配置 C 类私有 IP 地址:192.168.10.0/24,即可满足需求,公司所有员工可以实现内网资源的共享,包括服务器、数据资源、打印机、扫描仪等。服务器安装电子邮件服务器软件,为公司员工提供内部电子邮件服务,安装 WWW 服务器作为公司对外宣传的窗口。公司所有主机可以通过配置 ADSL 路由器实现对私有 IP 地址段(192.168.10.0/24)进行网络地址转换,从 ISP 租用互联网公有 IP 地址,从而实现公司内部员工对互联网的访问。ADSL 路由器内部接口 IP 可设置为: 192.168.10.1/24。

由于公司规划了三个部门和一个经理办公室(要与其他部门隔离),因此,在进行网络规划时,需要考虑各部门之间的相对独立性和资源共享的需求,按层次模型进行网络拓扑的设计。公司的 IP 地址规划见表 3-4。

表 3-4　IP 地址规划

部 门 或 设 备	设备接口	IP 地 址	网 关
ADSL	LAN 接口	192.168.10.1/24	
总经理	NIC	192.168.10.2/24	192.168.10.1
副总经理	NIC	192.168.10.3/24	192.168.10.1
行政部(4 人)	NIC	192.168.10.4-19/24	192.168.10.1
市场部(8 人)	NIC	192.168.10.20-59/24	192.168.10.1
技术研发部(16 人)	NIC	192.168.10.60-99/24	192.168.10.1
应用服务器	NIC	192.168.10.100/24	192.168.10.1
打印服务器	NIC	192.168.10.99/24	192.168.10.1

三、网络拓扑图

依据网络的层次模型的规划及 IP 地址规划的要求,考虑到互联网接入的需求,设计了如图 3 - 10 所示的网络规划拓扑。

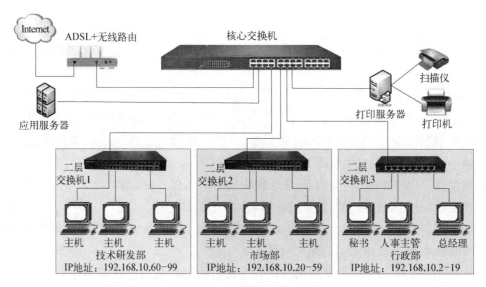

图 3 - 10　网络规划拓扑

3.5.4　网络设备选型

该网络组建所需要的设备包括服务器、主机、交换机、打印机、扫描仪等,根据网络规划和设计的实际需求,考虑到公司经费预算的限制,设备的选择既要考虑经济性,也要考虑实用性,因此,在选择设备时既考虑到将来的扩展需求,也不能有冗余导致的浪费。在组建网络时,对网络设备的选型要从实用出发,兼顾扩展性的需求。

一、交换机选择的基本原则

1. 适用性与先进性相结合的原则

不同品牌的交换机产品价格差异较大,功能也不一样,因此选择时不能只看品牌,也不能只选价格低的,应该根据应用的实际情况,选择性能价格比高,既能满足目前需要,又能适应未来几年网络发展的交换机。

2. 市场占有率高的原则

在选择交换机时,应选择在国内市场上有相当的份额,具有高性能、高可靠性、高安全性、高可扩展性、高可维护性等特性的产品。

3. 安全可靠的原则

交换机的安全决定了网络系统的安全,选择交换机时这一点是非常重要的,交换机的安全主要表现在 VLAN 的划分、交换机的过滤技术等。

4. 服务保障的原则

要考虑产品与服务相结合,既要看产品的品牌又要看生产厂商和销售商是否有强大的技术支持、良好的售后服务,否则交换机出现故障时既没有技术支持又没有产品服务,将使企业蒙受损失。

二、路由器选择的基本原则

1. 实用性原则

采用成熟的、经实践证明的技术,要能满足现行业务的需求,又能适应 3～5 年的业务发展的要求。

2. 可靠性原则

设计详细的故障处理及紧急事故处理方案,保证系统运行的稳定性和可靠性。

3. 标准性和开放性原则

网络系统的设计符合国际标准和工业标准,采用开放式系统体系结构。

4. 先进性原则

所使用的设备应支持 VLAN 划分技术、HSRP(热备份路由协议)技术、OSPF(开放式最短路径优先)等协议,保证网络的传输性能和路由快速收敛性,抑制局域网内的广播风暴,减少数据传输延时。

5. 安全性原则

系统具有多层次的安全保护措施,可以满足用户身份鉴别、访问控制、数据完整性、可审核性和保密性传输等要求。

6. 扩展性原则

在业务不断发展的情况下,路由系统可以不断升级和扩充,并保证系统的稳定运行。

7. 高性价比原则

不盲目追求高性能产品,要购买适合自身需求的产品。

三、防火墙选择的基本原则

1. 成本核算原则

防火墙产品作为网络系统的安全屏障,其总拥有的成本不应该超过受保护网络系统可能遭受的最大损失。防火墙的最终功能将是管理的结果,而非工程上的决策。

2. 需求明确原则

针对用户需要什么样的网络监测、冗余度以及控制水平,可以列出一个关于必须监测怎样的传输、必须允许怎样的传输,以及应当拒绝怎样的传输的清单,从而决定采购什么性能的防火墙。内网安全性需求,访问控制能力需求,VPN 需求,统计、计费功能需求,带宽管理能力需求等,都是选择防火墙时需着重考虑的方面。

3. 实用性原则

企业安全政策中的某些特殊需求并不是每种防火墙都能提供的,这常会成为选择防火墙时需考虑的因素之一,比如加密控制标准、访问控制、特殊防御功能等。

4. 安全性原则

防火墙产品最难评估的是防火墙的安全性能,普通用户通常无法判断。用户在选择防火墙产品时,应该尽量选择占市场份额较大同时又通过了国家权威认证机构认证测试的产品。

5. 服务保障原则

管理和培训是评价一个防火墙好坏的重要方面,人员的培训和日常维护费用通常会占较大的比例。一家优秀的安全产品供应商应该为其用户提供良好的培训和售后服务。

6. 可扩充性原则

网络的扩容和网络应用都有可能随着新技术的出现而增加,网络的风险成本也会急剧上升,因此有可能需要增加具有更高安全性的防火墙产品。

四、服务器选择的基本原则

1. 稳定可靠原则

为了保证网络的正常运转,用户选择的服务器首先要确保稳定。特别是承担用户重要业务的服务器或存放核心信息的数据库服务器。

2. 合适够用原则

对于用户来说,最重要的是从当前实际情况以及将来的扩展出发,有针对性地选择满足当前的应用需要并适当超前、投入又不太高的解决方案,避免服务器采购走向追求性能、求高求好的误区。

3. 可扩展原则

为了减少升级服务器带来的额外开销和对业务的影响,服务器应当具有较好的可扩展性,可以及时调整配置来适应用户自身的发展。

4. 易于管理原则

所谓易于管理主要是指用相应的技术来简化管理以降低维护费用,一般通过硬件与软件两方面来达到这个目标。

5. 售后服务原则

选择售后服务好的产品是明智的决定。在选购服务器时,用户应该考察厂商是否有一套面向客户的、完善的服务体系,以及未来在该领域的发展计划。

6. 特殊需求原则

不同用户对信息资源的要求不同,要满足用户的特殊需求,选择服务器的时候也需作专门的考虑。

综上所述,该项目的设备清单和技术参数见表 3-5。

表 3-5　设备清单和技术参数

序号	设备名称	型号	技术参数	单价	数量	小计	备注
1	主机	神舟／FMPB09	CPU 型号: Intel 酷睿双核 I3-3240 CPU 主频 3.4 GHz,三级缓存 3 MB 　55 W, Intel HD Graphics 2500 内存容量: 2 GB 硬盘容量: 500 GB 主板芯片组: H61 显卡类型: 集成显卡 光驱类型: DVD 刻录 显示设备类型: 液晶, 19 英寸	3 300	31	￥102 300	每位员工 1 台 1 台共享打印机和扫描仪专用机

序号	设备名称	型号	技 术 参 数	单价	数量	小计	备　注
2	服务器	清华同方/超强 TF150	CPU 型号: Intel 四核至强 E3 - 1220 CPU 主频 1 个,主频: 3.1 GHz 内存类型: DDR 31333 MHz ECC 容量 4 GB 内存最大容量: 32 GB 硬盘类型: SATA,容量: 500 GB 磁盘控制器: 支持 RAID 0、1、5 光驱类型: DVD 网卡类型: 千兆网卡,2 个 电源功率: 460 W	￥6 000	1	￥6 000	服务器可以配置 WWW 服务和电子邮件服务
3	8 口二层交换机	神州数码/DCS - 3650 -8C	交换机类型: 百兆接入交换机 应用层级: 二层 端口类型: 百兆电口 + 千兆 Combo 口 端口数: 8 个百兆电口 + 1 个千兆 Combo 口 IPv6 支持: 支持 背板带宽>12.8 Gbps 包转发率>2.7 Mpps 路由功能: 有 VLAN: 4 KB MAC 地址表: 8 KB 网络协议: TCP /IP 网管功能: 有 其他特性: 低功耗高性能;防 ARP 扫描、arp-guard、IPv6 SAVI 等	￥1 370	1	￥1 370	行政部与经理室合用一台 8 口交换机,可以进行 VLAN 划分
4	24 口二层交换机	神州数码/DCS - 3950 - 26C	交换机类型: 百兆接入交换机 应用层级: 二层 端口类型: 百兆电口 + 千兆 Combo 口 端口数: 24 个百兆电口 + 2 个千兆 Combo 口 IPv6 支持: 支持 背板带宽>12.8 Gbps 包转发率>2.7 Mpps 路由功能: 有 VLAN: 4 KB MAC 地址表: 8 KB 网络协议: TCP /IP 网管功能: 有	￥3 400	2	￥6 800	技术部和市场部各 1 台 可以进行 VLAN 划分
5	24 口三层交换机	神州数码 DCRS - 5750 - 28T	交换机类型: 千兆汇聚交换机 应用层级: 三层 端口类型: 千兆电口 + 千兆 Combo 口 + 扩展插槽 端口数: 20 个千兆电口 + 4 个千兆 Combo 口 + 2 个扩展插槽 IPv6 支持: 支持 背板带宽>256 Gbps 扩展模块插槽: 2 个扩展模块插槽 包转发率>96 Mpps 路由功能: 有 VLAN: 4 KB MAC 地址表: 16 KB 可堆叠: 是 网络协议: TCP /IP 网管功能: 有	￥8 700	1	￥8 700	用于部门之间 VLAN 的路由

序号	设备名称	型号	技术参数	单价	数量	小计	备注
6	ADSL＋无线 AP	腾达FH303	端口类型：RJ‑45 端口数：WAN 1，LAN 4 Flash 内存：8 MB 内存：32 MB 包转发率：140 Kpps QoS：支持 路由协议：NAT 网管功能：有	￥165	1	￥165	互联网接入
7	打印机	惠普HP Office-jet 7500A	打印幅面：A3＋宽幅 色彩：彩色 打印速度(A4)：黑白 33 页，彩色 32 页 打印分辨率：600×600 墨盒类型：HP 920 接口类型：1 个 USB 2.0 接口，1 个网络接口，1 个 WiFi802.11b/g/n 接口，1 个传真接口，2 个存储卡接口	￥2 500	1	￥2 500	共享
8	扫描仪	方正/Z812	扫描幅面：A4 扫描原件：CCD 光学分辨率：600×1 200 扫描速度：12PPM(200dpi 灰度) 色彩深度：48 位 接口：USB 2.0 标准接口	￥1 600	1	￥1 600	共享
9	综合布线	AMP 五类	2 箱	￥780	2	￥1 560	综合考虑信息点与交换机的距离
10	水晶头		RJ‑45 水晶头	￥1	100	￥100	
11	信息模块		4 个接口	￥40	100	￥4 000	
12	系统集成		系统集成与测试			￥10 808	约设备总费的 8%
	合　计					￥145 903	

注：所有设备的性能参数和报价均来自北京市政府采购网 http://www.bgpc.gov.cn，所有技术参数的报价只作参考。

3.5.5　方案特点

本方案很好地解决了用户提出的六个问题，即互联网接入、VLAN 划分及安全、设备共享、资源共享、灵活扩展、费用预算。

互联网接入：租用一条电信 10 M 带宽的专线线路，通过专线＋无线 AP 功能，既可以实现有线用户的互联网接入，也可以实现移动用户的无线接入。

VLAN 划分及安全：考虑到同一部门可能不在同一物理区域的情况，要求进行 VLAN 的划分，以保证同一部门员工之间的通信方便，也隔离部门之间不合理的数据传输。该设备选型选用的二层交换机都是支持 VLAN 功能的交换机，核心交换机选用了具有路由功能的三层交换机，启用交换机的路由功能之后，VLAN 之间可以实现通信，也能隔离子网之间不必要的通信,保证了网络安全。

设备共享:本系统增加了一台专用于打印机和扫描仪的共享计算机,将打印机、扫描仪安装于本机,并将其配置为共享,公司所有员工都可以通过网络使用打印机和扫描仪。

资源共享:网络中配置了一台应用服务器,该服务器上安装 WWW 服务和电子邮件服务,公司员工可以访问该服务器上的共享资源,并使用电子邮件。

灵活扩展:选用交换机时都预留了足够的端口数,以方便将来公司规模扩大时增加主机数。

费用预算:本项目的设备和材料的总费用 135 095 元 + 系统集成费 10 808 元,共计 145 903 元,没有超过 15 万元的总预算。

 小　结

本章对中小型局域网的规划设计过程作了详细的阐述,从用户需求分析出发,介绍了局域网组建时所涉及的硬件设备和网络软件系统的规划、网络硬件的选择、网络软件的层次和选择等局域网软硬件系统的知识,最后通过一个典型的局域网组建实例分析了网络组建方案的设计内容和要求。

项目实训　制订小型局域网组建方案

一、实训目的

1. 掌握局域网需求分析文档的制作,能写出小型局域网的解决方案及其相关文档。

2. 能评价网络设备的性能,并能进行网络设备选型。

3. 能根据用户需求进行小型局域网解决方案的制订。

4. 能进行小型局域网综合布线系统的设计。

二、实训内容

1. 项目背景。

某教育培训机构在商业区租用了一层楼的 4 个房间作为办公室,该公司目前共有 26 名员工,成立了三个部门,包括课程开发部(8 人)、市场部(4 人)、专业教学部(12 人),另有公司总经理和招生办公室主任。公司通过 ISP 租用了 1 个公网 IP 地址,用于互联网接入,公司网络建设经费总预算在 12 万元以内。

2. 用户基本需求。

用户的要求如下所述。

① 能够资源共享,网络的桌面用户能够共享数据库、打印机、文件服务器,实现办公自动化。

② 有足够的带宽,能够顺畅地实现局域网内部用户之间的通信。

③ 广域网接入方式合理、安全,可以收发电子邮件。

④ 建立公司对外 WWW 网站,进行招生宣传。

⑤ 公司内部的信息与数据的基本安全保护。

⑥ 网络管理简单实用、网络接入方便等。

⑦ 综合考虑系统的可靠性、实用性、开放性、扩展性、先进性和经济性。

⑧ 希望通过租用电信 10 M 宽带专线接入互联网。

⑨ 考虑到工作的需要,公司内部要求实现无线局域网覆盖。

3. 项目要求。

根据用户对局域网组建的要求,进行用户需求分析,完成用户局域网组建方案的制订,包括用户局域网的规划方案、网络拓扑结构、综合布线方案、网络设备的选型、网络应用服务器的选择、网络操作系统与管理软件的选择、网络应用服务器的构建方案、局域网的用户与资源规划、管理策略、局域网的安全策略、Internet 接入方案,以及网络工程的验收标准与验收方案。

三、实训报告及要求

1. 根据项目背景及要求,通过市场调研完成该机构局域网组建方案的制订与撰写,方案中需有网络拓扑图和设备清单。

2. 方案中要求对设备的型号进行比较。

3. 方案要求有项目工程验收的文档。

 习 题

1. 局域网的综合评价包括哪些方面?

2. 如果要组建一个局域网,应该考虑哪些方面?

3. 网络拓扑结构选择的一般原则是什么?

4. 如何选择网络管理软件?

5. 简述局域网设备选型的原则。

第 4 章
安装网络操作系统

随着计算机网络技术的发展和网络应用的普及,网络操作系统已成为在计算机网络环境下必不可少的系统软件。网络操作系统除了具备单机操作系统的全部功能之外,还具备了管理网络用户和共享资源的功能,是网络的心脏和灵魂。网络操作系统是网络用户与计算机网络之间的接口,是计算机网络中管理所有软件和硬件资源、支持网络通信、提供网络服务的程序的集合。通过网络操作系统,可实现网络中的用户和资源管理、维护网络正常运行等任务。

4.1　网络操作系统概述

操作系统(Operating System,OS)是用户与计算机硬件之间的接口,用户可以通过操作系统来管理计算机的硬件和软件资源,方便地使用计算机系统。操作系统是计算机中负责提供应用程序的运行环境以及用户操作的系统软件,是计算机系统的核心。操作系统的主要任务是负责处理机的管理(CPU 资源的管理)、存储管理(内存及外存资源的管理)、设备管理(外部设备的管理)、文件管理(数据信息资源的管理)、作业管理(用户提交作业的管理),即操作系统具有五大管理功能。

4.1.1　网络操作系统的发展

自 1946 年第一台计算机诞生以来,随着计算机硬件的发展,加速了操作系统的形成与发展。最初的计算机没有操作系统,操作系统的发展经历了单用户单任务的操作系统、单用户多任务操作系统、多用户多任务操作系统等几个阶段。

随着网络技术和通信技术的发展,由第一代面向终端的网络操作系统,到分组交换的网络通信发展,最终形成了第二代以通信子网为中心、以用户资源管理为主体的网络操作系统(Network Operating System,NOS)。网络操作系统是计算机系统的重要组成部分,它是用户与计算机之间的接口。

网络操作系统严格来说应称为计算机网络环境下的软件平台,网络操作系统与运行在工作站上的单用户操作系统或多用户操作系统不同,主要是由于它们提供的服务类型不同。网络操作系统是以使网络相关特性最佳为目的的,而一般单机操作系统,是以实现用户与系统之间的交互与应用为目的的。网络操作系统经历了从用户管理、文件服务到网络服务的发展历程。

UNIX 操作系统是 20 世纪 60 年代开发的第一个网络操作系统,它功能强大,处理能力强,能够提供高效、稳定、安全的用户管理。20 世纪 90 年代初,基于微机的 Linux 操作系统面世,它是一个可免费使用的、自由传播的类 UNIX 操作系统,Linux 继承了 UNIX 以网络为核心的设计思想,是一个性能稳定的多用户网络操作系统。

近年来,我国网络操作系统技术飞速发展,在国内已得到广泛应用。目前常用的有麒麟银河、统信服务器操作系统等。

20 世纪 80 年代,随着微机技术的发展,个人计算机(PC)应用得到了快速的普及,从 20 世纪 90 年代末开始,各企业纷纷建立基于文件共享的局域网,在局域网环境下使用 PC 进行联网,像 UNIX 这种操作系统不适用于中小型企业的微机服务器,于是出现了第一个基于微机服务器的 网络操作系统——NetWare 操作系统,它主要提供网络中的文件服务。由于 NetWare 网络操作 系统是一种基于字符用户界面的操作系统,它只支持 IPX/SPX 通信协议集。

20 世纪 90 年代,微软公司推出了面向工作站、网络服务器和大型计算机的网络操作系统 Windows NT,由于 Windows 功能强大及其基于图形界面的特点,它获得了广泛应用,最新的版 本为 Windows Server 2019。

4.1.2 网络操作系统的特性

网络操作系统把计算机网络中的各台计算机有机地连接起来,实现各台计算机之间的通信 及网络资源的共享。用户可以借助通信系统使用网络中其他计算机上的资源,实现相互间的信 息交换,从而大大扩展了计算机的应用范围。

由于提供的服务类型不同,网络操作系统与运行在工作站上的单机操作系统(包括单用户单 任务和多用户多任务操作系统)有所差别,它具有更复杂的结构和更强大的功能。作为网络用户 和计算机网络之间的接口,网络操作系统一般具有以下特征。

1. 硬件独立

网络操作系统独立于具体的硬件平台,而支持多平台,即一个网络操作系统应该可以运行于 各种计算机硬件平台上。例如,可以运行于基于 X86 的 Intel 系统,也可以运行于基于 RISC(精 简指令集)的系统,如 DEC Alpha、MIPS R4000 等。在做系统迁移时,可以直接将基于 Intel 系统 的主机平滑地转移到基于 RISC 系统的主机上,不必修改系统。因此,Microsoft 公司提出了 HAL(硬件抽象层)的概念,HAL 概念说明操作系统与具体的硬件平台无关,改变具体的硬件平 台时,只要改换其 HAL,系统就可以平稳转换。

2. 网络资源共享

网络操作系统管理计算机网络资源并提供良好的用户界面,例如共享数据文件,共享打印 机、硬盘、扫描仪、传真机等硬件资源,实现网络软件应用等。

3. 可移植和可集成

具有良好的可移植性和可集成性也是网络操作系统具备的特征。

4. 多用户和多任务

网络操作系统最大的特点是支持多用户和多任务。多用户操作系统允许多个用户同时访问 和使用同一台计算机,其中管理员用户具有管理所有这些用户账户和所有计算机的资源的权限, 其他用户的权限由管理员分配。每个用户可以有一个或多个任务或进程,虽然通常情况下每台 计算机只有一个 CPU,但操作系统可以通过多线程的处理方法,将 CPU 的时间分片,通过使用 抢先式多任务工作方式,管理多个用户的请求和多个任务。

5. 支持多种文件系统

一个网络可能根据网络的规模配置了多台服务器,而每台服务器安装的网络操作系统有可 能是不同的,但为了更好地管理网络中的资源,特别是网络中的文件数据,网络操作系统必须支持多种文件系统,以实现对系统升级的平滑过渡、良好的兼容性及文件的共享与管理,例如 Windows 2000 Server 以上版本的操作系统可以支持 FAT 和 NTFS 文件系统。

6. 高可靠性

网络操作系统是运行在网络服务器上的管理网络资源的软件,它必须具有高可靠性,以保证系统能够不间断地工作,并提供完整的服务。

7. 容错性

网络操作系统能提供多级系统容错能力,包括日志容错特征列表、可恢复文件系统、磁盘镜像、磁盘扇区备用及不间断电源(UPS)支持。

8. 安全性

网络操作系统提供各种级别的保密措施,包括口令保密、目录保密、文件保密、网络连接保密及记账保密等。安全特性可用于管理每个用户的访问权限,确保关键数据的安全。

9. 对资源的最优选择

网络操作系统能够帮助用户克服网络中不同计算机间的差别,克服本机和外地资源的逻辑差别,同时大大减少了用户需要掌握网络操作系统的详细进程,实现了对资源的最优选择。

4.1.3　网络操作系统的功能

网络操作系统运行于网络服务器上,在整个网络系统中占主导地位,指挥和监控整个网络的运转。在选择网络操作系统时,应从它对当前所建网络的适应性和总体性能方面考虑,包括系统的效率、可靠性、安全性、可维护性、可扩展性、管理和操作方便性及应用前景等。

除工作管理的功能之外,网络操作系统还具有高效、可靠的网络通信能力和多种网络服务功能,例如远程管理、文件传输、电子邮件、远程打印等。

1. 文件服务

文件服务(File Service)是网络操作系统中最重要、最基本的网络服务功能。在基于文件服务器的非对等结构的局域网中,如果希望多个用户共享一个文件,那么这个文件就需要存放在文件服务器中,存放在工作站计算机中的文件与工作站的硬盘是不能被其他用户所共享的,文件服务器以集中方式管理共享的文件。网络操作系统可以提供对共享文件的安全管理与保密功能。网络管理员可以利用网络操作系统所提供的安全保密功能,根据需要规定用户对文件进行读、写和其他各种操作的权限,以及目录、文件的属性,这样就使存放在文件服务器中的网络共享文件的安全性得到了保证。

在基于文件服务器的局域网中,网络管理员可以使用网络操作系统所提供的功能,实现对服务器磁盘空间的管理。通过用户名或用户标识,就可以很容易地了解到用户对共享磁盘空间的使用情况,必要时可以通过账户去控制用户对共享磁盘空间的使用。

2. 打印服务

打印服务(Print Service)也是网络操作系统提供的一项基本的网络服务功能,共享打印服务可以通过设置专门的网络打印服务器来完成,也可以由工作站或文件服务器兼任。通过打印服务功能,可以将一台打印机直接连接到网络打印服务器上,通过网络打印共享的功能,将这台打印机共享在网络中,网络中的其他用户可以通过向服务器发送打印请求使用网络中的打印机。

网络打印服务器实现了对用户打印请求的接收、打印格式说明、打印机的配置、打印队列的管理等功能，并本着"先来先服务"的原则，为网络中的用户提供打印服务。

随着信息技术的发展，人们开始将打印服务的思路推广到其他网络特殊设备的共享服务中，例如传真服务、数码设备等，也可以共享网络中的 CD-ROM 等设备。

3. 数据库服务

随着计算机网络技术的发展和企业信息化程度的提高，网络数据库服务(Database Service)变得越来越重要，选择适当的网络数据库软件和开发工具，依照客户机/服务器工作模式，就可以开发出客户端与服务器端数据库应用程序。这样客户端程序就可以使用简单的结构化查询语言 SQL 向数据库服务器发送查询请求，通过查询、处理后，数据库服务器只将最终的结果传送给客户端。这样既简化了客户端处理过程，又可以减轻网络通信量。客户机/服务器工作模式优化了网络环境中服务器和工作站的协同操作模式，有效地改善了网络应用系统的性能。

4. 通信服务

网络操作系统能够提供的主要通信服务(Communication Service)有：工作站与工作站之间的直接通信、工作站与工作站通过文件服务器的通信。有些网络操作系统还可以支持工作站与工作站之间的计算机屏幕对话、屏幕监控等。

例如，在企业局域网中，为了更好地实现企业信息化，有些企业配置了自己内部的 WWW 服务器、FTP 服务器和电子邮件服务器等，从而实现了企业内部用户之间的电子邮件收发、文件传输和信息浏览等。目前，大多数网络操作系统都集成了很多应用程序(例如 Windows Server 集成了 WWW 和 FTP 服务器)，进一步拓宽了网络的功能，使网络通信功能更强大。

5. 分布式服务

网络操作系统为支持分布式服务(Distributed Service)功能，提出了一种新的网络资源管理机制，即分布式目录服务，它将分布在不同地理位置的互联的局域网中的资源组织在一个全局性的、可复制的分布式数据库中，网络中多个服务器都有该数据库的副本，用户在一个工作站上注册，便可与多个服务器连接。对用户来说，一个局域网系统中分布在不同位置的多个服务器资源都是透明的，用户可以用简单的方法去访问一个大型互联局域网系统。

6. 网络管理服务

网络操作系统提供了丰富的网络管理服务(Network Management Service)工具，可以提供网络性能分析、网络状态监控和存储管理等多种网络管理服务。

7. Internet/Intranet 服务

为了适应 Internet 与 Intranet 的应用，网络操作系统一般都支持 TCP/IP，提供各种 Internet 服务并支持 Java 应用开发工具，使网络服务器很容易地成为 Web 服务器，全面支持 Internet 与 Intranet 访问。

4.1.4　网络操作系统的分类

网络操作系统决定了网络上文件传输的方式以及文件处理的效率，作为整个网络与用户的界面，网络操作系统是整个网络的核心。目前使用的网络操作系统有很多种，用户可以根据自己的需求，选择不同的网络操作系统，下面分别从不同的方面讨论网络操作系统的分类。

一、按网络操作系统承担的任务分类

按任务分类网络操作系统,可包括两大类,如图 4-1 所示。

1. 面向任务的网络操作系统

面向任务的网络操作系统是为某一种特殊网络应用要求而设计的,它只完成该网络需要的功能。

2. 通用型网络操作系统

通用型网络操作系统能提供基本的网络服务功能,支持各个领域的应用需求,普通用户使用的是通用型网络操作系统。

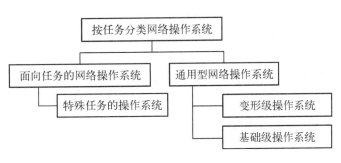

图 4-1　按任务分类网络操作系统

通用型网络操作系统又可分为两类:

(1) 变形级操作系统:以单机操作系统为基础,通过增加网络服务功能构成网络操作系统。

(2) 基础级操作系统:以计算机裸机为基础,根据网络服务的特殊要求,直接利用计算机硬件与少量软件资源,对系统结构进行专门的设计,开发出高效、安全、可靠的网络操作系统。

二、按网络操作系统的结构分类

网络操作系统主要用于管理网络中的共享资源,网络操作系统软件既可以均匀地分布在网络中的所有节点上(即对等式结构),又可以将主要部分驻留在中心节点上管理资源,为其他节点提供服务(即集中式结构)。作为整个网络与用户的界面,网络操作系统是整个网络的核心,它的结构决定了网络中文件传输的方式及文件处理的效果,当前网络操作系统按其结构可以分为对等式网络结构、基于服务器网络结构、客户机/服务器网络结构。

1. 对等式网络结构

对等式(Peer to Peer)网络结构特点:联网节点地位平等,安装在每个网络节点的网络操作系统软件都是相同的,联网计算机的资源原则上都可以相互共享。每台联网计算机都以前台方式工作,前台为本地用户提供服务,后台为其他节点的网络用户提供服务,网络中任何两个节点之间都可以直接实现通信。正是由于联网计算机的地位是平等的,不存在明确的服务器与工作站之类的分工,对等结构的网络操作系统可以提供共享硬盘、共享打印机、电子邮件、共享屏幕与 CPU 等。

对等式网络不需要专用服务器,每一台工作站都能充当网络服务的请求者和提供者,都有绝对的自主权,也可以互相交换文件,这种类型的网络操作系统软件被设计成每一个实体都能完成相同的或相似的功能。

(1) 对等式网络结构的优点

① 结构简单,工作站上的资源可以直接共享,任何两台计算机之间都可以直接通信。

② 容易安装和维护。

③ 价格比较便宜。

④ 不需要专用服务器。

(2) 对等式网络结构的缺点

① 每台工作站都要承担服务器和工作站的双重任务,加重了网络计算机的负荷。

② 数据的保密性差。

③ 文件管理分散。

2. 基于服务器网络结构

基于服务器(Server-Based)网络结构的特点：网络以服务器为中心,严格地定义了每一个实体的工作角色,即网络上工作站无法在彼此之间进行文件传输,需要通过服务器作为媒介,所有文件读取、消息传送等都是在服务器的掌握之中。

(1) 基于服务器网络结构的优点

① 对数据的保密非常严格,可以按照不同的需要给予使用者相应的权限。

② 文件的安全管理较好。

③ 可靠性好。

(2) 基于服务器网络结构的缺点

① 多个用户在同一时间内都要获得应用程序或数据时,效率可能降低。

② 工作站上的资源不能直接共享。

③ 安装和维护比对等式网络困难。

④ 一旦服务器发生故障,整个系统将全面瘫痪。

3. 客户机/服务器网络结构

客户机/服务器(Client/Server)网络结构又称为主从式网络结构,是由客户机、服务器上的各种服务程序构成的一种网络计算机环境,它把应用程序所要完成的任务分派到客户机和服务器上共同完成。其中的客户机和服务器并没有严格的界限,而取决于运行的软件,即客户机是提出服务请求的一方,而服务器是提供服务的一方。在客户机/服务器网络结构中,服务器端所提供的功能不仅仅是文件、数据库服务,还有计算、通信等能力,工作时由客户机和服务器各自负担部分计算或通信的任务。这种结构是目前最优的结构之一。

(1) 客户机/服务器网络结构的优点

① 应用程序的任务分别由客户机和服务器分担,因而速度快、计算机配置要求低、性能价格比高。

② 由于客户机和服务器具有各自的系统软件,即使服务器发生故障,也不会导致整个系统安全的崩溃。

③ 当系统规模扩大时,可以很容易地在网上加挂服务器或客户机。

④ 数据安全性好。

(2) 客户机/服务器网络结构的缺点

① 管理较为复杂。

② 开发环境较为困难。

三、按网络操作系统的核心技术分类

1. UNIX 操作系统

UNIX 操作系统中的一组网络操作系统标准,是由 IBM、SUN、HP 等多个厂商的不同版本的 UNIX 操作系统组成的,它于 1969 年出现,贝尔实验室的专利部成了 UNIX 操作系统的第一个用户。1982 年美国电话电报公司(AT&T)开发出了 UNIX 操作系统的第一个商用版本,其良好的网络管理功能已为广大网络用户所接受,它拥有丰富的应用软件的支持,在计算机网络领域占据了重要的地位。

2. Windows 操作系统

Windows 网络操作系统出现于 20 世纪 90 年代末,它的版本由最早的 Windows NT 发展到 2000/2003/2008/2012/2019。它是发展最快的一种操作系统,该操作系统是基于图形用户界面的操作系统,用户学习、使用起来很容易。它的功能比较强大,基本上能满足所有中小型企业的各项网络需求,它采用多任务、多流程操作以及多处理器(SMP)系统。在 SMP 系统中,工作量比较均匀地分布在各个 CPU 上,提供了极佳的系统性能。但它对服务器的硬件要求较高,且稳定性能不是很好,所以主要应用于安全性和稳定性要求不是很高的局域网环境。

3. Linux 操作系统

Linux 操作系统是一种新型的网络操作系统,它的最大特点是源代码开放,可以免费得到许多应用程序。它既具备了 UNIX 安全可靠的优点,又具备了 Windows 操作简单的特点,是目前局域网环境下应用较普及的网络操作系统之一。由于开源技术的发展,Linux 有很多版本,包括 Fedora Core/Debian/Mandrake/Red Hat Linux/SuSE 等 300 多个版本,其中 Red Hat Linux 的应用最为普及,其企业版最新的版本为 Linux Enterprise 7.0。国产的 Linux 操作系统有中标麒麟操作系统等。

4.2　常用的网络操作系统

随着计算机网络的飞速发展,网络操作系统的应用也得到快速的发展,目前市场上出现了多种网络操作系统,其中主流产品是 UNIX、Windows、Linux Macos 等。作为主流的网络操作系统,它们各有特色,又具有共同的网络管理的特点,被广泛地应用于各类网络环境中,并都占有一定的市场份额。为了更好地了解各种网络操作系统的性能,下面就安全性、稳定性、可靠性和网络升级便利性等几个方面进行介绍。

4.2.1　UNIX 操作系统

UNIX 服务器操作系统最初由 AT&T 与 SCO 两家公司共同推出,它是一种体系结构和源代码公开的多用户多任务操作系统,具有系统的高稳定性与安全性,兼对于大型文件系统、大型数据库系统的支持,使其在服务器领域具有卓越硬件研发能力。作为最早推出的网络操作系统,UNIX 是一种通用型多用户的计算机分时系统,并且是大型机、中型机以及若干小型机上的主要操作系统,目前广泛地应用于教学、科研、工业和商业等多个领域。UNIX 操作系统历史悠久,拥有丰富的应用软件的支持,其良好的网络管理功能已为广大网络用户所接受。

UNIX 操作系统有两个基本的版本,一个是由 AT&T 公司的贝尔实验室研制开发的系统 V,另一是由美国加州大学伯克利分校发布的 BSD UNIX。随着 UNIX 技术的发展,还产生了很多其他的商业版本。目前常用的 UNIX 系统版本主要有: UNIX SUR 4.0、HP - UX 11.0、SUN 的 Solaris 8.0 等。

但由于它多数是以命令方式进行操作的,不容易掌握,特别是初学者。因此,小型局域网基本不使用 UNIX 作为网络操作系统。UNIX 本是针对小型机主机环境开发的操作系统,是一种集中式分时多用户体系结构。因其体系结构不够合理，UNIX 在小型局域网市场的占有率呈下降趋势。

UNIX 操作系统提供的服务与其他操作系统所提供的服务基本上一样，它允许程序的运行，为连接到大多数计算机上的外部设备提供了方便操作的一致接口，还为信息管理提供了文件系统，支持网络文件系统服务，提供数据等，功能强大，系统稳定性能和安全性能非常好。早期 UNIX 的主要特色是结构简捷、功能强大、多用户任务和便于移植等，经过长期的发展与完善，现已成为主流的网络操作系统，特别是大型企业的网络操作系统。其主要特点如下所述。

① 可移植性好。

② 树状非结构文件系统。

③ 字符流式文件。

④ 良好的用户界面。

⑤ 丰富的核外系统程序。

⑥ 管道文件连通。

⑦ 提供电子邮件功能和对网络通信的有力支持。

⑧ 系统安全。

4.2.2 Windows 操作系统

Windows 操作系统是由全球最大的软件开发商微软公司开发的。Windows Server 操作系统主要用于中小型局域网中的中低端服务器，高端服务器通常采用 UNIX、Linux 或 Solairs 等非 Windows 操作系统。Windows 网络操作系统先后推出了多个版本，分别为 Windows NT 3.0/4.0 Server、Windows 2000 Server、Windows Server 2003、Windows Server 2008、Windows Server 2012、Windows Server 2016 及 Windows Server 2019。

一、Windows 2000 Server

Windows 2000 Server 是微软公司在 2000 年推出的，主要面向小型企业的服务器领域。它支持每台计算机上最多拥有 4 个处理器，最低支持 128 MB 内存，最高支持 4 GB 内存。Windows 2000 Server 的前一个版本是 Windows NT 4.0 Server，在此基础上做了大量的改进，各种功能都有了很大的提升。

Windows 2000 Server 包括 Windows 2000 Professional、Windows 2000 Server、Windows 2000 Advance Server、Windows 2000 Datacenter Server 4 个产品。除 Windows 2000 Professional 是专为各种台式计算机和便携式计算机开发的新一代操作系统外，其余 3 个全部是针对网络应用而设计的网络操作系统。Windows 2000 Server 在活动目录、安全性、终端服务、磁盘管理、层次存储管理、Microsoft 管理控制台(MMC)、64 GB 内存限制、磁盘配额管理、通信和网络服务等方面，进行了重大改进。

二、Windows Server 2003

微软公司于 2002 年推出的 Windows 2003 家族产品，继承了 Windows 2000 在网络方面的强大功能，主要增加了对.NET 架构的支持。Windows Server 2003 包含基于 Windows 2000 Server 构建的核心技术并且更容易部署、管理和使用，它能够按照用户的需要，以集中或分布的方式处理各种服务器功能。

Windows Server 2003 家族包括：Windows Server 2003 标准版、Windows Server 2003 企业版、Windows Server 2003 数据中心版、Windows Server 2003 Web 版。Windows Server 2003 新增的主要功能简单介绍如下。

(1) 管理与安全功能：Windows Server 2003 中服务器更可靠,网络服务器具有系统故障自动恢复功能;能通过网络负载平衡增强功能平衡管理网络中的资源,并通过一个远程或本地计算机对群集和群集中的所有计算机进行配置和管理;通过系统监控增强功能管理网络中的日志数据库;通过端口加密、文件加密软件策略等方式提高网络的安全性。

(2) 文件打印与共享功能：Windows Server 2003 提供了远程文档共享功能,并通过磁盘管理支持、共享文件夹的卷影副本、存储区域网络支持、改进文件夹选项等方式实现文件管理功能。通过打印的新命令行支持、XML Web 服务器提供的强大功能、NetMeeting 增强的功能实现网络打印管理与网络用户间的通信。

(3) 应用程序和网络服务：Microsoft . NET 架构提供了功能强大的手段来构建、部署和管理由 XML 及相关技术实现的 Web 服务。

(4) 网络功能：Windows Server 2003 具有强大的网络功能。在 Windows Server 2003 中提出了活动目录(Active Directory)的概念,为很多领域出现的广域网管理问题提供了一个很好的解决方案。另外,Windows Server 2003 在网络的安全性方面有了很大的改进,提供了各种安全性策略用来对企业重要的信息进行访问控制,可支持基于智能卡(SmartCard)的认证、Kerberos、公共密钥体制(PKI)、加密的文件存储和网络通信等。用户可以通过 Windows Server 2003 配置网络连接,使之执行需要的网络功能。例如,用户可以连接到网络打印机,访问网络驱动器和文件,浏览其他网络,或者访问互联网。

三、Windows Server 2008

Windows Server 2008,可以帮助信息技术(IT)专业人员最大限度地控制其基础结构,同时提供强大的管理功能,建立比以往更加安全、可靠和稳定的服务器环境。

Windows Server 2008 内置的 Web 和虚拟化技术,可增强服务器基础结构的可靠性和灵活性。新的虚拟化工具、Web 资源和增强的安全性可节省时间、降低成本,并且向用户提供了一个动态且优化的数据中心平台。IIS 7、Windows Server Manager 和 Windows PowerShell 等工具能够加强对服务器的控制,并可简化 Web 配置和管理任务。安全性和可靠性增强功能,如网络访问保护和只读域控制器,可加强服务器操作系统安全并保护服务器环境。

四、Windows Server 2012

2012 年 4 月 18 日,微软在微软管理峰会上公布了最新款服务器操作系统：Windows Server 2012。Windows Server 2012 取代了之前的 Windows Server 2008,是一套基于 Windows 8 开发出来的服务器版系统,同样引入了 Metro 界面,增强了存储、网络、虚拟化、云等技术的易用性,让管理员更容易控制服务器。

1. 用户界面

跟 Windows 8 一样,Windows Server 2012 重新设计了服务器管理器,采用了 Metro 界面(核心模式除外)。在这个系统中,PowerShell 已经有超过 2 300 条命令开关(Windows Server 2008 R2 有 200 多个),而且部分命令可以自动完成。

2. 任务管理器

Windows Server 2012 跟 Windows 8 一样,拥有全新的任务管理器(旧的版本已经被删除并取代)。在新版本中,隐藏选项卡的时候默认只显示应用程序。在"进程"选项卡中,以色调来区分资源利用。它列出了应用程序名称、状态,以及 CPU、内存、硬盘和网络的使用情况。在"性能"选项卡中,CPU、内存、硬盘、以太网和 WiFi 以菜单的形式分开显示。CPU 方面,虽然不显示每个线程的使用情况,不过它可以显示每个 NUNA 节点的数据。当逻辑处理器超过 64 个的时候,就以不同色调和百分比来显示每个逻辑处理器的使用情况。将鼠标悬停在逻辑处理器上,可以显示该处理器的 NUNA 节点和 ID(如果可用)。此外,在新版任务管理器中,已经增加了"启动"选项卡(不过在 Windows Server 2012 中没有)。并且,可以识别 Windows 商店应用的挂起状态。

3. 安装选项

Windows Server 2012 可以随意在服务器核心模式(只有命令提示符)和图形界面之间切换,默认推荐服务器核心模式。

五、Windows Server 2016

Windows Server 2016 是一种支持现有工作负载的云就绪操作系统,其引入的新技术可以让客户在准备就绪后轻松过渡到云计算。它为客户的业务的应用程序和其础结构提供了强大的全新安全保障,以及灵感源于 Microsoft Azure 的创新成果。

4.2.3　Linux 操作系统

自 1991 年 Linux 操作系统发布以来,Linux 操作系统以惊人的速度在服务器和桌面系统中获得了成功。它已被业界认为是未来最有前途的操作系统之一。在嵌入式领域,由于 Linux 操作系统具有开放源代码、良好的可移植性、丰富的代码资源以及鲁棒性,使得它获得越来越多的关注。

Linux 操作系统以高效性和灵活性著称。它能够在 PC 上实现全部的 UNIX 特性,具有多任务、多用户功能。Linux 是在 GNU 公共许可权限下免费获得的,是一个符合 POSIX 标准的操作系统。Linux 操作系统软件包不仅包括完整的 Linux 操作系统,还包括了文本编辑器、高级语言编译器等应用软件,以及带有多个窗口管理器的 X-Windows 图形用户界面,可以像使用 Windows 一样,使用窗口、图标和菜单对系统进行操作。

Linux 之所以受到广大计算机爱好者的喜爱,主要原因有两个:一是它属于自由软件,用户不用支付任何费用就可以获得它和它的源代码,并且可以根据自己的需要对它进行修改,无约束地继续传播;二是它具有 UNIX 的全部功能,任何使用 UNIX 操作系统或想要学习 UNIX 操作系统的人都可以从 Linux 操作系统中获益。

Linux 不仅为用户提供了强大的操作系统功能,而且还提供了丰富的应用软件。Linux 成为 UNIX 系统在 PC 上的一个代用品,并能用于替代那些较为昂贵的系统。用户在 Linux 环境下,可以完成 UNIX 要求的复杂功能。Linux 具有如下特点。

1. 完全免费

用户可以通过网络或其他途径免费获得 Linux 操作系统,并可以修改其源代码。

2. 完全兼容 POSIX 1.0 标准

可以在 Linux 下通过相应的模拟器运行常见的 MS-DOS、Windows 的程序。

3. 多用户多任务

各个用户对于自己的文件设备有自己特殊的权利,保证了各用户之间互不影响。

4. 友好的用户界面

Linux 同时支持字符界面和图形界面的 X-Windows 系统。

5. 丰富的网络功能

用户可以轻松进行网页浏览、文件传输、远程登录等,并且在 Linux 操作系统下计算机可以作为服务器提供 WWW、FTP、电子邮件等服务。

6. 可靠的安全、稳定性能

Linux 采取了许多安全技术措施,其中有对读写进行权限控制、审计跟踪、核心授权等技术,这些都为安全提供了保障。Linux 由于需要应用到网络服务器中,这对稳定性有比较高的要求,而 Linux 在这方面也十分出色。

7. 支持多种平台

Linux 可以运行在多种硬件平台上,此外 Linux 还是一种嵌入式操作系统,可以运行在掌上电脑、机顶盒或游戏机上。2001 年 1 月发布的 Linux 2.4 版内核已经能够完全支持 Intel 64 位芯片架构。同时 Linux 也支持多处理器技术,多个处理器同时工作,使系统性能大大提高。

4.2.4 Mac OS 操作系统

1984 年,苹果发布了 System 1,这是一个黑白界面的操作系统,也是世界上第一款成功的图形化用户界面操作系统。随后,苹果操作系统历经了 System 1~6 到 System 7.5.3 的巨大变化,苹果操作系统从单调的黑白界面变成 8 色、16 色、真彩色,在稳定性、应用程序数量、界面效果等各方面,都有了很大的提高。从 7.6 版开始,苹果操作系统更名为 Mac OS,此后的 Mac OS 8、Mac OS 9、Mac OS 9.2.2 以及 Mac OS 10.3,采用的都是这种命名方式。2000 年 1 月,Mac OS X 正式发布,之后则是 10.1、10.2 和 10.3,最近的版本为 10.10。

4.3 网络操作系统 Windows Server 2008 的安装和配置

虽然 Windows Server 的版本较多,使用较多的为 2003 版和 2008 版,主要由于 2012 及以上版本对硬件的要求较高,因此这里选用 Windows Server 2008 进行网络操作系统的安装。如果企业的硬件配置足够高,也可以选用 2012 版本,其安装与配置方法与 Windows Server 2008 类似。

4.3.1 Windows Server 2008 概述

一、Windows Server 2008 的主要特征和功能

Windows Server 2008 与 Windows Server 2003 相比,主要的功能改进包括:网络高级安全,远程应用程序访问,集中式服务器角色管理,性能和可靠性监视工具,故障转移群集、部署以及文件系统。2003 版的功能改进有助于最大限度地提高灵活性、可用性和对服务器的控制。

1. 改进 Web 应用平台

Windows Server 2008 R2 包含了许多增强功能,从而使该版本成为有史以来最可靠的

Windows Server Web 应用程序平台。该版本提供了最新的 Web 服务器角色和 Internet 信息服务(IIS)7.5 版,并在服务器核心提供了对.NET 更强大的支持。IIS 7.5 的设计目标着重于功能改进,使网络管理员可以更轻松地部署和管理 Web 应用程序,以增强可靠性和可伸缩性。另外,IIS 7.5 简化了管理功能,为用户自定义 Web 服务环境提供了更多方法。Windows Server 2008 R2 包含了对 IIS 和 Windows Web 平台的以下改进。

- 减少管理与支持基于 Web 的应用程序的负担;
- 降低支持与疑难解答的负担;
- 改善文件传输服务;
- 扩展功能与特性的能力;
- 改进的.NET 支持;
- 提高了应用程序池的安全性;
- IIS.NET 社区门户。

2. 改进电源管理和减轻管理负担

如今 IT 专业人员面临的最耗时的工作之一,是必须持续管理数据中心的服务器。用户部署的任何管理策略都必须支持物理和虚拟环境的管理。为了帮助解决这一问题,Windows Server 2008 R2 包含了新的功能,以减少对 Windows Server 2008 R2 的持续管理,以及减轻一般日常运行工作的管理负担。

3. 可靠性与可伸缩性

Windows Server 2008 R2 能够管理任意大小的工作负载,具有动态的可伸缩性以及全面的可用性和可靠性。Windows Server 2008 R2 提供了大量新的和更新的功能,包括利用复杂的 CPU 架构、增强操作系统的组件化以及提高应用程序和服务的性能与可伸缩性。

4. 创造与 Windows 7 更好的协作体验

Windows Server 2008 R2 包含了许多为与运行 Windows 7 的客户端计算机协调工作而专门设计的功能。只有当运行 Windows 7 的客户端计算机与运行 Windows Server 2008 R2 的服务器计算机协作时才可用的功能如下所述。

- 通过直接访问为企业计算机提供更简化的远程连接;
- 增强私人和公用计算机远程连接的安全性;
- 提高分支机构的效率;
- 增强分支办公室的安全性;
- 改进虚拟化桌面整合;
- 为多个站点之间的连接增加容错能力。

5. 新增虚拟化技术架构

虚拟化是当今数据中心的重要组成部分。利用虚拟化提供的运行效率,组织可以显著减轻运行负担,降低电源消耗。Windows Server 2008 R2 提供两种虚拟化类型:Hyper-V 提供的客户端和服务器虚拟化,使用远程桌面服务的演示虚

视频

创建虚拟机

拟化。

作为 Windows Server 2008 R2 SP1 操作系统的一部分,Hyper-V 包含了一系列核心领域的改进,可用于创建动态虚拟化数据中心和云计算环境,也就是俗称的私有云。这些改进可为用户提供更高的可用性与性能、更好的可管理性,以及包括实时迁移在内的更简单的部署方法。另外,在配合 System Center 一起使用后,用户还能构建更有针对性的私有云环境,彻底改变用户向业务交付 IT 服务的方式,并以此作为基础设施即服务(IaaS)的模型。

6. 远程桌面服务在功能上的扩展

远程桌面服务为用户和管理员提供了必要的功能和灵活性,以在任何部署情景下创造最可靠的访问体验。为了扩展远程桌面服务的功能集,微软公司一直在投资研发虚拟桌面基础结构(Virtual Desktop Infrastructure, VDI)。VDI 是一种集中式桌面传送体系结构。利用该体系结构,可以在集中式服务器上的虚拟机中运行和管理 Windows 和其他桌面环境。

二、Windows Server 2008 的版本

Windows Server 2008 有多种版本,每种都适应不同的商业需求。

1. Windows Server 2008 Standard(标准版)

Windows Server 2008 Standard 是迄今最稳固的 Windows Server 操作系统,其内置的强化 Web 和虚拟化功能,是专为增加服务器基础架构的可靠性和弹性而设计,可节省时间及降低成本。其利用功能强大的工具,让用户拥有更好的服务器控制能力,并简化设定和管理工作;而增强的安全性功能则可强化操作系统,以协助保护数据和网路,并可为企业提供扎实且可高度信赖的基础。标准版中的虚拟化组件 Hyper-V 根据用户实际需求可选。

2. Windows Server 2008 Enterprise(企业版)

Windows Server 2008 Enterprise 可提供企业级的平台,部署企业关键应用。它所具备的群集和热添加(Hot-Add)处理器功能,可协助改善可用性;而整合的身份管理功能,可协助改善安全性;利用虚拟化授权权限整合应用程序,则可减少基础架构的成本。因此 Windows Server 2008 Enterprise 能为高度动态、可扩充的 IT 基础架构提供良好的基础。企业版中的虚拟化组件 Hyper-V 根据用户实际需求可选。

3. Windows Server 2008 DataCerter(数据中心版)

Windows Server 2008 DataCenter 所提供的企业级平台,可在小型和大型服务器上部署具企业关键应用及进行大规模的虚拟化。它所具备的群集和动态硬件分割功能,可改善可用性,而通过无限制的虚拟化许可授权来巩固应用,可减少基础架构的成本。此外,此版本亦可支持 2 到 64 核处理器,因此 Windows Server 2008 DataCenter 能够提供良好的基础,用以建立企业级虚拟化和扩充解决方案。

4. Windows Web Server 2008 (Web 版)

Windows Web Server 2008 是特别为单一用途 Web 服务器而设计的系统,而且是建立在 Web 基础架构功能的基础上。它整合了重新设计架构的 IIS 7.0、ASP.NET 和 Microsoft.NET Framework,以便为任何企业快速部署网页、网站提供 Web 应用程序和 Web 服务。

5. Windows Server 2008 for Itanium-Based Systems(安腾版)

Windows Server 2008 for Itanium-Based Systems 针对大型数据库、各种企业和自订应用程

序进行优化,可提供高可用性和多达 64 核处理器的可扩充性,能符合高要求且具有关键性的解决方案。

6. Windows HPC Server 2008(高性能计算版)

Windows HPC Server 2008 是下一代高性能计算(HPC)平台,可提供企业级的工具给高生产力的 HPC 环境,由于其建立于 Windows Server 2008 及 64 位元技术上,因此可有效地扩充至数以千计的处理器,并可提供集中管理控制台,协助用户主动监督和维护系统健康状况及稳定性。它所具备的灵活的作业调度功能,可让 Windows 和 Linux 的 HPC 平台间进行整合,亦可支持批量作业以及服务导向架构(SOA)工作负载,而增强的生产力、可扩充的性能以及使用容易等特色,则可使 Windows HPC Server 2008 成为同级中最佳的 Windows 环境。

Windows server 2012 是 Windows Server2008 升级版;Windows server 2016、2019 是基于 Windows 10 进行开发的版本,对 Windows10 具有更好的兼容性。

4.3.2 Windows Server 2008 操作系统的安装准备

一、前期准备

Windows Server 2008 是一种多任务的网络操作系统,可以按照网络需要,以集中或分布式的方式,添加并配置各种服务器角色,如 Web、DNS、FTP、DHCP 邮件服务器等多种类型的服务器。用户可以通过多种方式安装服务器,Windows Server 2008 操作系统对于硬件的要求比较高,在进行系统安装前,首先应保证设备符合安装的最低要求,并尽量选择推荐设备。根据支持的芯片架构不同,可以选择支持 32 位架构的 Windows Server 2008 和支持 64 位的架构的 Windows Server 2008 R2。由于 Windows Server 2008 R2 对系统硬件的要求更高,因此这里主要介绍支持 32 位架构的 Windows Server 2008。Windows Server 2008 安装的硬件要求见表 4-1。

表 4-1 Windows Server 2008 安装的硬件要求

硬 件 要 求	最 低 配 置	推 荐 配 置
CPU	1 GHz	2 GHz
内存	1 GB	2 GB 以上
硬件空间	8 GB	10 GB 以上
显卡与显示器	Super VGA (800×600)或更高分辨率的视频适配器和显示器	Super VGA (1024×768)或更高分辨率的视频适配器和显示器

用户可以根据自己的实际情况将硬件配置提高。

其他硬件配置包括网络适配器、光驱、键盘、鼠标等,均要保证与 Windows Server 2008 兼容。

为了确保能顺利地安装 Windows Server 2008 操作系统,安装前应做如下的准备工作。

(1) 切断不必要的硬件设备。如当前的计算机可能连接了打印机、扫描仪等设备,在进行安装之前,将这些设备断开或断开电源,以免系统检测连接到计算机的所有设备。

(2) 查看软件和硬件的兼容性。如果是升级安装,执行的第一个步骤是检查计算机硬件和软件的兼容性,并在执行安装之前显示一个报告,该报告显示升级前是否需要更新硬件、驱动程序或软件。

（3）检查系统日志错误。如果计算机中以前安装过 Windows 的其他版本，则在安装前，最好使用"事件查看器"检查一下。

（4）备份文件。如果从已有的操作系统升级安装，建议在升级前备份当前的文件，特别是重要的数据文件、用户信息文件等，以便继续使用。

（5）重新分区并格式化硬盘。在不需要多操作系统并存的情况下，在安装前最好先进行硬盘的格式化，以加快操作系统的安装。当然，也可以在安装过程中进行硬盘的重分区并格式化。

二、安装方式

对于不同的环境，用户可以利用不同的方式启动 Windows Server 2008 操作系统安装程序。

1. 从引导光盘安装

这是一种最常用的安装方法，如果计算机能引导到光驱，可以将 Windows Server 2008 操作系统光盘插入光驱，并重新启动计算机，光盘启动后可以直接安装。

2. 在现有操作系统上安装

如果计算机已经安装另一种操作系统，要升级操作系统或双重引导计算机，则可以将计算机引导到已经安装的操作系统中，此时可以将 Windows Server 2008 镜像文件解压到指定目录下，运行其中的安装程序 Setup. exe，即可安装操作系统。

在需要 Windows Server 2008 与其他操作系统并存的情况下，可以使用这种方式实现双重启动。

3. 从网络安装

将计算机接入网络中，并为安装程序文件提供网络访问的服务器。这种方式适合于在网络中为多台计算机安装操作系统。

如果将 Windows Server 2008 操作系统和其他操作系统安装在同一台计算机上，必须将 Windows Server 2008 操作系统放在计算机的一个单独分区上。这就确保了 Windows Server 2008 不会覆盖其他操作系统需要的关键文件。

4. 通过远程服务器进行安装

远程安装需要一台远程安装服务器，该服务器要进行适当的配置，可以把一台安装了 Windows Server 2008 和各种应用程序并做好了各种配置的计算机上的系统做成一个映像文件，把文件放在远程安装服务器上。通过网卡启动客户机，从远程安装服务器上开始安装，这种方式非常适合有多台配置基本相同的计算机的操作系统安装，例如学校机房。

5. 无人值守的安装

在 Windows Server 2008 的安装过程中，通常需要回答很多问题，如计算机名、系统分区等，通过配置一个应答文件，在文件中保存安装过程中需要输入的信息。主安装程序从应答文件中读取所需要的信息，即可完成操作系统安装，从而减少了管理员的工作量。

三、安装类型

Windons Server 2008 的安装类型可分为全新安装和升级安装。全新安装就是将原来的操作系统全部清除，在格式化硬盘的新分区上安装操作系统。而升级安装是用 Windows Server

2008 替换原来的 Windows 某个版本的操作系统,保留原操作系统已安装的应用程序。

(1) 全新安装。需要将硬盘重新规划,重新进行分区,格式化所有分区,对原有的应用程序和关键数据进行备份,以保证安装完成后,这些重要的数据能恢复,重要的应用程序可以重新安装。

(2) 升级安装。执行升级安装,安装程序会自动将 Windows Server 2008 安装在当前操作系统所有的文件夹内,系统会保留现在的用户、设置、组、权利和权限。原有的文件和应用程序也会保留,可以继续使用。

四、选择文件系统

Windows Server 2008 操作系统支持 4 种文件系统类型,它们是文件分配表系统(FAT)、FAT32 文件系统、Windows NT 文件系统(NTFS)、激光磁盘归档系统(CDFS)。这 4 种文件系统各有自己的优点和局限性,其中激光磁盘归档系统主要用来支持对光盘的访问,仅应用在对光盘进行读写操作的光驱设备上。

FAT 文件系统支持的容量最大为 4 GB,最大文件大小为 2 GB,不支持域。它是唯一被 Windows 3. x、Windows 95/98、MS - DOS 所支持的文件系统。所以,如果想要配置一台安装 Windows Server 2008 的计算机,实现与 Windows 95/98、MS - DOS 的双启动,硬盘的第一分区必须是 FAT 文件系统。

FAT32 文件系统是微软公司为 Windows 操作系统引入的新型文件系统,性能优于 FAT 文件系统。FAT32 文件系统支持的容量为 512 MB~2 TB,最大文件为 4 GB,不支持域,Windows Server 2008 全面支持 FAT32 文件系统。

NTFS 文件系统是 Windows Server 2008 支持的最强大的文件系统,它支持各种新功能。NTFS 文件系统支持活动目录,利用活动目录可以方便地查看和控制网络资源。支持文件加密,极大地增强了安全性。可以对单个文件设置权限,而不仅仅是对文件夹进行设置权限。支持磁盘配额,以便监视和控制单个用户使用的磁盘空间量。NTFS 文件系统支持 10 MB~2 TB 硬盘空间,文件大小只受卷的容量限制。

在安装 Windows Server 2008 的过程中,要选择适当的文件系统。对于未格式化的分区,可以选择格式化为 NTFS 文件系统、FAT 文件系统等。如果希望在运行 Windows Server 2008、MS - DOS、Windows 9x 或 OS/2 时能访问该分区上的文件,选择 FAT 文件系统。对于现有的分区,默认选项是保持当前完整的文件系统,保留分区上的现有文件。基于各方面因素的考虑,如果用户不使用多重操作系统配置,推荐使用 NTFS 文件系统。

五、规划磁盘空间

在运行安装程序执行安装之前,需要确定安装 Windows Server 2008 的分区大小。并没有固定的公式计算分区大小,基本规则就是为一同安装在该分区上的操作系统、应用程序及其他文件预留足够的磁盘空间。

安装 Windows Server 2008 的文件需要至少 8 GB 的可用磁盘空间,这在系统需求中已说明。建议要预留比最小需求多一些的磁盘空间,分区的大小建议为 10~20 GB。另外,如果需要在此主机上安装应用程序的话,用户需要根据实际需求增加磁盘空间。

预留 10 GB 以上的磁盘空间,可以为各种项目预留空间,它们包括可选组件、用户账户、活动目录信息、日志、未来的服务包(补丁)、操作系统使用的分页文件以及其他项目。

六、选择附加组件

在运行安装程序执行安装之前,需要确定安装 Windows Server 2008 的可选组件。对于 TCP/IP 网络用户,通常需要的组件包括 DHCP(Dynamic Host Configuration Protocol)、DNS (Domain Name Service)和 WINS(Microsoft Windows Internet Name Service)。要选取这些组件,可在安装过程中,在"Windows Server 2008 组件"对话框内,选择"网络服务",并单击"详细资料",然后选择所需的一个或多个组件。

如果在完成安装后,如果还需要其他组件,可以再添加组件。单击"开始",选择"设置"中的"控制面板",在控制面板上,双击"添加/删除程序"。在"添加/删除程序"中,单击"添加/删除 Windows 组件"即可完成添加操作。

七、确定许可证方式

当用户安装 Windows Server 2008 时,用户需要为每个连接到这台服务器的客户机提供客户访问协议(Client Access License, CAL)。用户可以选择以下两种客户许可协议模式。

1. 每客户(Per Seat)

每客户许可模式需要每一台用来访问 Windows Server 2008 的客户机有一个单独的客户访问许可证。一台客户机如果有许可证,它就可以访问网络中任何一台运行 Windows Server 2008 的计算机。

如果在服务器上选择"每客户"授权模式,可以使用任意数量的授权计算机连接服务器。然而,必须为每台客户机购买客户访问许可证,无论该计算机使用的是微软客户操作系统(例如 Windows 7/10)还是任何其他 Windows Server 2008 支持的客户操作系统。拥有有效的"每客户"客户访问许可证只保证用户访问以"每客户"模式配置的服务器。它不保证客户可以访问以"每服务器"模式授权的服务器。这样的连接还消耗分配给服务器的可用"每服务器"许可证池中的一个许可证。因此,客户机只有不使连接总数超出服务器的限制时才可以连接。

2. 每服务器(Per Server)

对于每服务器许可模式,客户访问许可证是分配给某台特定的服务器的。每一个访问许可证允许一台客户机与这台服务器建立连接。对于小型网络,如果只有一台计算机运行 Windows Server 2008,那么最适合采用每服务器许可模式。

如果登录到工作站并从该工作站连接到 \\Server\Apps 和 \\Server\Public,则被认为是一个连接,只消耗一个许可证。然而,如果使用同一用户名登录到两台不同的客户机,并从两台客户机连接到服务器,则被认为是两个连接,要消耗两个"每服务器"许可证。

根据需要选择客户访问协议。如果有多个服务器,并且所有服务器上的客户访问许可证总数大于或等于网络上的计算机总数时,选择每客户,其他环境下选择每服务器。

注意:如果暂时无法做出最终选择,可以暂时选择每服务器模式,因为每服务器模式可以方便地转换为每客户模式,反之则不行。

八、规划硬盘分区

磁盘分区是一种划分物理磁盘的方式,以便每个分区都能够作为独立的单元使用,在磁盘上创建分区时,可以将磁盘划分为一个或多个区域,并可以使用 FAT、NTFS 文件系统进行格式化,主分区是安装和加载操作系统所需的文件系统。

在安装过程中,只需要创建和规划要安装 Windows Server 2008 的磁盘分区,安装完毕后,可使用磁盘管理器进行新建和管理其他磁盘和卷,将已创建的分区删除、重命名和重新格式化等,也可以添加和卸载硬盘以及在基本及动态格式之间升级和还原硬盘。

九、选择启动方式

用户有时需要在不同的情况下使用不同的操作系统,为此,Windows Server 2008 支持用户采用多重启动的配置。计算机可以被设置为每次重新启动时在两个或多个操作系统之间选择。不同的操作系统和 Windows Server 2008 共存时要注意的问题如下所述。

1. Windows 其他 Server 版本与 Windows Server 2008 并存

(1) 不要在包含 Windows Server 2008 和 Windows NT 的计算机上只使用 NTFS 文件系统。

(2) 将每个操作系统安装在单独的驱动器或磁盘分区上。当执行 Windows Server 2008 的全新安装时,会把它安装在没有其他操作系统存在的分区上。

(3) 不要将 Windows Server 2008 安装在压缩驱动器上。

(4) 在各个系统所在的分区上安装它们各自使用的应用程序。

(5) 如果计算机位于域中,计算机每个 Windows NT 4.0 Server 或 Windows Server 2008 安装都必须使用不同的计算机名。

2. Windows 7 与 Windows Server 2008 并存

必须先安装 Windows 7 操作系统,再安装 Windows Server 2008,因为新版可以识别旧版的启动引导程序。

3. 多个 Windows Server 2008 操作系统并存

如果计算机参加某个 Windows Server 2008 域,每次安装都必须使用不同的计算机名。

4.3.3 安装 Windows Server 2008 操作系统

对于不同的环境,用户可以利用不同的方式启动 Windows Server 2008 安装程序。做好前期的准备工作之后,就进入安装阶段,Windows Server 2008 的安装过程分为文本模式安装、图形模式安装和网络配置,下面以光盘安装方式为例介绍安装过程。

① 确定要安装的计算机可从光盘驱动器(光驱)启动,执行全新安装(不是升级)。只有满足以上两点才能继续。

② 关闭计算机,将光盘插入光驱。

③ 启动计算机,并等待安装程序显示对话框。

④ 根据安装向导,在每一步的安装过程中,选择合适的安装选项。

一、Windows Server 2008 光盘安装

在 CMOS 中设置从光盘引导计算机,将 Windows Server 2008 安装光盘置于光驱中,重新启动计算机,从光盘引导,计算机会自动直接从光盘启动。

从光盘启动后,计算机会出现蓝色界面的"Windows Setup"。安装程序会先检测计算机中的硬件设备,如果安装了 RAID 卡和 SCSI 设备,则安装程序界面底部会显示"Press F6 if you need

to install a third party SCSI or RAID driver ..."提示信息时,必须按下 F6 键,准备为该 RAID
卡或 SCSI 设备提供驱动程序,用户可根据提示信息,安装特定的 SCSI 设备。

注意:如果计算机没有 SCSI 接口或 RAID 卡,则不需要进行这一步操作。

1. 安装程序启动

系统首先自动收集硬件信息。

① Video:显示适配器类型以及数量。

② Network:网络适配器 IRQ、I/O 地址和总线类型。

③ SCSI controller:SCSI 适配器型号、IRQ、总线类型。

④ Mouse:鼠标端口或者类型(串口、PS/2 或 USB)。

⑤ I/O Port:每个 I/O 端口的 IRQ、I/O 地址、DMA。

⑥ Sound Adapter:声卡 IRQ、I/O 地址、DMA。

⑦ USB:通用串行总线设备(Universal Serial Bus)。

⑧ PC Card:适配器类型以及插槽位置。

⑨ Plug and Play:BIOS 中是否允许即插即用 BIOS 设置、BIOS 更新以及时间。

⑩ External Modem:外置调制解调器端口连接(COM1、COM2)。

⑪ Internal Modem:内置调制解调器 IRQ、I/O 地址。

⑫ ACPI:当前是否允许高级配置电源接口以及当前设置。

⑬ PCI:PCI 适配器类型以及插槽位置。

安装程序向计算机复制安装所需要的文件及驱动程序,完成后弹出如图 4-2 所示的安装信
息选择界面。

图 4-2　安装信息选择界面

2. 了解安装须知信息

单击"下一步"进入"现在安装"界面,用户可以单击左下角的"安装 Windows 须知"进一步了解安装 Windows Server 2008 需要的前期准备及硬件配置要求等信息,如图 4-3 所示。

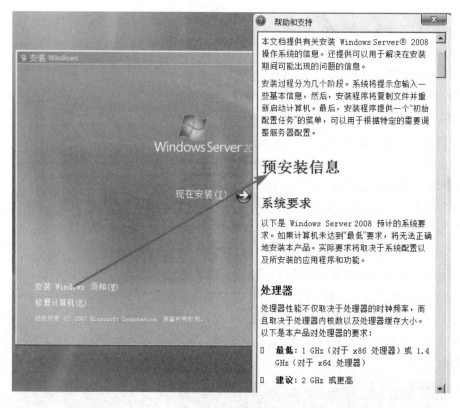

图 4-3　安装须知信息

3. 安装版本选择

单击"现在安装"按钮,进入操作系统版本选择界面,用户可根据自己应用的需求,选择不同版本,如图 4-4 所示。此处选择"Windows Server 2008 Enterprise"(企业版),因为企业版的功能比标准版多,可以实现更多的应用。

4. 同意许可条款

单击"下一步"按钮,进入许可条款界面,此界面显示了 Windows Server 2008 Enterprise 使用的相关条款,勾选"我接受许可条款",如图 4-5 所示。

5. 选择安装类型

单击"下一步"按钮,进入安装类型选择界面,如果是在已有的操作系统上安装,则可以选择升级安装,由于本次在裸机上通过光盘安装,因此只能选择自定义的全新安装,如图 4-6 所示。

6. 安装位置选择

单击"自定义(高级)"选项后,进入安装位置选择界面,本系统安装了一块 40 GB 容量的硬盘,因此,可以将硬盘进行分区。单击"驱动器选项(高级)"按钮,显示出相应内容,用户可以在此实现"新建"主分区、"扩展"分区、"删除"已有分区、"格式化"分区等操作,如图 4-7 所示。

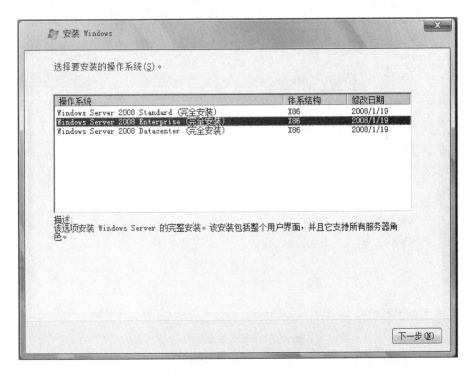

图 4-4　操作系统版本选择界面

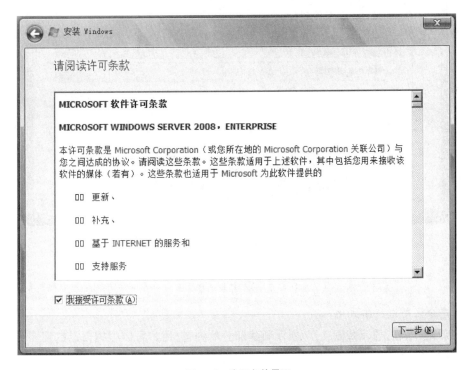

图 4-5　许可条款界面

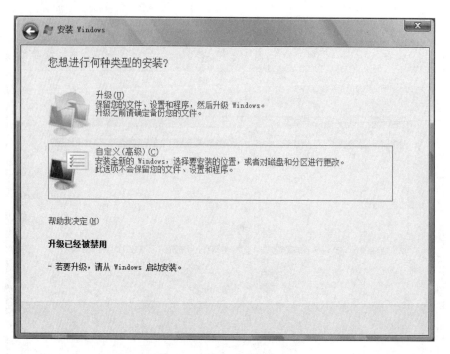

图 4-6　安装类型选择界面

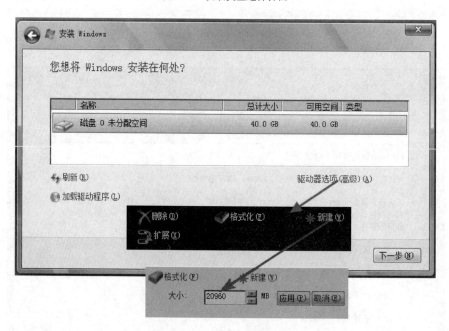

图 4-7　安装位置选择界面

7. 创建分区并进行格式化

单击"新建"按钮,显示如图 4-7 所示新建部分的内容,用户可以根据自己的需要分区,此处为 20 960 MB,单击"应用"按钮,进入如图 4-8 所示的界面,此处已创建一个硬盘分区,单击"格式化"按钮,即可完成新建分区的格式化。

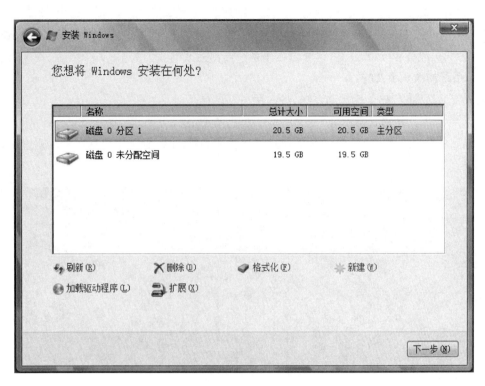

图 4-8　创建分区并格式化

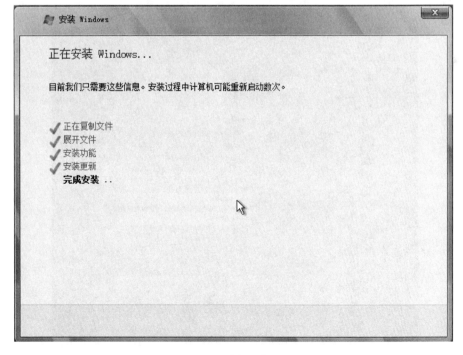

图 4-9　系统安装过程界面

8. 系统安装

单击"下一步"按钮,进入系统安装过程界面,如图 4-9 所示。安装时间根据系统的硬件配置情况而定,一般在 40 min 左右,这一过程是系统自动完成的。

二、系统初次登录及配置

完成安装后,将自动重新启动系统,进入用户登录界面。

1. 更改管理员登录密码

系统启动后进入如图 4-10 所示的用户首次登录界面,此处显示用户首次登录系统时,必须更改密码。

图 4-10　用户首次登录界面

2. 首次登录系统

单击"确定"按钮后,进入密码更改界面,用户输入新的管理员密码,如图 4-11 所示。输入

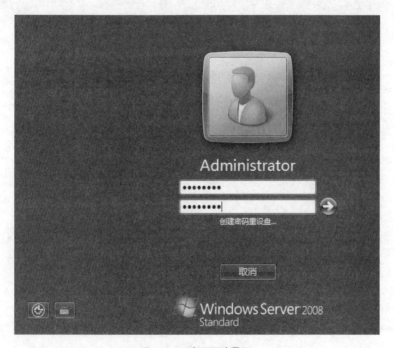

图 4-11　密码更改界面

的密码要符合密码的复杂度要求,单击向右的箭头后,系统提示"您的密码已更改",单击"确定"按钮即可登录到 Windows Server 2008 系统。

3. 初次登录界面信息

更改管理员密码之后,即可登录系统,首次登录系统的界面如图 4 - 12 所示。用户可以在此选择配置操作系统的基本信息,如:设置时区、配置网络、更改主机信息等。

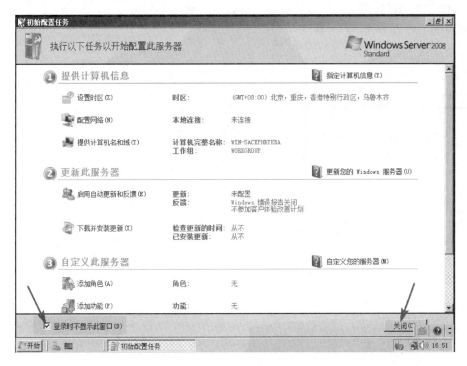

图 4 - 12　首次登录系统的界面

如果系统基本信息已配置完成,就不需要每次启动时都进入该界面,勾选左下角的"登录时不显示此窗口",单击"关闭"后,下次启动时就会直接进入系统桌面环境了。

4. 更改系统属性信息

如果在初次登录界面设有进行主机基本信息的配置,可以通过服务器管理器配置系统属性,可以通过"开始"菜单启动服务器管理器:"开始"→"管理工具"→"服务器管理器",进入"服务器管理器"窗口。单击"更改系统属性"选项,进入"系统属性"对话框;单击"更改"按钮,进入"计算机名/域更改"对话框,在此处可以更改计算机名和其隶属的域名,如图 4 - 13 所示。

三、配置基本网络组件

需要配置的基本网络组件包括:安装网络协议、安装网络服务、添加角色、更改网络配置信息。

1. 安装网络协议

在使用网络时,用户必须安装能使网络适配器与网络正确通信的网络协议,协议的类型取决于所在网络的类型。安装网络协议操作的步骤如下所述。

① 单击如图 4 - 13 所示的"查看网络连接"选项,弹出"本地连接",右键单击"本地连接"选择"属性"命令,打开如图 4 - 14 所示的"本地连接 属性"对话框。

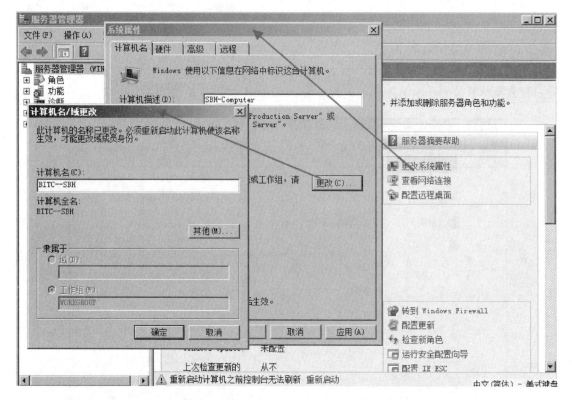

图 4-13　更改系统属性

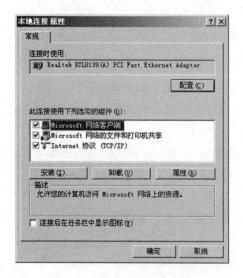

图 4-14　"本地连接属性"对话框

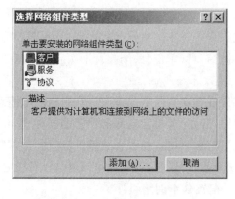

图 4-15　"选择网络组件类型"对话框

② 在"此连接使用下列选定的组件"列表框中列出了目前系统中已安装过的网络组件,单击"安装"按钮,打开如图 4-15 所示的"选择网络组件类型"对话框。

③ 在"单击要安装的网络组件类型"列表框中选中"协议"选项,单击"添加"按钮,打开如图 4-16 所示的"选择网络协议"对话框。

图 4-16 "选择网络协议"对话框

④ 在"选择网络协议"对话框中的"网络协议"列表框中列出了 Windows Server 2008 提供的网络协议在当前系统中尚未安装的部分,双击要安装的协议名称,或选中协议名称后再单击"确定"按钮,被选中的协议将会添加至"本地连接属性"对话框的列表中。

若用户需要安装特殊网络通信协议,而列表中未提供的话,网络用户可通过单击"选择网络协议"对话框中的"从磁盘安装"按钮,从磁盘安装其他的网络协议组件。

2. 安装网络服务

安装 Windows Server 2008 时已经默认安装了"Microsoft 网络的文件和打印机共享",系统还提供了其他类型的网络服务,用户可根据需要自行安装,以便向网络中其他的用户提供优先级不同的网络服务。添加网络服务与添加网络协议的方法基本相同,用户在"选择网络组件类型"对话框中选择"服务"选项,单击"添加"按钮,将打开如图 4-17 所示的"选择网络服务"对话框。

视频

安装服务

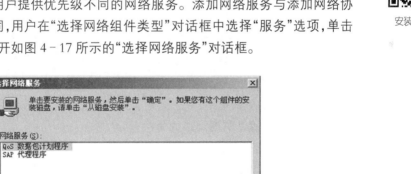

图 4-17 "选择网络服务"对话框

对话框中的"网络服务"列表框中列出了 Windows Server 2008 已经提供的但在当前系统中尚未安装的网络服务选项,用户可双击要安装的服务选项,或选中服务选项之后单击"确定"按钮来安装服务。

3. 添加角色

用户需要服务器系统启动某项管理或服务功能(例如 DHCP 服务、Windows Internet 命名服务或网络监视功能)时,若用户安装操作系统时,未添加这些角色,这时便需要重新手动为系统添加相关的角色,其操作步骤如下所述。

① 单击"开始"→"管理工具"→"服务器管理器",打开"服务器管理器"窗口,选择"角色"→"添加角色"选项,打开如图 4 - 18 所示的"添加角色"选项窗口。

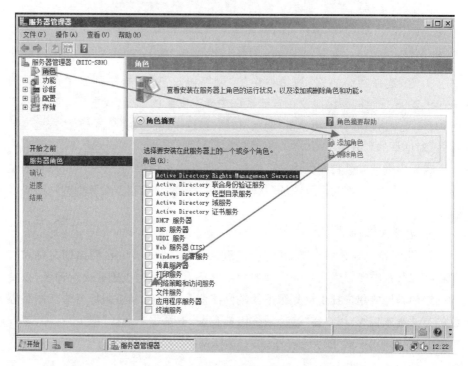

图 4 - 18 "添加角色"选项窗口

② 在窗口的列表框中,系统列出了用户可以选择安装的角色。单击组件选项旁边的复选框确认需要添加的角色。

③ 选择好组件后,单击"下一步"按钮后,系统将自动在 Windows Server 2008 的安装盘中搜索安装角色所需的文件,如果用户未将安装光盘放入光驱,系统将自动打开一个对话框,提示用户插入 Windows Server 2008 安装光盘,然后单击"确定"按钮,系统将自动对选择安装的网络组件进行安装配置。

4. 更改网络配置信息

视频

Windows Server 2008 典型安装完成后,TCP/IP 协议参数将自动从 DHCP 获取。如需要使用静态 IP 则需要配置网卡。配置内容如下所述。

配置静态 IP

• 网卡静态 IP 地址和子网掩码;

• 本地 IP、路由器的 IP 地址;

• 本计算机是否作为 DHCP 服务器;

● 本计算机是否是 WINS 代理执行者;

● 本计算机是否使用域名系统(DNS)。

如果网络中有一个可用的 WINS 服务器,还必须知道它的 IP 地址。和 DNS 一样,可以配置多个 WINS 服务器。

配置方法如下所述。

在"服务器管理器"窗口中单击"查看网络连接",进入"本地连接"界面,鼠标右键单击"本地连接",选择"属性"进入"本地连接 属性"对话框,选择"Internet 协议版本 4(TCP/IPv4)"选项,单击"属性"按钮,进入"Internet 协议版本 4(TCP/IPv4)属性"对话框,选中"使用下面的 IP 地址"后,输入本地的 IP 地址、子网掩码、网关、DNS 服务器地址等信息,如图 4-19 所示。

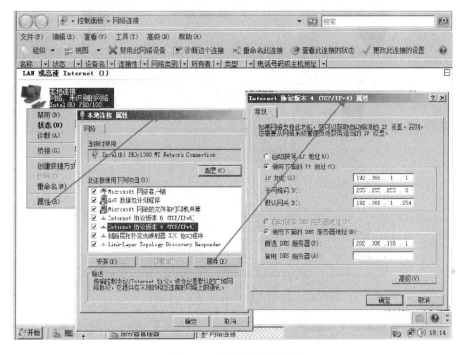

图 4-19　更改网络配置信息

① 在"IP 地址"文本框中输入静态 IP 地址为"192. 168. 1. 1"。在"子网掩码"文本框里输入子网掩码为"255. 255. 255. 0"(标准 C 类地址),子网掩码的输入也一定要保证正确,否则本机有可能无法与其他用户通信。

② 在"默认网关"文本框里输入本地路由器或网桥的 IP 地址,此处为"192. 168. 1. 254"。当用户计算机访问非本网段计算机时,转向网关(作为出口)。

③ 如果用户可以从所在网络的服务器获得一个 DNS 服务器地址,选择"自动获得 DNS 服务器地址"选项。

④ 如果用户的计算机不能从本地网络中获得一个 DNS 服务器地址或者用户为网络系统管理员,可以手工输入 DNS 服务器的地址。这时用户需要选择"使用下面的 DNS 服务器地址"

选项。

⑤ 在"首选 DNS 服务器"文本框中输入正确的地址,此处输入"202.106.196.1"。

⑥ 在"备用 DNS 服务器"文本框中输入正确的备用 DNS 服务器地址。该服务器是在首选 DNS 服务器无法正常工作时代替首选 DNS 服务器为客户机提供域名服务。

⑦ 如果用户希望为选定的网络适配器指定附加的 IP 地址和子网掩码或添加附加的网关地址,单击"高级"按钮,打开如图 4-20 所示的"高级 TCP/IP 设置"对话框。

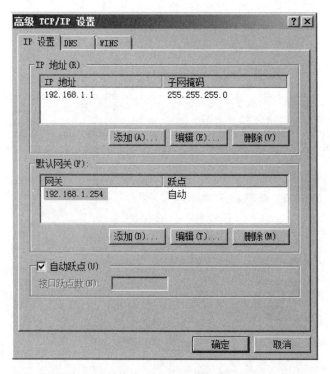

图 4-20 "高级 TCP/IP 设置"对话框

⑧ 添加新的 IP 地址和子网掩码。单击"IP 地址"选项区域中的"添加"按钮,打开如图 4-21 所示的"TCP/IP 地址"对话框。

图 4-21 "TCP/IP 地址"对话框

⑨ 在"IP 地址"和"子网掩码"文本框中输入新的地址,然后单击"添加"按钮,附加的 IP 地址和子网掩码将被添加到"IP 地址"列表框中。用户最多可指定 5 个附加 IP 地址和子网掩码,这对于有多个逻辑 IP 网络在进行物理连接的系统是非常有用的。

⑩ 如果用户希望对已经指定的 IP 地址和子网掩码进行编辑的话,单击如图 4－20 所示对话框中"IP 地址"选项区域中的"编辑"按钮,打开"TCP/IP 地址"对话框,用户可以对原有的 IP 地址和子网掩码进行编辑。然后单击"确定"按钮使修改生效。

⑪ 在如图 4－20 所示的"默认网关"选项区域中单击"添加",显示如图 4－22 所示的"TCP/IP 网关地址"对话框,可以添加新的网关地址。对于多个网关,还得指定每个网关的优先权,通过调整网关地址在列表中的高、低位置就可相应地使它具有较高或较低的优先权。

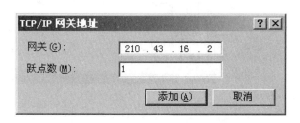

图 4－22　"TCP/IP 网关地址"对话框

⑫ 在"IP 设置"选项卡中的"接口跃点数"文本框中,用户可以输入或修改相应数值。该数值是用来设置网关的接口指标以实现网络连接的。如果在"默认网关"列表框中有多个网关选项,则系统会自动启用接口跃点数值最小的一个网关,默认情况下接口跃点数值为 1。

⑬ 在"默认网关"列表框中,选定一个网关选项,单击"编辑"按钮,打开如图 4－22 所示的"TCP/IP 网关地址"对话框。在该对话框中,用户可以同时对网关和接口跃点数的数值进行修改,然后单击"确定"按钮使修改生效。

至此,Windows Server 2008 网络操作系统安装及基本配置已全部完成,主机即可与网络中的其他主机通信,也可以访问互联网。用户可以根据自己的需求使用网络操作系统的功能。

四、退出 Windows Server 2008

使用完计算机就要关闭系统退出 Windows Server 2008,这也是操作系统中必不可少的。在关闭计算机之前,要先关闭各种应用程序,然后再退出 Windows Server 2008,否则会破坏一些未保存的文件,并容易引起一些应用程序出错。

用户可按下列步骤安全关闭计算机。

① 关闭所有正在运行的应用程序。

② 单击"开始"按钮,选择"关机"命令。

③ 出现"关闭 Windows"对话框,打开"希望计算机做什么"下拉列表框,选择其中的"关机"命令。

此时"确定"按钮是虚的,不可用,如图 4－23 所示。只有在"关闭事件跟踪程序"框中的"选项"下拉列表中选择其中一项内容事件之后,"确定"按钮才能变为可选项,此时用户可以关闭计算机。

注意:Windows Server 2008 操作系统的关闭与其他操作系统不同,默认的情况下,系统不允许关机,只有在选择如图 4－23 所示的七项事件之一后,才可以关闭系统。

视频

简单配置与关机

图 4-23 "关闭 Windows"对话框

 小 结

网络操作系统的主要功能是为网络提供文件服务、资源共享等服务,网络操作系统依据其承担的任务,可以分为面向任务的网络操作系统和通用型网络操作系统,按其厂商可以分为 UNIX/Linux 操作系统、Windows 操作系统、Mac OS 操作系统。其中,Windows Server 是局域网中应用得最普及的网络操作系统。在安装 Windows Server 2008 时,必须明确安装选用的文件系统(FAT32 或 NTFS),操作系统安装完成后,还必须配置网络才能保证安装了网络操作系统的主机接入局域网并提供网络服务。

项目实训 规划与安装 Windows Server 2008

视频

安装 Windows
Server 2008

一、实训目的

1. 了解 Windows Server 2008 的不同安装方法。

2. 了解和掌握 Windows Server 2008 系统的硬件设备要求。

3. 掌握基本的网络配置。

4. 掌握管理控制台的使用。

二、实训项目背景

某公司建设了自己的局域网,为了能更好地管理公司资源,公司计划在已安装的一台服务器上安装 Windows Server 2008 操作系统,为以后在该服务器上安装其他服务做好准备。安装完成后,正确配置网络,使公司员工的主机可以通过网络访问到该服务器。其网络拓扑如图4-24所示。

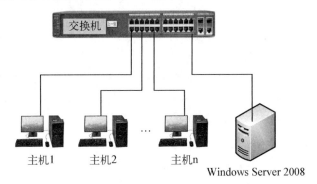

图4-24　Windows Server 2008安装实训网络拓扑

IP地址规划为192.168.10.0网段,子网掩码：255.255.255.0。其中服务器的IP地址：192.168.10.1,子网掩码：255.255.255.0,默认网关：192.168.10.254。

主机的IP地址设置为该网段地址即可。

三、实训设备

1. 服务器系统配置：CPU(1 GHz以上)、内存(2 GB以上)、硬盘(20 GB以上)、光驱、鼠标、网卡等。

2. 主机配置：CPU(1 GHz以上)、内存(1 GB以上)、硬盘(10 GB以上)、鼠标、网卡、安装有Windows 7操作系统等。

3. Windows Server 2008安装光盘。

4. 所有的服务器和主机通过交换机连接到一个局域网。

5. 二层交换机一台。

四、实训内容

1. 了解安装Windows Server 2008系统的硬件设备要求。

2. 注意Windows Server 2008安装前的注意事项。

3. 练习Windows Server 2008安装的不同方法,在给定的服务器上安装Windows Server 2008操作系统。

4. 完成基本网络配置,包括网络协议、网络服务、角色、服务器IP地址配置等。

5. 配置同网段的主机IP地址,使用Ping命令,测试网络中的所有主机的连通性。

6. 使用"帮助与支持"查找DHCP服务器的配置方法。

五、实训报告及要求

1. 记录安装过程中出现的问题及解决方法。

2. 将查找到的DHCP服务器的配置方法记录下来,以备使用。

3. 建议以小组形式组织实训,注意操作规范与团队协作。

习　题

1. 什么是网络操作系统,网络操作系统分哪几类?

2. 网络操作系统的主要功能有哪些?

3. 简述网络操作系统的特性。

4. 简述常用网络操作系统的特点和适用环境。

5. 试比较目前常用的网络操作系统的特点。

6. Windows Server 2008 网络操作系统有几种许可方式,各有什么特点?

7. Windows Server 2008 比 Windows Server 2003 新增或改进了哪些功能?

8. Windows Server 2008 支持哪几种文件系统?

9. Windows Server 2008 有哪几个版本,每个版本的特点是什么,适用于什么网络环境?

10. 在已安装了 Windows 7 操作系统的计算机上安装 Windows Server 2008 操作系统,是否能实现系统双启动?

第5章
安装局域网应用服务器

随着局域网的普及和信息技术的发展,传统的局域网资源共享方式已不能满足人们对信息的需求,创建 Internet 信息服务器无疑是最佳的选择,特别是网络中的 WWW 服务器和 FTP 服务器,不但能实现公司内部网络的信息服务,而且还可以将公司的服务器连接到 Internet 上,为网络用户提供信息服务。本章主要介绍 Windows 内置的各种应用服务器的安装与配置。

5.1 Internet 信息服务

随着经济和社会的不断进步与发展,大量的信息需要人们去收集和管理,而 Internet 的出现恰恰满足了人们对信息交换、浏览、查询等方面的需求,所以人们开始建立自己的 Web 服务器。下面就如何利用 Internet 信息服务建立 WWW 和 FTP 服务器做介绍。

5.1.1 IIS 概述

微软的 Internet 信息服务(Internet Information Services,IIS)是与 Windows 服务器版操作系统一起发布的,是微软集成在 Windows Server 上的一个网络应用服务,主要是融 WWW 服务器、FTP 服务器、SMTP 服务器和 NNTP 服务器于一体的服务器软件。微软的这个策略使 IIS 成为 Windows 平台服务器的首选 Web 服务器。它与整个 Windows 系统紧密地整合在一起,可以利用 Windows 系统内置的安全机制来保护自己。这使得在局域网或 Internet 上发布信息成为一件很容易的事。

IIS 经历了从 IIS 1.0 到 IIS 7.0 的多个版本,其版本是与 Windows Server 一起更新的,其中 Windows 2000 Server 集成了 IIS 5.0,Windows Server 2003 集成了 IIS 6.0,Windows Server 2008 集成了 IIS 7.0,Windows Server 2016 集成了 IIS 10.0。通过 IIS,可以在 Intranet、Internet 或 Extranet 上提供集成、可靠、可伸缩、安全和可管理的 Web 服务器功能,是一个为动态网络应用程序创建强大通信平台的工具。其中 IIS 7.0 支持断点传输,即在数据传输过程中发生中断后,可以在不重复下载整个文件的情况下恢复 FTP 文件下载,大大方便了文件下载。

5.1.2 IIS 7.0 的服务

IIS 提供的基本服务,包括 Web 信息发布、传输文件、邮件服务和更新这些服务所依赖的数据存储,这些功能是通过相关的协议安装数据传输的。

一、WWW 服务

WWW(World Wide Web)服务即万维网发布服务,WWW 服务使用的客户机/服务器协议是 HTTP,这意味着客户和服务器需要交互作用,以执行特定的任务,Web 服务管理器是 IIS 核心组件,这些组件处理 HTTP 请示并配置和管理 Web 应用程序,例如:用户在 Web 上的 Html

页面上单击一个超级链接,结果屏幕上现有的页面会被新的页面所代替,IIS 通过 Windows Sockets 来支持 HTTP。WWW 服务作为 iisw3adm. dll 来运行,并宿主于 ssvchost. exe 命令中。

二、FTP 服务

FTP(File Transfer Protocol)即文件传输协议,IIS 通过此服务提供对文件夹管理和处理的完全支持。FTP 是在 TCP/IP 网络上两个计算机之间传输文件时使用的协议,IIS 通过 Windows Sockets 来支持 FTP,FTP 使用 TCP 作为它的客户机和服务器之间进行所有通信和交换的传输协议,而 IIS 则是以 Windows Sockets 与 TCP 打交道的。FTP 服务以 ftpsvc. dll 来运行,并宿主于 inetinfo. exe 命令中。

三、NNTP 服务

NNTP(Network News Transfer Protocol)即网络新闻传输协议,该服务可以主控单个计算机上的 NNTP 本地讨论组。因为该功能完全符合 NNTP 协议,所以用户可以使用任何新闻阅读客户端程序加入新闻组进行讨论。通过 inetsrv 文件夹中的 Rfeed 脚本,IIS NNTP 服务可支持新闻流。NNTP 服务不支持复制,要利用新闻流或在多个计算机间复制新闻组,请使用 Exchange Server。NNTP 服务以 nntpsvc. dll 来运行,并宿主于 inetinfo. exe 命令中。

四、SMTP 服务

SMTP(Simple Mail Transfer Protocol)即简单邮件传输协议,IIS 可能通过 SMTP 进行电子邮件的发送和接收,也可以使用 SMTP 服务接收来自网站客户反馈的消息。IIS 6.0 的 SMTP 只提供电子邮件的收发功能,不支持完整的电子邮件服务,如果企业需要完整的电子邮件服务,请使用 Exchange Server 或其他第三方电子邮件服务器软件。SMTP 服务以 smtpsvc. dll 来运行,并宿主于 inetinfo. exe 命令中。

五、IIS 管理服务

视频

IIS 安装

IIS 管理服务负责 IIS 配置数据库的管理,并为 WWW、FTP、SMTP 和 NNTP 服务更新操作系统注册表。配置数据库是保存 IIS 配置数据的数据存储。IIS 管理服务对其他应用程序公开配置数据库,这些应用程序包括 IIS 核心组件、在 IIS 上建立的应用程序以及独立于 IIS 的第三方应用程序(如管理或监视工具)。IIS 管理服务以 iisadmin. dll 来运行并宿主于 inetinfo. exe 命令中。

5.2　安装 WWW 服务器

IIS 7.0 包含在 Windows Server 2008 服务器的四种版本之中:数据中心版,企业版,标准版,Web 版。

安装好 Windows Server 2008 之后,除了 Windows Server 2008 Web 版之外,

Windows Server 2008 的其余版本默认不安装 IIS,管理员必须手动安装 IIS,以提高操作系统的安全性。在 Windows Server 2008 中,IIS 需要通过"服务器管理器"进行安装,打开服务器管理器的方面有两种,右键单击桌面的图标"计算机"→"属性",或菜单"开始"→"管理工具"→"服务器管理器"。

　　IIS 7.0 提供了 WWW 和 FTP 等服务功能,安装了 IIS 之后,系统会自动创建一个 Web 站点和一个 FTP 站点供使用。IIS 预设的 Web 站点和 FTP 站点发布目录也称主目录,其 Web 站点的主目录的路径是\Inetpub\wwwroot,FTP 站点的主目录的路径是 Inetpub\ftproot。安装完成后,用户只要在 IE 浏览器中通过 HTTP://服务器的 IP 地址或 FTP://服务器的 IP 地址,即可访问安装后的 Web 站点或 FTP 站点。

一、安装前的准备

在安装 IIS 7.0 之前,必须保证用户计算机做好如下的准备工作。

1. 正确配置服务器的 IP 地址

IP 地址是计算机网络中的唯一标识,计算机的 IP 地址可以通过自动获得、静态配置两种方式设置。普通用户不对网络中的其他计算机提供服务,因此可以采用自动获得 IP 地址的方法以减少管理员的工作量。但服务器由于需要为网络用户提供各种服务,因此必须设置固定的 IP 地址。前面已给 Windows Server 2008 主机配置了 192.168.1.1 的主机 IP 地址,为保障主机网络配置的正确性,可以使用 ping 命令进行测试。

2. 确定磁盘的分区为 NTFS 分区

由于 NTFS 分区的磁盘可以进行安全权限的设置,为了加强网站的安全性,要求 IIS 的安装分区是 NTFS 分区,如果不是 NTFS 分区,则可以使用 covert.exe 命令进行转换。

视频

IIS 简介与
配置基础

二、安装 IIS 7.0

启动安装了 Windows Server 2008 的服务器后,可以通过使用"服务器管理器"添加角色的方式安装 IIS,操作步骤如下。

　　① 单击"开始"菜单,选择"管理工具"→"服务器管理器"命令,打开"服务器管理器"窗口,如图 5-1 所示。

　　② 增加一个服务器角色,在"服务器管理器"中,选择"角色",将可以看到角色视图,如图 5-2 所示。

　　③ 单击"添加角色",启动添加角色向导,单击"下一步",进入"选择服务器角色"窗口,选择要安装的角色。

　　④ 勾选"Web 服务器(IIS)角色"复选框,进入"添加角色向导"对话框,如图 5-3 所示。

　　⑤ 添加角色向导会针对需要的依赖关系进行提示;由于 IIS 依赖 Windows 进程激活服务(WAS),因此会出现图 5-3 所示的信息对话框。单击图 5-3 所示的"添加必需的功能"按钮,进入"Web 服务器(IIS)简介"窗口,如图 5-4 所示。

　　⑥ 现在已经选择 Web 服务器,单击"下一步",进入图 5-5 所示的"角色服务"选项卡,由于 IIS 7.0 是一个完全模块化的 Web 服务器,勾选其中所有的服务复选框,在右边"描述"栏中会出现对该服务的详细说明。

　　⑦ 根据需要选其中的选项,其中包括对 IIS 6.0 的兼容、FTP 服务等,单击"下一步",出现

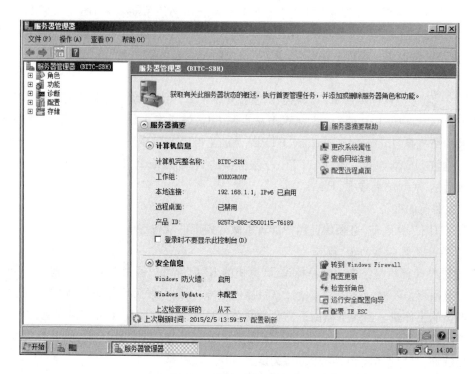

图 5-1 "服务器管理器"窗口

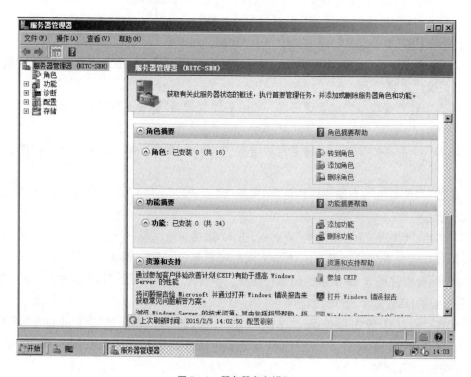

图 5-2 服务器角色视图

图 5-3　"添加角色向导"对话框

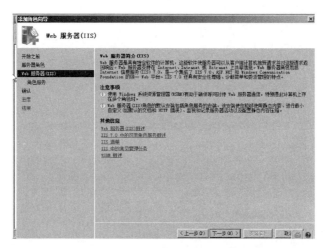

图 5-4　"Web 服务器(IIS)简介"窗口

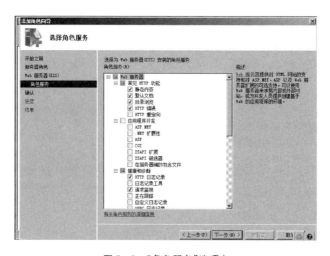

图 5-5　"角色服务"选项卡

Web 服务器,单击"下一步",出现图 5-6 所示的"确认安装选择"窗口,确认无误后,单击"安装",系统自动开始安装 IIS 7.0,安装完成后会给出安装结果信息。

⑧ IIS 7.0 的安装完成之后,向导进入最后一步,显示图 5-7 所示的安装结果信息,单击"关闭"按钮即可。

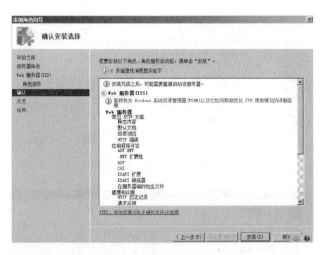

图 5-6 "确认安装选择"窗口

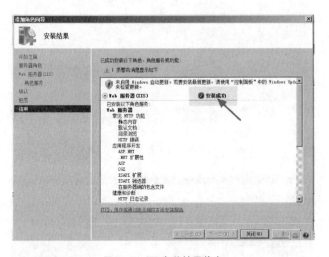

图 5-7 IIS 安装结果信息

三、测试 IIS 安装的正确性

1. 检查安装目录

安装完成后,系统会自动在 C:\Intepub 目录下创建五个目录,每个目录承担着不同的功能,其中网站的根目录放在 C:\inetpu\wwwroot 文件夹中,如图 5-8 所示。

2. 检查安装信息

打开"管理工具"中的"IIS 管理器",会显示 IIS 管理器窗口,如图 5-9 所示。选择网站中的默认网站(Default Web Site 主页),则系统会显示默认主页的相关信息。

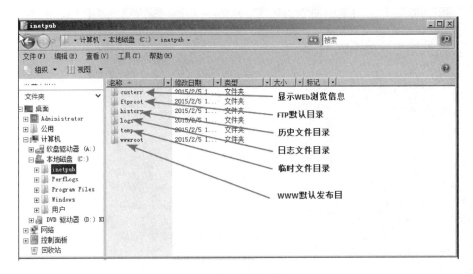

图 5-8 安装目录

图 5-9 IIS 管理器中显示默认主页

3. 测试默认主页

在浏览器地址栏中输入"http://192.168.1.1"(服务器的 IP 地址),即可测试默认 Web 网站的主页信息,结果如图 5-10 所示,浏览器中所显示的内容为 Web 站点主页的内容。在地址栏中输入"ftp://192.168.1.1"(服务器的 IP 地址),即可测试 FTP 站点。

视频

创建虚拟机
并测试 IIS

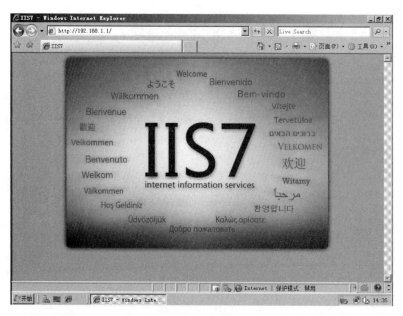

图 5-10　默认的 Web 站点主页内容

5.3　创建与管理 WWW 站点

IIS 安装完成后,已设置了默认的服务器文件保存目录,网络管理员为了加强网站的管理,提高网络的管理效率,通常会将所在发布的文件放在一个事先确定的目录,之后通过对网站属性的设置,进行网站内容的发布。

IIS 所有的管理都是由 Internet 信息服务管理器完成的。单击 Windows"开始"→"管理工具"→"Internet 信息服务(IIS)管理器",即可启动如图 5-11 所示的"Internet 信息服务(IIS)管理器"窗口。

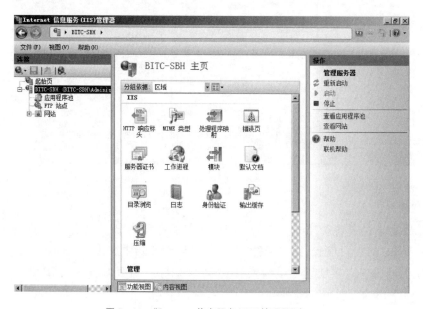

图 5-11　"Internet 信息服务(IIS)管理器"窗口

用户可以自己创建 Web 站点,以扩大和丰富 Web 服务器。创建 Web 或 FTP 站点,操作步骤如下。

5.3.1　创建 WWW 站点

首先建立自己即将发布的文件目录,在 D 盘根目录下建立一个新目录"D:\ MY_WEB",也可在其他地方建立。将事先创建(可以使用 Frontpage、Word、记 事本或网页制作专用软件)的网页的主页文件"index. html"放在该文件夹中。

在"Internet 信息服务(IIS)管理器"窗口中右键单击"网站"→"添加网站",系 统会弹出"添加网站"对话框,如图 5–12 所示。

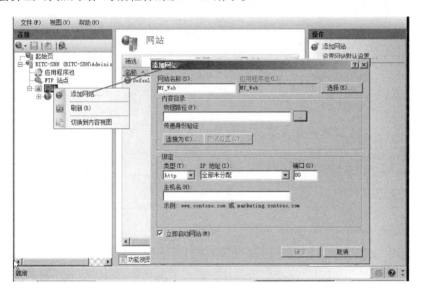

图 5–12　"添加网站"对话框

在"添加网站"对话框的"网站名称"文本框中输入新添加网站的名称"MY_Web "。 单击"物理路径"按钮,打开"浏览文件夹"窗口,选择事先准备好主页的目录"D:\ MY_WEB",即可将 WEB 的发布目录设置为"D:\MY_WEB",如图 5–13 所示。

图 5–13　选择新建网站的发布路径

121

单击"确定"按钮,返回"添加网站"对话框,在绑定"IP 地址"下拉列表框中选择或直接输入本机 IP 地址"192.168.1.1";在网站 TCP 端口(默认值:80)文本框中输入 TCP 端口值,默认值为"80",如果一台服务器需要发布多个网站,则用户可以根据自己的需要改变端口值,以使每个网站有不同的 TCP 端口号,"主机名"框中输入主机的域名"sbh.edu",如果没有域名可以空着,并选中"立即启动网站"复选框,设置的参数如图 5-14 所示。

图 5-14 设置网站参数信息

配置默认文档。单击"确定"按钮后,返回 IIS 管理器窗口,此时,可以看到已添加了名称为"MY_WEB"的新网站,如图 5-15 所示。此时,可以将此前创建的主页文件"index.html"设置为

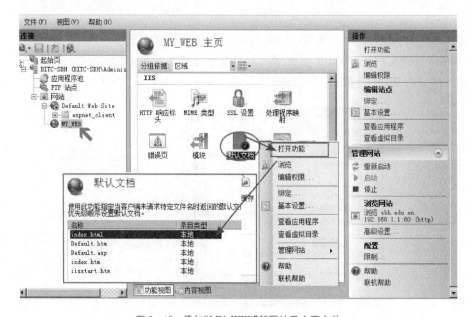

图 5-15 添加"MY_WEB"新网站及主页文件

新网站的发布主页,右键单击"默认文档",单击"打开功能",显示"默认文档"页面,将已创建的主页文件"index. html"添加到默认文档列表中即可。

到此,就完成了新网站的创建,如果没有其他特殊设置,该网站即允许所有的用户匿名访问。

5.3.2　发布 WWW 主页

创建完成网站之后,返回"Internet(IIS)信息管理器"窗口,可以在图 5–16 所示的窗口中看到在"网站"下已创建了名为"MY_WEB"的新站点,默认的发布主页文件和相关配置已完成。

图 5–16　已创建的新网站

右键单击新网站名称,选择"属性"选项,会弹出网站属性对话框,可以在其中修改发布网站的目录的文件名,默认的发布主页文件名为"default. htm""default. asp""index. htm",在此不需要对网站的主目录和发布主页进行修改。

在客户端的 IE 浏览器(也可以是服务器主机本地)的地址列表框中输入"HTTP://192.168.1.1",便可以浏览网页,如图 5–17 所示。

5.3.3　管理 Web 服务器

Web 服务器创建好之后,如果没有配置其他参数,则只会按默认的参数进行发布,为了提高网站的性能,增加安全性,还需要进行适当的管理才能使用户的信息安全有效地被其他访问者访问。Web 服务器的管理包括一些常规管理和安全管理,特别要注重学生网络安全意识的培养,下面分别介绍 Web 服务器的管理内容。

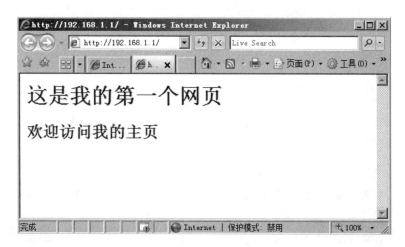

图 5－17 测试新创建的点

一、设置"访问限制"

配置的 Web 服务器是要供用户访问的,因此,不管使用的网络带宽有多充裕,都有可能因为同时连接的计算机数量过多而使服务器死机。所以有时候需要对网站进行一定的限制,例如限制带宽和连接数量等。

选中新建的"MY_WEB"站点页面中右侧"操作"栏中的"配置—限制"超链接,打开如图 5－18 所示的"编辑网站限制"对话框。IIS 7 中提供了两种限制连接的方法,分别为限制带宽使用和限制连接数。

图 5－18 "编辑网站限制"对话框

选中"限制带宽使用(字节)"复选框,在文本框中输入允许使用的最大带宽值。在控制 Web 服务器向用户开放的网络带宽值的同时,也可能降低服务器的响应速度。当用户 Web 服务器的请求增多时,如果通信带宽超出了设定值,请求就会被延迟。

选中"限制连接数"复选框,在文本框中输入限制网站的同时连接数。如果连接数量达到指定的最大值,以后所有的连接尝试都会返回一个错误信息,连接将被断开。限制连接数可以有效防止试图用大量客户端请求造成 Web 服务器负载的恶意攻击。在"连接超时"文本框中输入超时时间,可以在客户端等待时间达到该时间时,显示为连接服务器超时等信息,默认是 120 秒。

提示:IIS 连接数是虚拟主机性能的重要标准,所以,如果要申请虚拟主机(空间),首先要考虑的一个问题就是该虚拟主机(空间)的最大连接数。

二、配置 IP 地址限制

视频

设置 IP 和
域限制

有些 Web 网站由于其使用范围的限制,或者其私密性的限制,可能需要只向特定用户公开,而不是向所有用户公开。此时就需要拒绝所有 IP 地址访问,然后添加允许访问的 IP 地址(段),或者拒绝的 IP 地址(段)。需要注意的是,要使用"IP 地址限制"功能,必须安装 IIS 服务的"IP 和域限制"组件。

1. 设置允许访问的 IP 地址

在"服务器管理器"中查看"Web 服务器(IIS)"区域中是否已添加了"IP 和域限制"角色,如果没添加,则选中该角色服务,安装即可。

打开 IIS 管理器,选择 Web 站点,双击"IP 地址和域限制"图标,显示如图 5 - 19 所示"IP 地址和域限制"窗口。

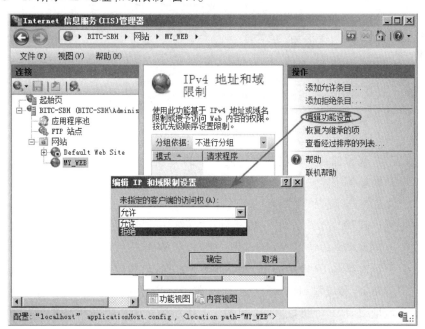

图 5 - 19　IP 地址和域限制

单击右侧"操作"栏中的"编辑功能设置"链接,弹出"编辑 IP 和域限制设置"对话框,如图 5-19 所示。在下拉列表中选择"拒绝"选项,那么此时所有的 IP 地址都将无法访问站点。如果访问,将会出现"403.6"的错误信息。

在右侧"操作"栏中,单击"添加允许条目"按钮,显示"添加允许限制规则"窗口,如图 5-20 所示。如果要允许某个 IP 地址访问,可选择"特定 IPv4 地址"单选按钮,输入允许访问的 IP 地址。

如果需要设置一个站点多人访问时,可以添加一个 IP 地址段,选择"Ipv4 地址范围"单选按钮,并输入 IP 地址及子网掩码或前缀即可,如图 5-20 所示。需要说明的是,此处输入的是 IPv4 地址范围中的最低值,然后输入子网掩码,当 IIS 将此子网掩码与"IPv4 地址范围"框中输入的 IPv4 地址一起计算时,就确定了 IPv4 地址空间的上边界和下边界。

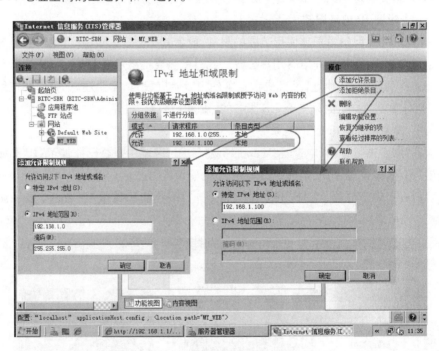

图 5-20　添加允许条目限制规则

现在,只有添加到允许限制规则列表中的 IP 地址才可以访问 Web 网站,使用其他 IP 地址都不能访问,从而保证了站点的安全。

2. 设置拒绝访问的计算机

限制 IP 地址访问

"拒绝访问"和"允许访问"正好相反。"拒绝访问"将拒绝一个特定 IP 地址或者拒绝一个 IP 地址段访问 Web 站点。比如,当 Web 站点对于一般的 IP 都可以访问,只是针对某些 IP 地址或 IP 地址段不开放时,就可以使用该功能。

在"编辑 IP 和域限制设置"对话框中,单击"添加拒绝条目"按钮,添加拒绝访问的 IP 地址或者 IP 地址段即可,如图 5-21 所示。操作步骤和方法与"添加允许条目"相同,这里不再复述。

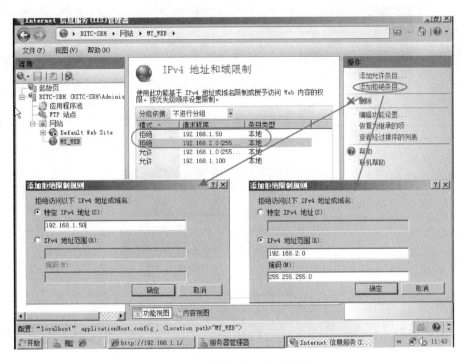

图 5-21　添加拒绝条目限制规则

三、配置 MIME 类型

IIS 服务器中 Web 站点默认不仅支持像 .htm、html 这些网页文件类型,还支持大部分的文件类型,比如 .avi、.jpg 等。如果某文件类型不为 Web 网站所支持,那么,在网页中运行该类型的程序或者从 Web 网站下载该类型的文件时,将会提示无法访问。此时,需要在 Web 网站中添加相应的 MIME 类型,比如 ISO 文件类型。MIME(Multipurpose Internet Mail Extensions)即多功能 Internet 邮件扩充服务,可以定义 Web 服务器中利用文件扩展所关联的程序。

如果 Web 网站中没有包含某种 MIME 类型文件所关联的程序,那么用户访问该类型的文件时,就会出现"HTTP 错误 404.3—Not Found"的错误信息。

在 IIS 管理器中,选择"网站"中需要设置的 Web 站点,在主页窗口中双击"MIME 类型"图标,页面中会显示"MIME 类型"窗口,列出了当前系统中已集成的所有 MIME 类型。

如果想添加新的 MIME 类型,可以在"操作"栏中单击"添加"按钮,弹出"添加 MIME 类型"对话框,如图 5-22 所示。在"文件扩展名"文本框中输入想要添加的 MIME 类型,例如".ISO","MIME 类型"文本框中输入文件扩展名所属的类型。

提示:如果不知道文件扩展名所属的类型,可以在 MIME 类型列表中选择相同类型的扩展名,双击打开"编辑 MIME 类型"对话框。在"MIME 类型"文本框中复制相应的类型即可。

按照同样的步骤,可以继续添加其他 MIME 类型。这样,用户就可以正常访问 Web 网站的相应类型的文件了。当然如果需要修改 MIME 类型,可以双击打开,进行编辑;如果要删除 MIME 类型,可以选中相应的 MIME 类型,单击"操作"栏的"删除"即可。

视频

配置 MIME 类型

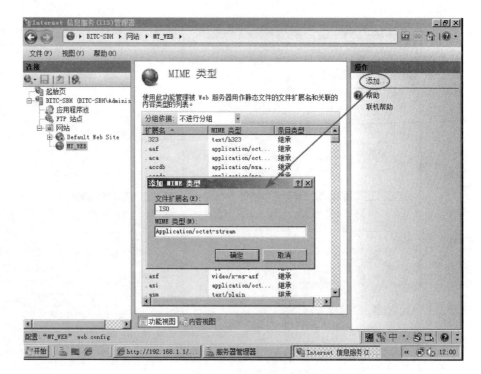

图 5-22 "添加 MIME 类型"对话框

四、设置"启用过期内容"

启用过期内容就是指通过设置来保证自己的站点的过期信息不被发布出去。当用户的 Web 站点上的信息有很强的时效性时,进行过期内容设置是非常必要的,这不但有利于净化用户的 Web 站点,而且有利于访问者进行信息查找。在启用过期内容时,用户可直接为整个站点设置,也可为某个目录设置。过期内容设置操作步骤如下。

(1) IIS 管理器窗口的"MY_WEB"网站的主页双击"HTTP 响应头",单击右侧"操作"栏中的"设置常用标头"按钮,打开"设置常用 HTTP 响应头"对话框,在该选项卡中,选中"使用 Web 内容过期"复选框,激活"使用 Web 内容过期"选项区域中的选项,如图 5-23 所示。

(2) 在"使用 Web 内容过期"选项区域中,用户可以设置内容的过期时间。选择"立即"表示站点现在的信息马上过期;"之后"表示到设置的天数之后响应;"时间(协调通用时间)",从其后的下拉列表框中选择日期,并调节其后的时间微调器的值,用户可直接为过期内容设置过期时间,例如,所选择时间是 2015 年 10 月 9 日 12:00:00,那么该站点的信息将在 2015 年 10 月 9 日 12:00:00 过期,不能再被访问。

五、设置安全认证

在 Windows Server 2008 的 HTTP 协议访问中,IIS 提供了 3 种登录认证方式,它们分别是匿名方式、明文方式和询问/应答方式。用户采用哪种方式取决于

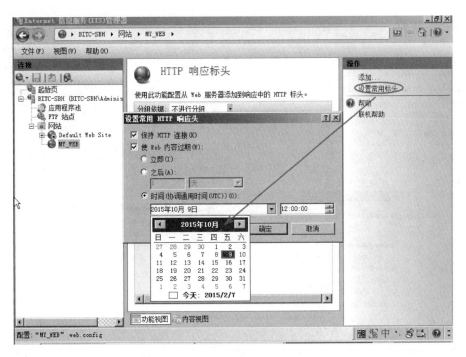

图 5-23　使用 HTTP 头设置内容过期

用户建立 IIS 的目的。

　　如果用户建立站点的目的是为了做广告,那么可以选择匿名方式。因为大多数访问者是第一次访问站点,用户不可能也没有必要为他们建立账户。如果希望通过自己的 IIS 为访问者提供电子邮件寄存或信息交付等网络服务,则需要选用明文方式。因为在这种方式下,访问者必须使用用户名和密码进行访问,可有效地保护私人邮件或信息的安全性。如果访问者主要是企业内部的员工,并且希望服务器中的信息受到最安全的保护,可选择询问/应答方式。这种方式要求访问者在访问之前先进行访问请求,在得到许可后才可进行访问,这样,访问者对用户服务器的访问在用户直接控制下进行。不过这种方式要求访问者使用的必须是 IE 浏览器,因为其他浏览器不支持这种认证方式。

　　由于在许多 IIS 上,对 Web 服务器的访问都是匿名的,本节就以匿名访问为例介绍如何进行安全认证设置。

　　选中 IIS 管理器中的"MY_WEB"网站,在窗口中选择"匿名身份验证"选项,单击右侧"操作"栏中的"编辑"按钮,打开"编辑匿名身份验证凭据"选项卡,单击"设置"按钮,输入在 Windows 系统中已注册的用户名和密码,如图 5-24 所示,则该网站只能对设置好的访问者开放,其他人不能访问。

　　六、设置"停止、启动和暂停站点服务"

　　在站点维护中,停止、启动和暂停站点服务是经常要进行的工作。例如,当某个站点的内容和设置需要进行比较大的修改时,用户可将该站点的服务停止或者暂停,以便操作。当已经停止或暂停的站点需要启动服务时,就启动它。

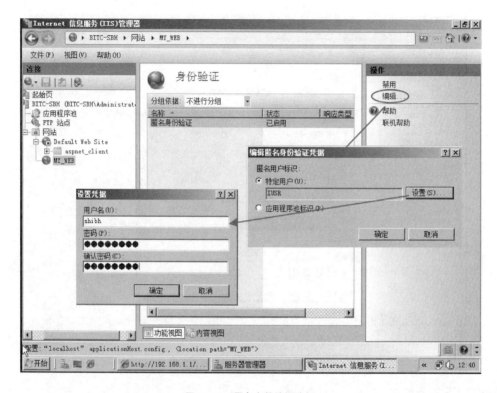

图 5 - 24　用户身份验证访问

要停止、启动和暂停某个站点的信息服务,在"Internet 信息服务(IIS)管理器"窗口中操作。如果要暂停某个 Web 站点服务,右键单击该站点,在弹出的快捷菜单中选择"暂停"命令即可;如果要停止某个 Web 站点服务,右键单击该站点,在弹出的快捷菜单中选择"停止"命令即可;如果要启动某个已经暂停或者停止的 Web 站点服务,右键单击该站点,在弹出的快捷菜单中选择"启动"命令即可。

5.3.4　添加 Web 站点

一、多个 IP 地址对应多个 Web 站点

Windows Server 2008 支持一台主机对应多个 IP 地址,可以通过配置 TCP/IP 属性给主机增加多个 IP 地址。如果本机已绑定了多个 IP 地址,想利用不同的 IP 地址得到不同的 Web 页面,则只需在新建网站时,在"添加网站"对话框中的"IP 地址"列表框中从下拉菜单中选中需给它绑定的 IP 地址,如图 5 - 25 所示。当建立此站点之后,再按上面的方法进行相应设置。

二、一个 IP 地址对应多个 Web 站点

如果为了更好地进行管理,也方便用户对 Web 站点的访问,有些服务器只设置了一个 IP 地址,但用户需要发布多个网站,此时可以选择不同的端口进行发布。只需要在 IP 地址和端口设置的网站"端口"文本框中输入新网站的端口号即可,如图 5 - 26 所示。

当用户访问创建完成的网站时,需要在 IP 地址后面增加相应端口号,如"http://192.168.1.1:8080"的格式。

图 5 - 25　多个 IP 地址对应多个 Web 站点

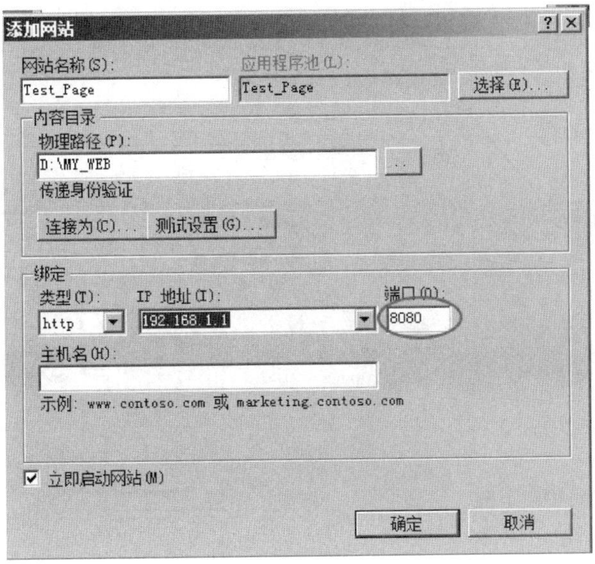

图 5 - 26　一个 IP 对应多个 Web 站点

5.4　创建与管理 FTP 站点

IIS 安装完成后,系统即创建了"默认 FTP 站点",默认的 FTP 目录为 C:\Intepub\ftproot,当用户访问默认的 FTP 站点时,在浏览器中输入 ftp://192.168.1.1 即可访问该 FTP 站点上默认目录下的文件。但默认情况下,目录中没有文件,用户需要事先创建,并根据用户的权限设置 FTP 的目录。

5.4.1 创建 FTP 站点

1. 创建 FTP 目录

在 D 盘根目录下建立一个新目录"D:\FTPServer",也可在其他地方建立 FTP 的发布目录,再复制一部分文件或文件夹到该目录中。

2. 添加 FTP 账号

选择"服务器管理器"→"配置"→"本地用户和组"→"用户";在空白处右键单击,选择"新用户",弹出"用户"对话框。

在"新用户"对话框中输入用户名,全名和描述可以不填写;输入两遍密码;可以设置"用户不能更改密码"和"密码永不过期";单击"创建"按钮即可创建一个新的 FTP 用户,如图 5–27 所示。

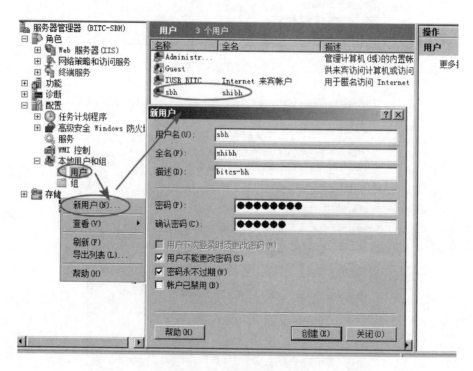

图 5–27 创建 FTP 用户

3. 创建 FTP 站点

打开"Internet 信息服务(IIS)管理器"窗口,选中"FTP 站点",在"FTP 站点"页面中单击"单击此处启动",如图 5–28 所示。

由于 IIS 7.0 只集成了 Web 服务功能,不提供 FTP 服务功能,创建 FTP 站点时,还必须使用 IIS 6.0 管理器。因此,单击图 5–28 中的"单击此处启动"后进入了如图 5–29 所示的"Internet 信息服务(IIS)6.0 管理器"的 FTP 站点管理窗口。选中"FTP 站点",右键单击"新建"→"FTP 站点(F)",弹出"FTP 站点创建向导"对话框。

单击"下一步"按钮,打开"FTP 站点说明"对话框,在"说明"文本框中输入站点说明

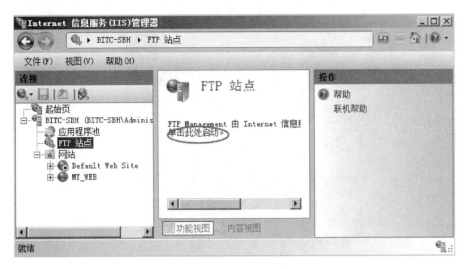

图 5-28　启动 FTP 站点

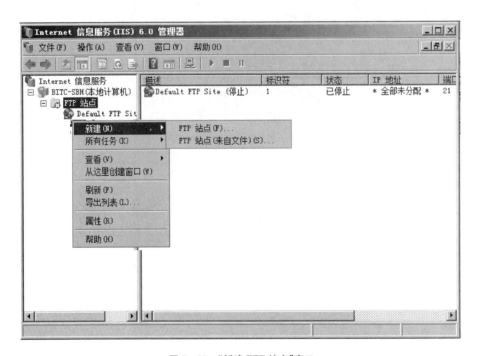

图 5-29　"新建 FTP 站点"窗口

"FTPServer",如图 5-30 所示。

　　单击"下一步"按钮,打开"IP 地址和端口设置"对话框,在"IP 地址"文本框中输入本机的 IP 地址"192.168.1.1";在"TCP 端口"文本框中使用系统的默认值"21",如图 5-31 所示。用户也可以设置自己的 FTP 端口,但客户访问 FTP 站点时必须输入相应的端口值。

　　单击"下一步"按钮,打开"用户隔离"对话框,从中可以选择让每个用户只能访问自己的 FTP 主目录,或用户可以访问其他 FTP 主目录,如图 5-32 所示。

视频

创建 FTP 站点

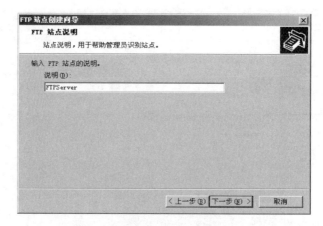

图 5-30 "FTP 站点说明"对话框

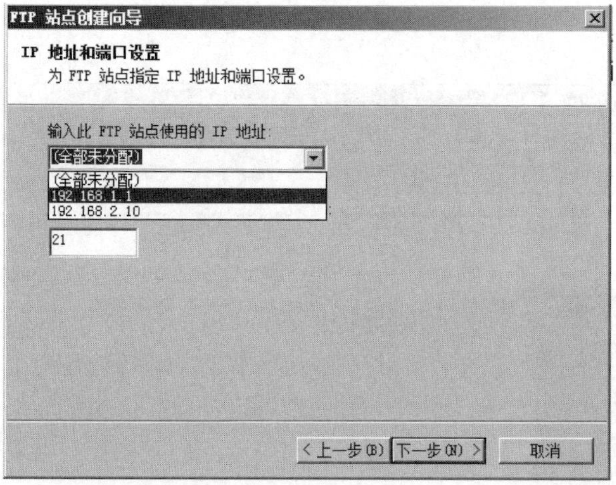

图 5-31 "IP 地址和端口设置"对话框

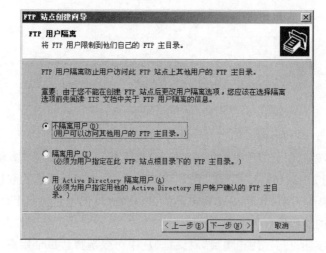

图 5-32 "FTP 用户隔离"对话框

单击"下一步"按钮,打开"FTP 站点主目录"对话框,在"路径"文本框中输入 FTP 站点主目录的路径"D:\FTPServer",如图 5－33 所示。

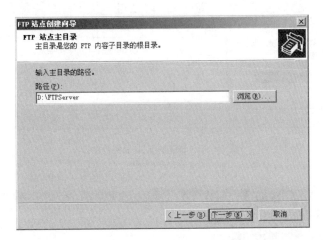

图 5－33 "FTP 站点主目录"对话框

单击"下一步",打开"FTP 站点访问权限"对话框,根据需要选择"读取"或"写入"复选框,如图 5－34 所示。

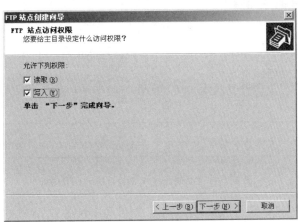

图 5－34 "FTP 站点访问权限"对话框

单击"下一步"按钮,完成 FTP 站点的创建。当返回到 Internet 信息服务管理器窗口时,就会看到新建的 FTP 站点名称为 FTPServer,如图 5－35 所示。

5.4.2 测试 FTP 站点

完成了 FTP 站点的创建,用户可以在网络中的任何一台主机上访问该站点,并根据用户权限的不同进行文件的上传或下载。

通过 IE 浏览器访问 FTP 站点,在客户端的 IE 浏览器地址列表框中输入"FTP://192.168. 1.1",可以使用 FTP 服务器来上传和下载文件,如图 5－36 所示。说明新建的 FTP 站点能提供正常的服务。

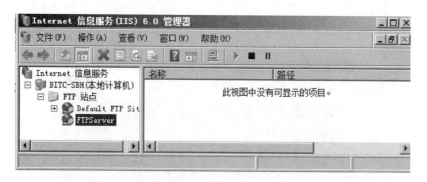

图 5-35　新建的 FTP 服务器窗口

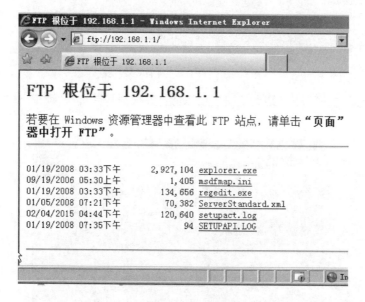

图 5-36　客户端通过 IE 浏览器访问 FTP 站点

在客户端也可以通过命令行访问 FTP 站点,对熟悉 UNIX 或 DOS 的用户,选择这种方式可能更方便管理,单击"开始"→"运行",并输入"FTP 192.168.1.1",如果出现如图 5-37 所示的内容,则说明 FTP 站点设置正常,用户可以在后面输入 anonymous(表示匿名访问),不输入密码,登录到 FTP 站点。

提示符为"FTP>",表示此时在 FTP 服务器上,用户可以使用命令进行 FTP 站点的访问。输入 bye 命令,则退出 FTP 服务器。

5.4.3　常用的 FTP 命令

如果在命令行方式下使用 FTP,则必须掌握常用的 FTP 命令。FTP 命令的功能是在本地机和远程机之间传送文件。在 MS-DOS 方式下,FTP 命令的一般格式如下。

C:> ftp 主机名/IP

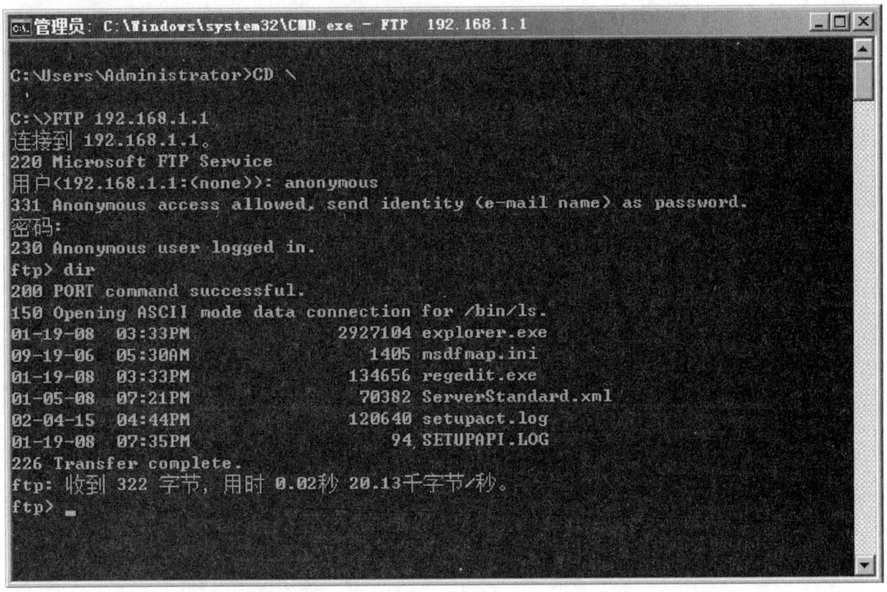

图 5 - 37 客户端通过命令行访问 FTP 站点

输入了主机名或 IP 地址后,提示符将换为 ftp>,常用的 FTP 命令有:

- ls   列出远程机的当前目录
- cd   在远程机上改变工作目录
- lcd   在本地机上改变工作目录
- ascii   设置文件传输方式为 ASCII 模式
- binary   设置文件传输方式为二进制模式
- close   终止当前的 FTP 会话
- hash   每次传输完数据缓冲区中的数据后就显示一个♯号
- get(mget)   从远程机传送指定文件到本地机
- put(mput)   从本地机传送指定文件到远程机
- open   连接远程 FTP 站点
- quit   断开与远程机的连接并退出 FTP
- help   显示本地帮助信息

用户可以根据自己的操作需要,使用正确的 FTP 命令完成 FTP 文件的传输等操作。

5.4.4 管理 FTP 服务器

FTP 是用于在 TCP/IP 网络中的计算机之间传输文件的协议,FTP 服务器允许用户从其服务器上下载和传输文件。另外,FTP 的最大优点是它可以在不同的操作系统之间使用。下面介绍如何管理 FTP 站点。

一、FTP 基本配置

选择图 5 - 35 所示的"FTPServer"站点,右键单击,在弹出的快捷菜单中选择"属性",打开

"FTPServer 属性"对话框,如图 5-38 所示。

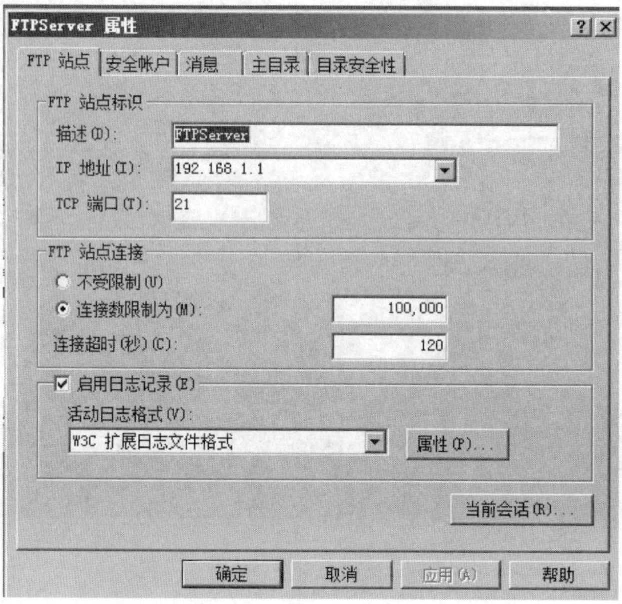

图 5-38 "FTPServer 属性"对话框

选择"FTP 站点"选项卡,在该选项卡中可以查看该 FTP 站点的标志,设置端口,FTP 默认的端口为 21,用户可以根据自己的 FTP 网站的情况修改端口,设置限制连接数量,并启用日志记录来记录客户端访问 FTP 服务器的信息。

二、配置用户身份证

使用基本身份验证,用户的 Web 浏览器以明文方式通过网络传输 Windows 账户用户名和密码,这种情况下,恶意用户可以截取该信息。可以使用基本身份验证并且使用安全套接字层(SSL) 加密来保护账户信息。要启用 SSL,必须先安装服务器证书。FTP 身份验证有两种: 匿名身份验证和基本身份验证。

(1) 匿名身份验证

选择"安全账号"选项卡,如图 5-39 所示。如果选中了"只允许匿名连接"复选框,则 FTP 网站只允许匿名用户只读访问,在默认的情况下,匿名用户(Anonymous)被允许登录,如果选择也匿名身份验证,则 IIS 始终先使用该验证方法。

(2) 基本身份验证

如果 FTP 服务器是为企业特定的员工使用,不希望所有的用户都能访问 FTP 服务器,则需要启用基本身份验证,此时,用户必须使用与有效 Windows 用户账户对应的用户名和密码进行登录,可以在图 5-39 所示的"用户名"和"密码"文本框中输入 Windows 已创建的用户名和密码,拒绝匿名用户登录以增加安全性。

三、FTP 站点消息

在用户登录 FTP 站点时,可以显示管理员设置的 FTP 欢迎信息,向用户表示对登录该 FTP

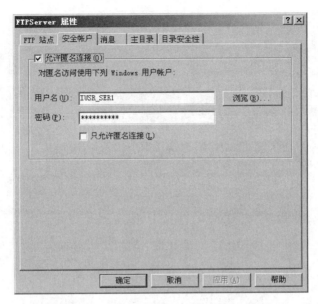

图 5‑39　设置访问 FTP 服务器的安全账号

站点的问候、用户注销时的消息等。

选择"消息"选项卡,如图 5‑40 所示,可以在对应的文本框中设置 FTP 站点信息。

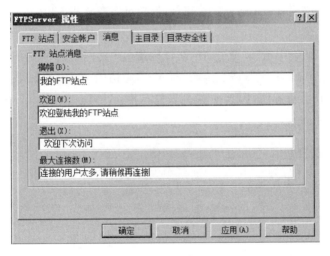

图 5‑40　设置 FTP 站点消息

横幅:当用户连接 FTP 站点时,在用户登录前显示站点标题。

欢迎:当用户输入了正确的用户名和密码,登录 FTP 服务器之后,显示欢迎信息。

退出:当用户完成了 FTP 的所有操作,退出 FTP 连接时,显示退出信息。

最大连接数:一台 FTP 服务器可以同时允许多个用户访问,但有时网络带宽是受限制的,为了提高在线用户的访问效率,可以设置最大连接数限制。当目前网络中连接到 FTP 服务器的用户达到设置的最大连接数时,如果再有用户连接,就会出现这一消息。

设置完成后,再次登录 FTP,显示的结果如图 5‑41 所示。

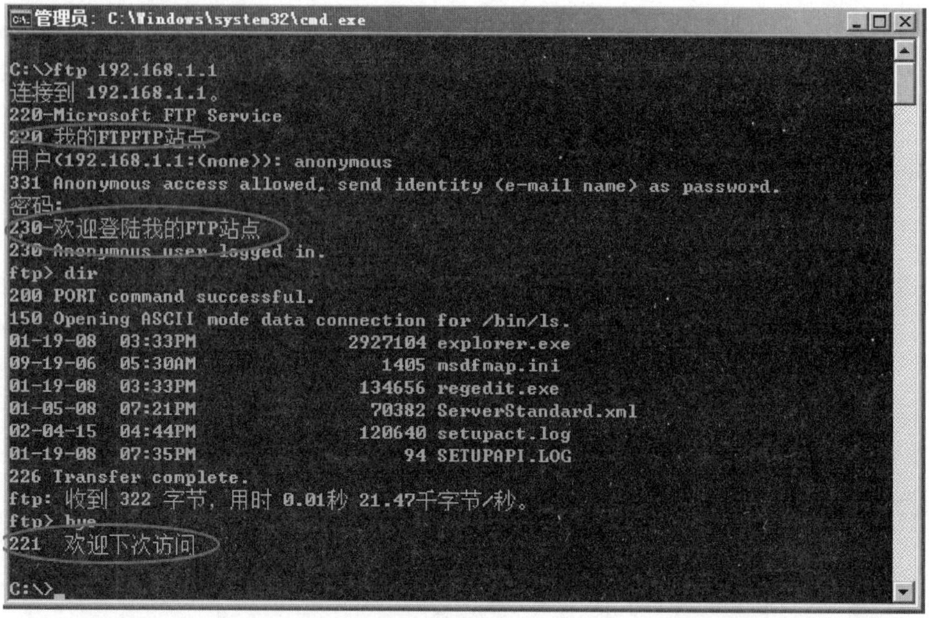

图 5-41　登录 FTP 服务器消息

四、主目录与目录格式设置

每个 FTP 站点都必须有一个自己的主目录,用户可以在完成 FTP 站点的创建后,修改主目录,以方便管理。

选择"主目录"选项卡,单击"浏览"按钮,可以设置用户访问 FTP 服务器时能访问的主目录,并可以设置用户对该目录的访问权限:读取、写入、日志访问;在"目录列表样式"框中选择用户通过命令行访问 FTP 服务器时,FTP 目录列表的风格:UNIX 或 MS-DOS 方式,如图 5-42所示。

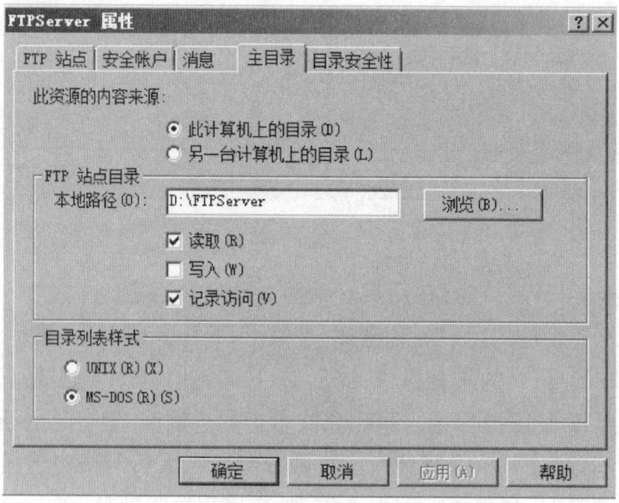

图 5-42　FTP 站点主目录设置

五、目录安全访问

在"目录安全性"选项卡中,可以设置访问 FTP 服务器的权限,如图 5－43 所示。如果选择"授权访问",则在"下面列出的除外"框中添加拒绝访问的主机 IP,对其他所有用户授予访问权限;选择"拒绝访问",则在"下面列出的除外"框中添加授权访问的主机 IP,将禁止所有其他所有用户的访问。

图 5－43　目录安全访问设置

六、磁盘限额

对于拥有授权可以对 FTP 服务器进行写操作的用户,有时用户可能将大量没用的信息上传到 FTP 服务器上,既浪费服务器资源,又会降低系统的效率,此时,可以借助 Windows NTFS 磁盘限额的功能,实现 FTP 用户的磁盘限额,这要求 FTP 主目录必须设置在 NTFS 分区上。

对不同的用户组分别设置了磁盘配额后,当用户上传的文件超过了设置的磁盘配额后,系统会提示用户不能完成上传的操作,从而实现限制用户使用 FTP 服务器资源的目的。

5.4.5　创建与管理虚拟目录

虚拟目录技术可以实现对 Web 站点的扩展。虚拟目录其实是 Web 站点的子目录,和 Web 网站的主站点一样,保存了各种网页和数据,用户可以像访问 Web 站点一样访问虚拟目录中的内容。一个 Web 站点可以拥有多个虚拟目录,这样就可以实现一台服务器发布多个网站的目的。虚拟目录也可以设置主目录、默认文档、身份验证等,访问时和主网站使用相同的 IP 和端口。

一、创建虚拟目录

在 IIS 管理器中,选择要创建虚拟目录的 Web 站点,比如右键单击 Defalt Web Site 站点,并选择快捷菜单中的"添加虚拟目录"选项,弹出"添加虚拟目录"对话框,如图 5－44 所示。在"别名"文本框中输入虚拟目录的名字,"物理路径"文本框中选择该虚拟目录所在的物理路径。虚拟目录的物理路径可以是本地计算机的物理路径,也可以是网络中其他计算机的物理路径。

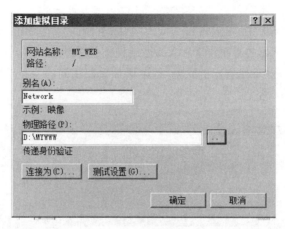

图 5 - 44 添加虚拟目录

单击"确定"按钮,虚拟目录添加成功,并显示在 Web 站点下方作为子目录。按照同样的步骤,可以继续添加多个虚拟目录。另外,在添加的虚拟目录上还可以添加虚拟目录。

选中 Web 站点,在 Web 网站主页窗口中,单击右侧"操作"栏中的"查看虚拟目录",可以查看 Web 站点中的所有虚拟目录。

二、管理虚拟目录

虚拟目录和主网站一样,可以在管理主页中进行各种管理和配置。如图 5 - 45 所示,可以和主网站一样配置主目录、默认文档、MIME 类型及身份验证等,并且操作方法和主网站的操作完全一样。唯一不同的是,不能为虚拟目录指定 IP 地址、端口和 ISAPI 筛选。

图 5 - 45 虚拟目录主页

　　配置过虚拟目录后,我们就可以访问虚拟目录中的网页文件,访问的方法是 http://IP 地址/虚拟目录名/网页,针对我们刚才创建的虚拟目录,我们就可以使用 http://localhost/book 或者 http://192.168.1.1/network 访问,结果如图 5‐46 所示。

图 5‐46　通过虚拟目录访问 Web 站点

5.4.6　创建与管理虚拟网站

　　如果想在公司网络中建多个网站,但是服务器数量又少,而且网站的访问量也不是很大的话,无须为每个网站都配置一台服务器,使用虚拟网站技术,就可以在一台服务器上搭建多个网站,并且每个网站都拥有各自的 IP 地址和域名。当用户访问时,看起来就像是在访问多个服务器。

　　利用虚拟网站技术,可以在一台服务器上创建和管理多个 Web 站点,从而节省了设备的投资,是中小企业理想的网站搭建方式。虚拟网站技术具有很多优点:

　　● 便于管理:虚拟网站和真正的 Web 服务器配置和管理方式基本相同。

　　● 分级管理:不同的虚拟网站可以指定不同的管理人员。

　　● 性能和带宽可调节:当计算机配置了多个虚拟网站时,可以按需求为每一个虚拟站点分配性能和带宽。

　　● 可创建虚拟目录:在虚拟 Web 站点同样可以创建虚拟目录。

　　在一台服务器上创建多个虚拟站点,一般有三种方式,分别是 IP 地址法、端口法和主机头法。

　　1. IP 地址法

　　可以为服务器绑定多个 IP 地址,这样就可以为每个虚拟网站都分配一个独立的 IP 地址。用户可以通过访问 IP 地址来访问相应的网站。

　　如果服务器的网卡绑定有多个 IP 地址,就可以为新建的虚拟网站分配一个 IP 地址,用户利用 IP 地址就可以访问该站点。首先,我们为服务器添加多个 IP,打开“本地连接属性”窗口,选中

"Internet 协议版本 4",单击"属性"→"高级"→"添加",即可为服务器再添加 IP 地址。

在 IIS 管理器的"网站"窗口中,右键单击"网站"并选择菜单中的"添加网站"选项,或者单击右侧"操作"栏中的"添加网站",弹出"添加网站"对话框,如图 5 - 47 所示。

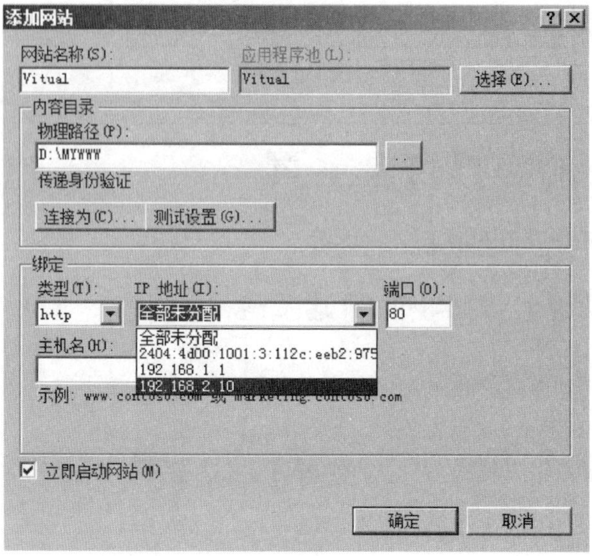

图 5 - 47 "添加网站"对话框

其中,网站名称即要创建的虚拟网站的名称;物理路径即虚拟网站的主目录。

2. 端口法

端口法指的是使用相同的 IP 地址,不同的端口号来创建虚拟网站。这样在访问的时候就需要加上端口号。

在图 5 - 47 所示的"端口"文本框中输入不同的端口号,即可创建一个新的虚拟网站。

3. 主机头法

主机头法是最常用的创建虚拟 Web 网站的方法。每一个虚拟 Web 网站对应一个主机头,用户访问时使用 DNS 域名访问。

使用主机头法创建虚拟网站是目前使用得最多的方法。使用主机头法创建网站时,应事先创建相应的 DNS 名称,而用户在访问时,只要使用相应的域名即可访问,可以很方便地实现在一台服务器上架设多个网站。

在 DNS 控制台中,需先将 IP 地址和域名注册到 DNS 服务器中,如图 5 - 48 所示。(需先安装 DNS 服务,然后添加域名和绑定 IP 地址。)

添加两个域名: www. bitc. edu 和 network. bitc. edu。

在 IIS 管理器中的"网站"窗口中,右键单击"网站"并选择快捷菜单中的"添加网站",弹出"添加网站"对话框,如图 5 - 49 所示。设置网站名称、物理路径,IP 地址默认,在"主机名"文本框中输入规划好的主机头名即可。

单击"确定"按钮,网站创建成功。同样的方法,创建 Web4 站点,物理路径对应 D:\MYWWW 目录,绑定 netwiork. bitc. edu 主机名。这样,就可以通过域名访问相应的站点。

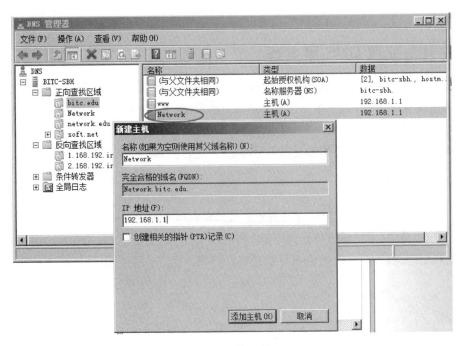

图 5-48　DNS 服务器新建主机

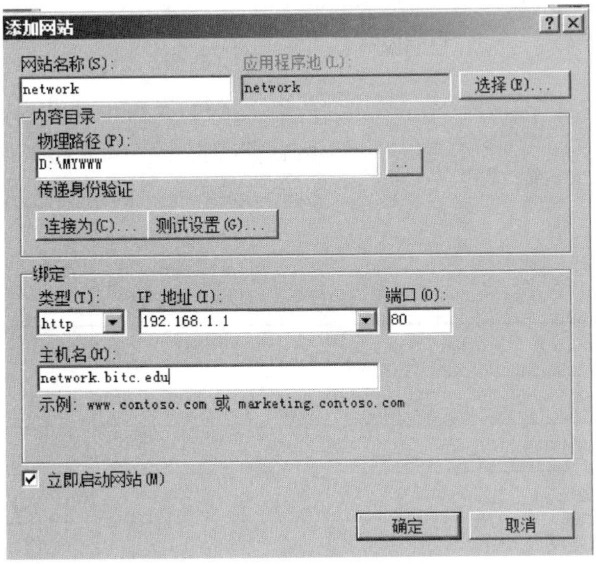

图 5-49　使用主机头法添加网站

　　虚拟目录和虚拟网站是有区别的,利用虚拟目录和虚拟网站都可以创建 Web 站点,但是,虚拟网站是一个独立的网站,可以拥有独立的 DNS 域名、IP 地址和端口号;而虚拟目录则需要挂在某个虚拟网站下,没有独立的 DNS 域名、IP 地址和端口号,用户访问时必须带上主网站名。

5.5　安装与配置 DNS 服务器

Internet 域名系统 (Domain Name System, DNS) 用于管理计算机域名及其 IP 地址。在 TCP/IP 网络环境中,DNS 是一个十分重要且常用的系统,主要功能是将人们易于记忆的域名转换成为难以记忆的 IP 地址,为客户机提供存储、查询和搜索其他主机域名和 IP 地址的服务。下面便来对域名服务以及如何配置和管理 DNS 服务器进行介绍。

视频

域名空间及
查询过程

5.5.1　域名系统的定义

域名是计算机网络中标志某一台计算机的最简单也最容易识别的方式。

在计算机网络中,主机标志符分为 3 类: 名字、地址及路径。而计算机在网络中的地址又分为 IP 地址和物理地址,但地址终究不易被记忆和理解。为了向用户提供一种直观的主机标志符,TCP/IP 协议提供了域名系统(DNS)。

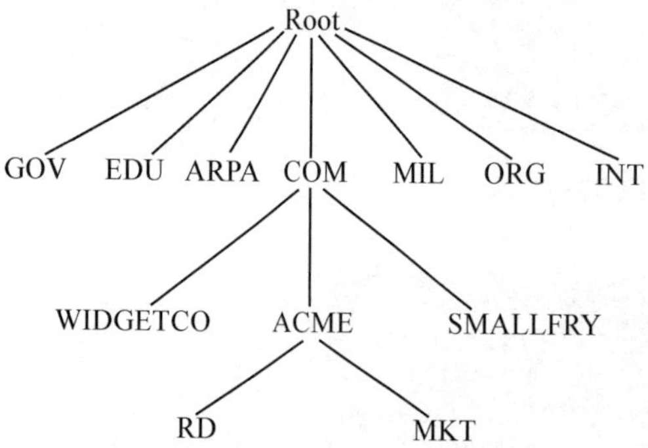

DNS 的引入是与 TCP/IP 协议中层次型命名机制的引入密切相关的。所谓层次型命名机制是指在名字中加入结构信息,而这种结构本身是层次型的。例如,DNS 是以根和树结构组成的,域名系统结构简图,如图 5-50 所示。

层次型命名的过程是从树根(Root)开始沿箭头向下进行,在每一处选择对应于各标号的名字,然后将这些名字串连起来,形成一个唯一代表主机的特定名字。因特网各网点的标号与组织的对应关系见表 5-1。

图 5-50　域名系统结构简图

表 5-1　网点的标号与组织的对应关系

标　　号	组　　织
GOV	政府部门
EDU	教育机构
ARPA	ARPANET
COM	商业组织
MIL	军事部门
ORG	其他组织
INT	国际组织

DNS 服务器负责将主机名连同域名转换为 IP 地址,一般格式为: 本地主机名. 组名. 网点名 (例如 www. sina. com. cn),即可与该服务器进行连接。

视频

安装 DNS

5.5.2 安装 DNS 服务器

(1) 当安装好 Windows Server 2008 之后,默认情况下,DNS 服务器并没有被安装,添加 DNS 服务器的操作步骤如下:"开始"→"管理工具"→"服务器管理器",打开"服务器管理器"窗口,单击"下一步",按向导提示完成 DNS 服务器的安装,如图 5－51 所示。

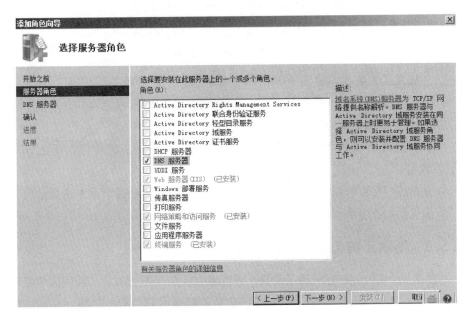

图 5－51 添加 DNS 服务器。

(2) 连接 DNS 域名服务器

DNS 服务器安装完成后需进行配置,在配置之前,先要通过服务器管理器连接到 DNS 服务器,连接 DNS 服务器的操作步骤如下:

① 安装完成后,在"服务器管理器"窗口的"角色"栏中会显示"DNS 服务器"选项。单击"开始"→"管理工具"→"DNS",打开"DNS 管理器"窗口,如图 5－52 所示。

图 5－52 "DNS 管理器"窗口

② 单击"操作"菜单,选择"连接 DNS 服务器",打开"连接 DNS 服务器"对话框,如图 5－53 所示。

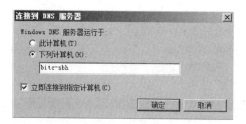

图 5－53 "连接 DNS 服务器"对话框

③ 如果用户要在本机上运行 DNS 服务器,选中"此计算机"单选框。如果用户不希望本机运行 DNS 服务器,选中"下列计算机"单选框,在后面的文本框中输入要运行 DNS 服务器的计算机的名称。

④ 如果用户希望立即与这台计算机进行连接,选中"立即连接到指定计算机"复选框。

⑤ 单击"确定"按钮,返回到"DNS 管理器"窗口,这时在目录树中将显示代表 DNS 服务器的图标和计算机的名称。

5.5.3 创建正向与反向查找区域

创建一个 DNS 服务器,除了需要计算机硬件外,还需要建立一个新的区域即一个数据库。该数据库的功能是提供 DNS 名称和相关数据(例如 IP 地址或网络服务)间的映射。该数据库中存储了所有的域名与对应 IP 地址的信息,网络客户机通过该数据库的信息来完成从计算机名到 IP 地址的转换。创建区域的操作步骤如下。

视频

DNS 服务器
配置

1. 创建正向查找区域

在"DNS 管理器"窗口中,打开"操作"菜单,单击"创建新区域"命令,打开"新建区域向导"对话框。单击"下一步"按钮,打开"区域类型"对话框,如图 5－54 所示。

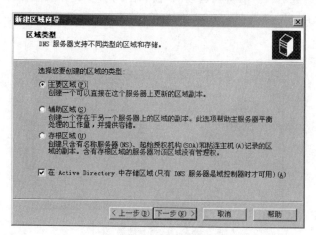

图 5－54 "区域类型"对话框

在"区域类型"对话框中有 3 个选项,分别是：主要区域、辅助区域、存根区域。用户可以根据区域存储和复制的方式选择一个区域类型。如果用户希望新建的区域使用活动目录,可选择"在 Active Directory 中存储区别"复选框,此处选择"主要区域"。单击"下一步"按钮,打开"正向或反向查找区域"对话框,如图 5 - 55 所示。

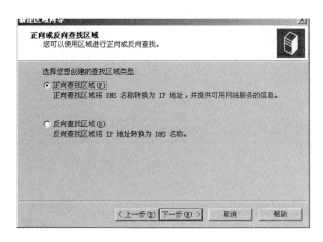

图 5 - 55　"正向或反向查找区域"对话框

在"正向或反向查找区域"对话框中,用户可以选择"反向查找区域"或"正向查找区域"单选框。如果用户希望把名称映射到 IP 地址并给出提供的服务信息,应选定"正向查找区域"单选框。如果用户希望把计算机的 IP 地址映射到方便用户记忆的域名,应选定"反向查找区域"单选框。这里选择"正向查找区域",单击"下一步"按钮,打开"区域名称"对话框,如图 5 - 56 所示。

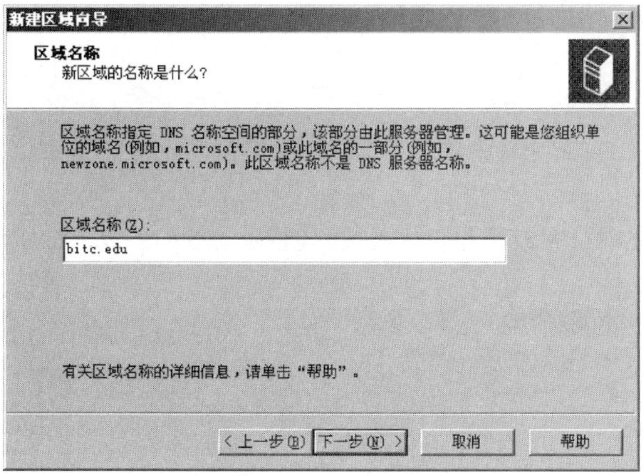

图 5 - 56　"区域名称"对话框

单击"下一步"按钮,打开"区域文件"对话框,在"创建新文件,文件名为"文本框中使用系统给定的文件名或用户自定义文件名,如图 5 - 57 所示。

单击"下一步"按钮,打开"动态更新"对话框,其中有两个选项：允许非安全和安全动态更新、不允许动态更新,用户可以根据站点的安装要求选择其中一项,如图 5 - 58 所示。

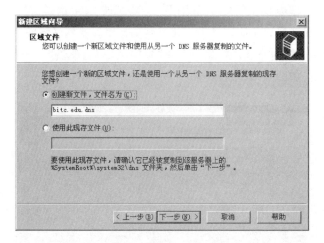

图 5 - 57　"区域文件"对话框

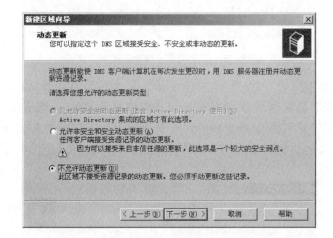

图 5 - 58　"态动更新"对话框

单击"下一步"按钮即可完成正向查找区域的创建,结果如图 5 - 59 所示。

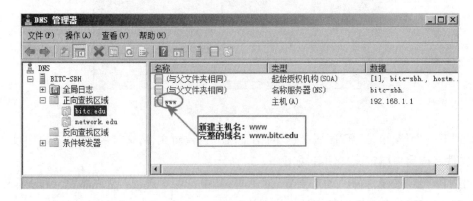

图 5 - 59　创建完成的正向区域

完成了区域的创建之后,DNS 服务器还不能向因特网用户提供域名解析的功能,还必须创建该区域对应的主机。创建方法为：右键单击新建的区域,打开"新建主机"对话框,输入主机的名称和 IP 地址,如图 5 - 60 所示。单击"添加主机"按钮后,系统提示"创建了主机记录 www. bitc. edu"。

图 5 - 60 "新建主机"对话框

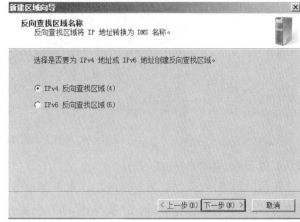

图 5 - 61 选择 IP 地址类型

2. 创建反向查找区域

在"正向或反向查找区域"对话框(图 5 - 55)中选择"反向查找区域",单击"下一步"按钮,打开 IP 地址类型选择窗口,此处选择"IPv4 查找区域",如图 5 - 61 所示。

单击"下一步",打开网络 ID 设置对话框,在默认情况下,用户只需要在"网络 ID"文本框中输入正确的 IP 地址"192. 168. 1",如图 5 - 62 所示。如果不希望使用系统默认的反向查找区域的名称,可以选中"反向查找区域名称"单选框,然后在文本框中输入名称。

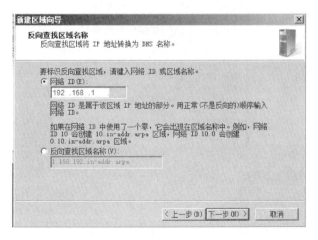

图 5 - 62 "反向查找区域"设置网络 ID

单击"下一步"按钮,在对话框中显示了用户对新建区域进行配置的信息,如图 5 - 63 所示。如果用户认为某项配置需要调整,可单击"上一步"按钮返回到前面的对话框中重新配置。如果

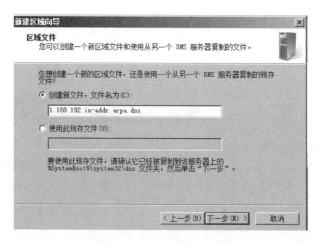

图 5-63　创建反向区域的名称信息

确认配置正确,可单击"完成"按钮。

　　根据向导提示,反向区域创建成功。用户可单击"确定"按钮完成所有创建工作。如果用户再次打开 DNS 管理器窗口,单击"服务器"根节点展开该节点,然后单击"反向查找区域"节点展开该节点,用户可以看到新建的区域显示在反向查找区域节点的下面。

　　在新建的反向查找区域中右键单击新建的区域,弹出"新建资源记录"对话框,输入主机 IP 地址和主机名,可以单击"浏览"查找已存在的主机名,如图 5-64 所示。此时建立了主机 IP 地址与主机域名的一一对应关系,用户可以通过域名访问到该主机的 Web 服务器。

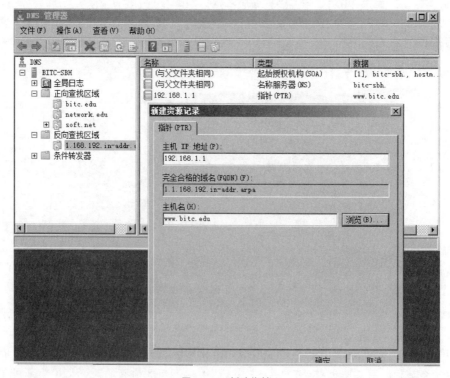

图 5-64　新建指针

3. 测试 DNS 服务器

在客户机"Internet 协议(TCP/IP)属性"对话框中,在"使用下面 DNS 服务器 IP 地址"文本框中输入新建的 DNS 服务器的 IP 地址"192.168.1.1"。

打开 IE 浏览器,在地址栏中输入新创建的域名"http://www.bitc.edu"即可访问该主机的 Web 站点,如图 5-65 所示。

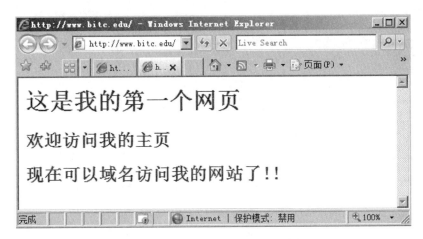

图 5-65　通过域名访问到的 Web 站点

5.5.4　配置 DNS 服务属性

用户在完成了 DNS 服务器的创建工作后,还需要对 DNS 服务器的一些重要属性进行设置。属性设置是保证 DNS 服务器稳定、安全运行的必要条件。这里将对配置 DNS 服务器属性的操作进行详细介绍。

一、设置使用 DNS 服务器的主机 IP

单击"开始"→"管理工具"→"DNS",打开"DNS 管理器"窗口后,在左窗格中选中服务器"bitc-sbh",打开"操作"菜单,选择"属性"命令,打开 DNS 服务器"BITC-SBH 属性"对话框,默认时显示"接口"选项卡,如图 5-66a 所示。

在"接口"选项卡中用户可以选择对 DNS 请求进行服务的 IP 地址。有两种服务器侦听方式供用户选择:"所有 IP 地址"和"只在下列 IP 地址"。如果用户选中"所有 IP 地址"单选框,则服务器可以侦听所有为计算机定义的 IP 地址。如果用户选中"只在下列 IP 地址"单选框,如图 5-66b 所示,选中要使用的 IP 地址复选框,单击"确定"即可。

二、设置 DNS 服务器的高级选项

在"BITC-SBH 属性"对话框中单击"高级"选项卡,如图 5-67a 所示。"高级"选项卡中包含许多有关 DNS 服务器的高级选项。用户可以在"服务器选项"列表框中选中某高级选项旁边的复选框,以此来启用该功能。而在"名称检查"下拉列表框中用户可以选择名称检查的方式,其中用户可选择的名称检查方式包括:严格的 RFC(ANSI)、非 RFC(ANSI)、多字节(UTF8)以及所有名称。

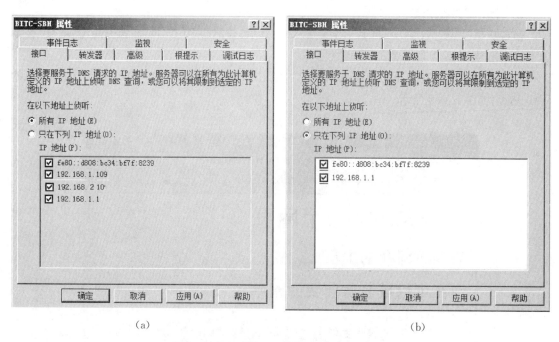

（a）　　　　　　　　　　　　　（b）

图 5－66　DNS 服务器"BITC－SBH 属性"对话框

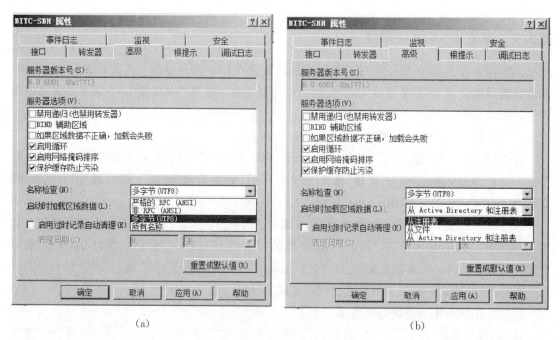

（a）　　　　　　　　　　　　　（b）

图 5－67　"高级"选项卡

　　如果用户希望自己指定系统的启动方式,可通过"启动时加载区域数据"下拉列表框进行选择,如图 5－67b 所示。其中用户可选择的启动方式有:从注册表、从文件及从 Active Directory 和注册表。如果用户希望恢复系统默认的高级选项设置,可单击"重置成默认值"按钮。

三、设置 DNS 服务器日志文件

在"BITC–SBH 属性"对话框中单击"调试日志"选项卡,如图 5–68 所示。

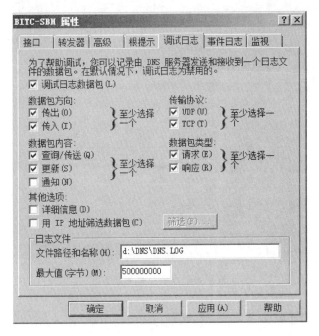

图 5–68 "调试日志"选项卡

"调试日志"选项卡的作用是帮助用户启用某项调试日志记录的功能。用户可以选择"调试日志、数据包"复选框,并从下面的选项中选择数据包的方向、数据包的内容及其他选项,并设置日志文件的保存路径的最大字节数,单击"确定"按钮后,系统会将调试的日志信息保存在日志文件中。

四、设置监视 DNS 服务器运行状况

在"BITC–SBH 属性"对话框中单击"监视"选项卡,如图 5–69 所示。"监视"选项卡主要用来帮助用户选择监视 DNS 服务器运行状况的方式。用户可以选中"对此 DNS 服务器的简单查询"和"对此 DNS 服务器的递归查询"复选框,以便使用这两种方式来监视 DNS 服务器的运行状况。如果用户选中这两种监视方式后单击"立即测试"按钮,则"测试结果"列表框中将显示这两种监视方式的测试结果。如果列表框中显示结果为"通过"则表示 DNS 服务器运行正常,如果结果为"失败",则表示 DNS 服务器运行失败。

用户还可以选择"以下列间隔进行自动测试"复选框,并在"测试间隔"文本框中输入系统自动测试的时间间隔数值,最后在下拉列表框中选择一种时间单位,则系统将按用户设定的时间间隔对 DNS 服务器进行测试。

五、设置 DNS 转发器

在"BITC–SBH 属性"对话框中单击"转发器"选项卡,如图 5–70 所示。单击"编辑"输入转发服务器的 IP 地址(如 192.168.2.10),单击"确定"按钮两次,完成转发器的设置。

验证 DNS 服务器,使用命令行运行"nslookup"命令,指定使用新的 DNS 服务器做解析。

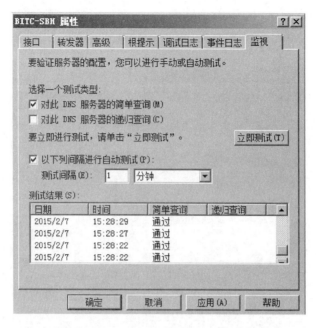

图 5-69　设置 DNS 监视选项

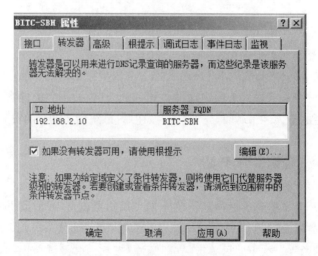

图 5-70　设置 DNS 服务器转发器

5.6　安装与配置 DHCP 服务器

DHCP(Dynamic Host Configuration Protocol)服务器的主要作用是为网络客户机分配动态的 IP 地址,用于减少网络客户机 IP 地址配置的复杂度和管理开销。

5.6.1　DHCP 服务器的定义与作用

DHCP 是 TCP/IP 通信协议中的一个标准,用来暂时指定某一台计算机 IP 地址的通信协议。DHCP 服务器拥有一个 IP 地址池,当任何启用 DHCP 的客户机登录到网络时,可从它那里租借一个 IP 地址。因为 IP 地址是动态的而不是静态的,不使用的 IP 地址就自动返回地址池供再分配。

通常为网络主机分配 IP 地址有以下 3 种方式。

(1) 固定的 IP 地址,每一台计算机都有各自固定的 IP 地址,这个地址是固定不变的,除非网络架构改变,否则这些地址通常可以一直使用下去。

(2) 动态分配,每当计算机需要存取网络资源时,DHCP 服务器才给予一个 IP 地址,但是当计算机离开网络时,这个 IP 地址便被释放,可供其他工作站使用。

(3) 由网络管理者以手动的方式来指定。若 DHCP 配合 WINS 服务器使用,则计算机名称与 IP 地址的映射关系可以由 WINS 服务器来自动处理。

5.6.2　创建 DHCP 服务器

创建一台 DHCP 服务器,首先要做的工作便是为 DHCP 服务器指定一台计算机作为服务器的硬件设备。添加 DHCP 服务器角色的操作步骤与添加 DNS 服务器的操作步骤相同,选择 DHCP 服务器,单击"下一步"进入安装选择界面,如图 5-71 所示。

视频

安装 DHCP
服务器

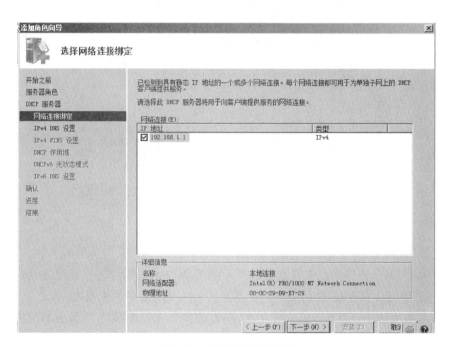

图 5-71　安装 DHCP 服务器

之后按向导提示输入相关的信息,此处只给出 IPv4 和 IPv6 的 DHCP 设置,其他项目不用设置。安装 DHCP 服务器完成之后,在"管理工具"菜单中即会看到增加了 DHCP 子菜单项。

视频

创建 DHCP
作用域

单击"开始"→"管理工具"→"DHCP",打开 DHCP 控制台窗口,如图 5-72 所示。

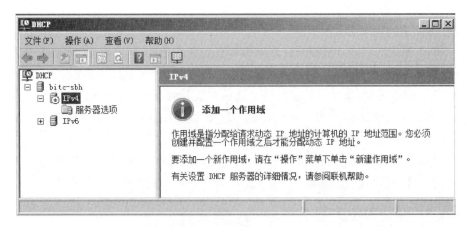

图 5-72　DHCP 控制台窗口

右键单击 DHCP 控制台窗口左窗格中的"DHCP"图标,从弹出的快捷菜单中选择"添加服务器"命令。打开"添加服务器"对话框,如图 5-73 所示。

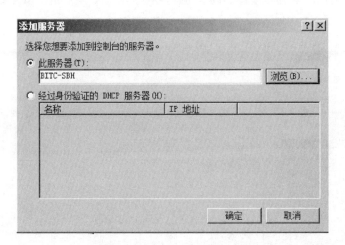

图 5-73　"添加服务器"对话框

在"此服务器"文本框中输入"BITC-SBH"作为 DHCP 服务器的名称,或单击"浏览"按钮,选择网络中的已安装了 DHCP 服务的主机,单击"确定"按钮,回到 DHCP 控制台窗口,此时会显示被添加的 DHCP 服务器的主机名。

如果网络中还有其他的 DHCP 服务器,右键单击"DHCP",在弹出的快捷菜单中选择"管理授权服务器",打开"管理授权的服务器"对话框,添加被授权的 DHCP 服务器。

选择图 5-72 中的 bitc-sbh 服务器,右键单击,在弹出的菜单中选择"所有任务"→"启动",则服务器的红色叉号标志立即更改为绿色向上的箭头标志,如图 5-72 所示。

5.6.3　创建作用域

完成一台 DHCP 服务器的创建工作,除了要为 DHCP 服务器指定一台计算机,还需要为该服务器创建一个作用域。创建作用域的主要目的是为服务器指定一段连续的 IP 地址池,DHCP 服务器正是将这些地址分配给网络客户机作为它们的动态 IP 地址。因此,没有预先保留地址,DHCP 服务器也就无可用地址用于分配了。创建 DHCP 作用域的操作步骤如下。

在 DHCP 控制台窗口中的左窗格中,右键单击"BITC‐SBH"服务器下面,在弹出的快捷菜单中选择"新建作用域"命令,打开"新建作用域向导"对话框。

单击"下一步"按钮,打开"作用域名"对话框,在此输入作用域的名称,在"名称"文本框中输入该作用域名称,然后在"描述"文本框中输入该作用域的描述性文字。这里分别输入"MyDHCP"和"这是我创建的第一个 DHCP 作用域",如图 5‐74 所示。

单击"下一步"按钮,显示"IP 地址范围"对话框,如图 5‐75 所示。在该对话框中,用户必须

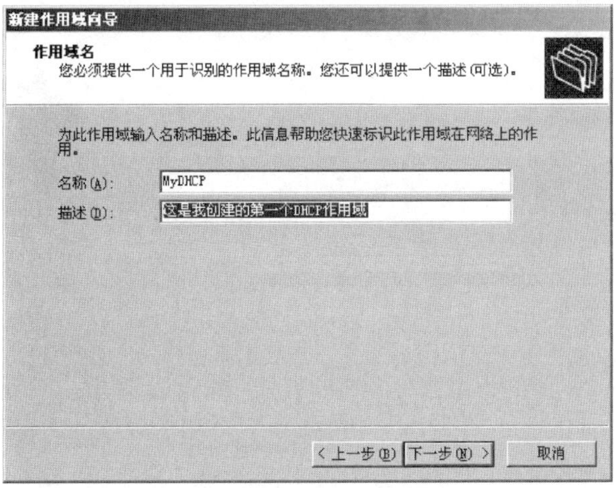

图 5‐74　"作用域名"对话框

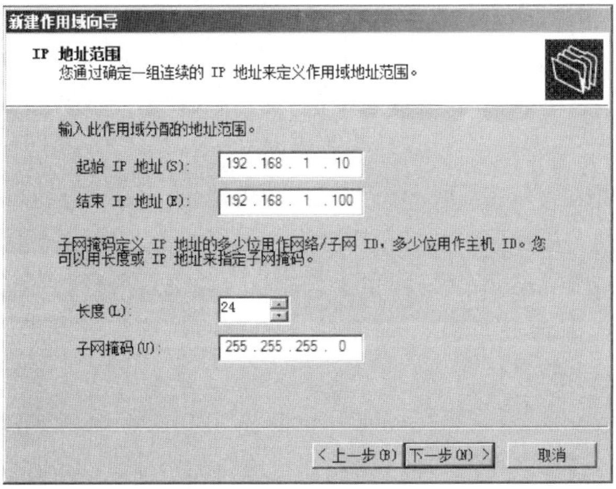

图 5‐75　"IP 地址范围"对话框

输入作用域的起始 IP 地址和子网掩码,以便确定一组连续的 IP 地址,使 DHCP 服务器拥有可分配的 IP 地址。在"输入此作用域分配的地址范围"选项区域中,在"起始 IP 地址"文本框中输入地址范围的起始 IP 地址,同时还要在"结束 IP 地址"文本框中输入地址范围的结束 IP 地址。在"长度"文本框和"子网掩码"文本框中,用户可以输入一个长度数值来指定相应的子网掩码,也可以直接输入一个子网掩码。

单击"下一步"按钮,打开"添加排除"对话框,如图 5-76 所示。如果用户或者是管理员希望将前面指定的地址范围中的部分地址保留下来,即服务器不将这部分地址分配给客户机时,用户或管理员可以在"排除范围"选项区域中的"起始 IP 地址"文本框中输入想要排除范围的起始 IP 地址,在"结束 IP 地址"文本框中输入结束 IP 地址。在输入起始和结束 IP 地址后,用户单击"添加"按钮,排除范围的起始地址的数值将显示在"排除的地址范围"列表框中。如果用户还要排除其他的地址范围,可以重复添加操作。如果输入的地址范围有误,需要重新指定排除范围的话,可以在"排除的地址范围"列表框中选定错误的地址,单击"删除"按钮将该地址范围删除。

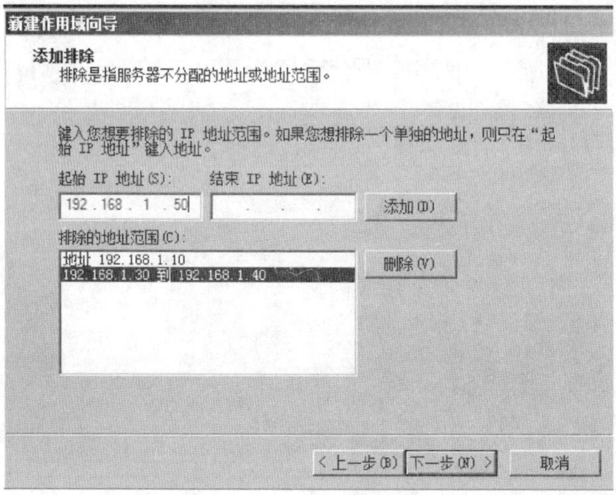

图 5-76 "添加排除"对话框

用户确认了输入的排除范围数值正确后,单击"下一步"按钮,打开"租用期限"对话框,如图 5-77 所示。在该对话框中用户需指定一个客户机从 DHCP 服务器租用一个地址后,能够使用多长时间。用户可以在"限制为"选项区域中的"天""小时"和"分钟"微调器中具体指定客户机使用地址时间的长短。

用户指定了租用期限后,单击"下一步"按钮,打开"配置 DHCP 选项"对话框。对话框中有向导提示用户,DHCP 服务器给客户机分配 IP 地址的同时还会将相关的服务器设置(例如网关、DNS 服务器和 Windows Internet 命名)提供给客户机。如果用户想立即配置最常用的 DHCP 选项,可选中"是,我想现在配置这些选项"单选框。如果用户准备以后再进行配置的话,可选中"否,我想稍后配置这些选项"单选框。

推荐用户选择立即进行配置,然后单击"下一步"按钮,打开"路由器(默认网关)"对话框,如图 5-78 所示。用户可在"IP 地址"文本框中输入与前面配置 TCP/IP 协议和安装活动目录时一致的网关地址,然后单击"添加"按钮,IP 地址将添加到"IP 地址"列表框中。对于输入有误的网

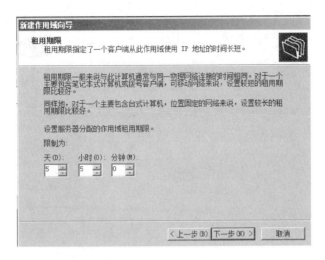

图 5-77　"租用期限"对话框

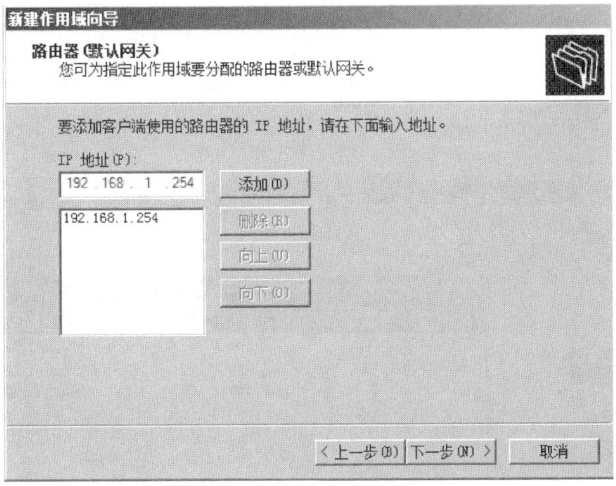

图 5-78　"路由器(默认网关)"对话框

关或不想再使用的网关,用户可以在"IP 地址"列表框中选择需要删除的网关,单击"删除"按钮将其删除。

　　单击"下一步"按钮,打开"域名称和 DNS 服务器"对话框,如图 5-79 所示。在该对话框中,用户应在"父域"文本框中输入与前面配置活动目录时一致的域名称,输入"bitc.edu"。在"服务器名称"文本框中,用户输入所在网络的 DNS 服务器的名称"bitc-sbh",如果正在配置的 Windows Server 2008 已经是一台 DNS 服务器的话,则需输入设定好的 DNS 服务器名称。单击"添加"按钮,新添加的 DNS 服务器的地址会显示在"IP 地址"列表框中。用户也可以选中"IP 地址"列表框中的地址选项,然后单击"删除"按钮将选定地址删除。以同样的方式配置 WINS 服务器。

　　单击"下一步"按钮,打开"激活作用域"对话框。在该对话框中向导询问用户是否希望立即激活此作用域,这里选中"是,我想现在激活此作用域"单选框。如果用户想稍后再激活此作用域

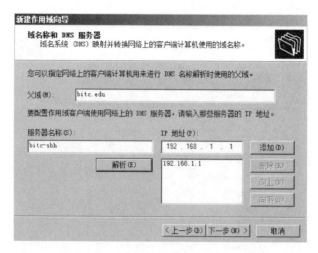

图 5-79 "域名称和 DNS 服务器"对话框

的话,应选中"否,我将稍后激活此作用域"单选框,等再次打开 DHCP 控制台窗口时通过菜单命令激活该作用域。单击"下一步"按钮,打开"完成新建作用域向导"对话框。向导提示用户作用域已经创建成功,这里用户可单击"完成"按钮结束所有操作,返回 DHCP 控制台窗口后,会显示新创建的作用域,如图 5-80 所示。

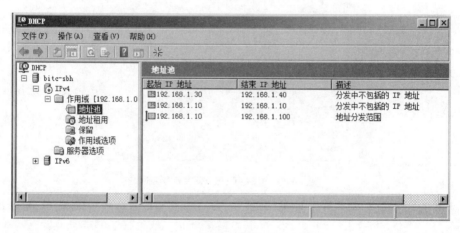

图 5-80 创建完成的 DHCP 作用域

5.6.4 配置 DHCP 服务器

配置一台 DHCP 服务器的属性,在创建该服务器的整个过程中是非常关键的工作。合适的属性配置能够保证该服务器正常、顺利地运行,DHCP 服务器才能对客户机的地址请求做出应答,为客户机分配一个可用的动态 IP 地址。下面介绍如何对 DHCP 服务器的属性进行设置。

一、设置 DHCP 服务器属性的常规选项

在 DHCP 控制台窗口中,选定服务器"bitc-sbh"的"IPv4",打开"操作"菜单,从菜单中选择"属性"命令,打开该服务器的属性对话框,如图 5-81 所示。

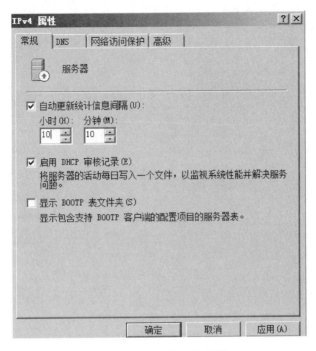

图 5-81　服务器的属性对话框

在"常规"选项卡中,用户可以选择"自动更新统计信息间隔"复选框,然后在"小时""分钟"微调器中调整统计信息的刷新时间间隔的数值。这样 DHCP 服务器将按用户设定的时间间隔数值自动统计信息。

如果用户希望启用 DHCP 日志记录,以使该日志记录每天都将服务器的活动记录到一个文件中,以解答用户有关服务的疑难问题,可以选中"启用 DHCP 审核记录"复选框。另外,选中"显示 BOOTP 表文件夹"复选框,可以使用户在 DHCP 控制台窗口中查看到 BOOTP 文件夹。

二、设置动态 DNS 选项

在 DHCP 服务器的属性对话框中单击"DNS"选项卡,如图 5-82 所示。在"DNS"选项卡中,如果用户希望 DNS 服务器的正向和反向查找能够在客户机从 DHCP 服务器那里获得租约时自动更新,可以选中"为不请求更新的 DHCP 客户端(例如,运行 Windows NT 4.0 的客户端)动态更新 DNS A 和 PTR 记录"复选框。

选择"根据下面的设置启用 DNS 动态更新"选项后,可以根据用户的实际情况选两个单选项目之一: 不允许自动动态更新的情况下,选择"只有在 DHCP 客户端请求时才动态更新 DNS A 和 PTR 记录";如果允许动态更新,则选择"总是动态更新 DNS A 和 PTR 记录"。

当租用被删除而不再租用时,选中"在租用被删除时丢弃 A 和 PTR 记录"复选框。

三、设置"高级"选项

在 DHCP 服务器的属性对话框中单击"高级"选项卡。在"高级"选项卡中,如果用户希望 DHCP 服务器把 IP 地址租给客户之前,能够对将要分配的 IP 地址进行一定次数的冲突检测,可以通过"冲突检测次数"微调器来调整冲突检测的次数,以使 DHCP 服务器按照指定的次数对 IP

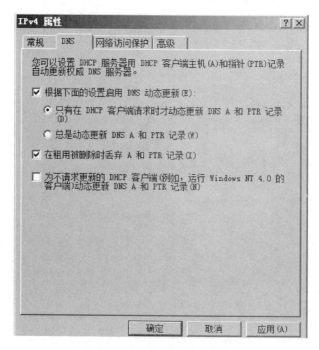

图 5 - 82　"动态 DNS"选项卡

地址进行检测,如图 5 - 83 所示。

如果用户希望更改 DHCP 中的数据库和审核文件在硬盘中的存储位置,可以在"审核日志文件路径"文本框中输入指定的完整路径。另外,用户还可以单击"浏览"按钮,在打开的窗口中

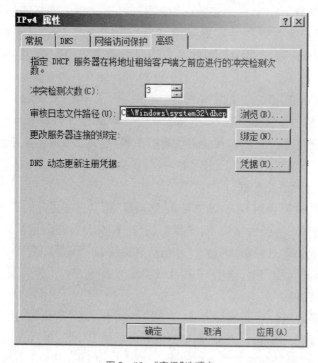

图 5 - 83　"高级"选项卡

为审核文件或数据库选择一个存储路径。

如果用户需要更改 DHCP 服务器连接的绑定,可单击"绑定"按钮,系统会自动完成服务器连接的绑定。

视频

测试 DHCP
服务器

5.6.5　测试 DHCP 服务器

完成了 DHCP 服务器作用域的配置之后,这台服务器就会在网络中起作用,网络中的客户机就可以从 DHCP 服务器上获取 IP 地址、域名、默认网关等 IP 地址配置信息。

在客户机的"网上邻居"属性中选择网络的"TCP/IP 设置",选择"自动获取 IP 地址"和"自动获得 DNS 地址"选项。

文档

客户机重新启动,正常启动后,打开 MS－DOS 命令窗口,在命令行提示符下输入"ipconfig/all",即可查看客户机获得的 IP 地址、默认网关和 DNS 域名地址等。

5.6.6　删除 DHCP 服务器

中华人民共
和国个人信
息保护法

用户可能遇到这样的情况,即需要重新创建一个新的 DHCP 服务器,或者是想删除已经建立的 DHCP 服务器,以减轻 Windows Server 2008 服务器的运算量;由网络中其他的 DHCP 服务器代替本机为客户机分配动态 IP 地址,以此来提高服务器的整体运行速度。在"DHCP 管理器"窗口(图 5－64)中,选中要删除的 DHCP 服务器"bitc－sbh",打开"操作"菜单,从菜单中选择"删除"命令,打开对话框,系统询问用户是否真的要从控制台中删除服务器,用户确认后可单击"是"按钮即可将选定的服务器删除。

说明：DHCP 客户机通过配置网络属性中的"自动获取 IP 地址"即可在开机时从 DHCP 服务器获得一个 IP 地址、子网掩码、DNS 服务器地址。

　小　结

本章主要介绍了以 Windows Server 2008 为操作系统,如何使用 IIS 信息服务,并说明了创建和管理 Web、DNS、DHCP、FTP 服务器的方法。

Windows Server 2008 在 IIS 中提供了一组优秀的工具,以构造一个全方位的支持 HTTP、FTP、SMTP 协议的服务器,可以在该服务器上放置多个 Web 站点,并且通过 SSL 和其他机制提供安全访问和验证。WWW、FTP、DPS、DHCP 服务是 Internet 上提供的最重要的四个服务,任何一个企业都需要拥有自己的应用服务器,以便企业用户使用相关资源。

DNS 服务器提供了基本的方法,通过该方法 Windows Server 2008 客户端将主机名字解析为 IP 地址。客户机使用解析器请求通过一个或多个 DNS 服务器解析一个名字。

DHCP 服务器提供了一种为客户机自动分配 IP 地址的方法,使得在网络环境中管理 IP 地址租用和相应属性变得更容易。

项目实训 安装 IIS 并创建、管理应用服务器

一、实训目的

1. 掌握 Windows Server 2008 IIS 的安装方法。

2. 学会在 IIS 下配置 Web、FTP 服务器。

3. 能正确发布 Web、FTP 站点。

4. 正确安装并创建 DNS、DHCP 服务器。

5. 正确配置客户机,测试 Web/DNS、FTP、DHCP 站点的正确性。

二、实训项目背景

某公司已完成了局域网中 Windows Server 2008 服务器的安装,为了提高公司的信息化管理水平,提高网络管理效率,希望将该服务器配置为能提供 Web、FTP、DNS、DHCP 服务的服务器,因此,要求管理员按所需要服务进行安装与配置,使客户机能通过该服务器自动获得 IP 地址,公司能使用该服务器提供的 Web 服务发布公司信息,公司员工可以通过 FTP 共享资源。

公司网络拓扑如图 5-84 所示。

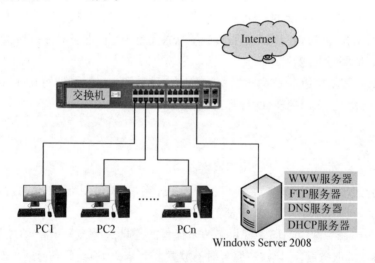

图 5-84 公司网络拓扑

IP 地址规划:

局域网网段地址:192.168.10.0,子网掩码:255.255.255.0;

服务器的 IP 地址:192.168.10.1,子网掩码:255.255.255.0,默认网关:192.168.10.254;

客户机的 IP 地址设置为自动获取 IP 地址。

三、实训设备与器材

1. 承担服务器功能的计算机一台,由于需要安装多个应用服务器,因此,对服务器的配置要求较高,最低配置为:CPU 1 GHz,内存 4 GB,硬盘 50 GB 以上,PCI 以太网 10/100/1 000 M 自适应网卡 1 块,配光驱,Windows Server 2008 操作系统。

2. 客户机多台,最低配置为: CPU 1 GHz,10 GB 硬盘,配网卡,Windows XP/Windows 7 操作系统,网络设置为自动获得 IP 地址。

3. 所有的主机都要求局域网环境。

4. Windows Server 2008 操作系统安装光盘一张。

5. 二层交换机一台。

四、实训内容

1. 安装 IIS 7.0。

2. 创建新的 Web 站点,并将已完成的、保存在 D:\MYWWW 目录下的主页文件"index. htm"发布到局域网中,通过客户机测试发布网站的正确性。

3. 在该 Web 服务器上创建一个新的 Web 站点,要求将 D:\Mypub 目录下的主页文件"default. asp"作为主页文件进行发布,并将发布端口设置为 8088。

4. 创建 FTP 站点,并将 D:\MYFTP 目录设置为主目录,使用 test1 用户可以进行访问,最多能上传 50 MB 的文件,而匿名用户只能以只读方式访问该目录,自行设置用户访问该 FTP 站点时的欢迎与退出信息。

5. 配置 DNS 服务器,申请域名为"network. edu. cn",建立 WWW 和 FTP 域名服务器,保证客户机可以通域名访问 WWW 和 FTP 服务器。

6. 配置 DHCP 作用域,要求其作用域范围为 192. 168. 100. 1~200/24,租期为 24 天,网络上的 WWW、FTP、DNS 服务器的 IP 地址分别为 192. 168. 100. 1、192. 168. 100. 10、192. 168. 100. 2,企业中 10 名管理层员工必须分配固定的 IP 地址: 192. 168. 100. 51~60/24,默认的网关地址为 192. 168. 100. 254,要求客户机能从 DHCP 服务器上获得 IP 地址、默认网关、DNS 服务器 IP 地址,配置完成后测试服务器的工作情况。

五、实训报告要求

1. 按要求配置服务器的 IP 地址,并准备安装。

2. 撰写实训报告,详细记录安装配置过程,并将安装配置过程屏幕截图。

3. 应用服务器安装配置完成后,通过客户机访问服务器测试安装的正确性,并将测试结果截图保存,作为实训报告的内容。

4. 记录安装配置过程出现的问题及解决方法。

5. 建议以学生小组方式组织实训,培养学生解决问题的能力。

习　题

1. 在 Windows Server 2008 中,安装的 Internet 信息服务组件是什么?

2. 创建每个 Web 站点必须有一个主目录,IIS 的默认主目录是什么?

3. 主目录以外的其他站点发布目录称为什么?

4. 通过哪个服务器,用户可以有效直观地将企业信息发布给企业内部用户和因特网远程用户?

5. DNS 采用什么样的命名机制,其命名过程是如何实现的?

6. DNS 服务器的主要功能和作用是什么？ DNS 区域有哪三种类型,每种类型的特点是什么?

7. DHCP 服务器的主要功能和作用是什么?

8. DHCP 服务器给客户机分配 IP 地址时,都可以分配哪些地址?

第三篇　中型局域网规划与组建篇

　　本篇介绍了组建中型局域网涉及的理论知识、网络技术、网络设备、组建方法，操作系统的选择与安装，网络管理与安全等。

　　第6章中型局域网规划与组建，主要介绍了中型局域网规划与设计的方案，包括需求分析、网络操作系统与网络管理软件选择、网络硬件选择、网络技术文档的需求，全面介绍了局域网综合布线六个子系统布线的方法、原则及验收要点，并通过一个校园网组建的典型案例详细地介绍了组建方案的制订、IP地址规划、网络拓扑的选择、设备选择与费用预算等。

　　第7章安装活动目录服务器，主要介绍了活动目录服务器的安装与用户管理，针对用户数量大、管理难度大的中型局域网，可以通过活动目录的形式进行域的管理，对域中的用户通过分组的形式进行管理，给不同的组赋予不同的权限，提高整体管理水平。

　　第8章Internet接入技术，主要介绍了Internet的接入方式，对于个人用户或小型企业用户，可以通过拨号上网的形式租用ADLS带宽拨号上网，也可以通过小区专线，直接上网；对于大中型企业用户，最好租用互联网专线，可以通过电信、移动、联通专线接入，具体接入形式和租用的带宽根据用户的实际需求确定。

　　第9章局域网故障诊断与安全管理，主要介绍了局域网常见故障的诊断与排除，重点分析局域网常见的软件故障、硬件故障及排查的方法；并介绍了常用的网络测试工具，当网络出现故障时，最简单的方法是使用系统自带的工具进行测试，使用简单，效率高；最后介绍了网络安全管理和防病毒技术。

第 6 章
中型局域网规划与组建

通过小型局域网的设计和实施大概了解了组建一个局域网的基本过程,但是小型局域网几乎不使用高级网络设备,只能在大中型的局域网中才会使用到交换机和路由器,因此可以更好地了解局域网的完整功能和特性。

6.1 中型局域网的规划

在我国各行业信息化进程中,作为基础教育与科研基地的学校,应当力争走在前列。当前,全国各大、中、小学校都在积极建设和完善校园计算机网络(校园网),校园网已成为各学校必备的重要信息基础设施,其规模和应用水平已成为衡量学校教学与信息化水平的一个重要标志。

网络规划一般步骤为先确定目标和原则,再进行软硬件选型和方案实施。

6.1.1 中型局域网组建需求分析

一、设计目标

本方案要达到的目标是,通过建设一个高速、安全、可靠、可扩充的网络系统,实现校内信息的高度共享、传递,教学及管理信息化,使校领导能及时、全面、准确地掌握全校的教学、科研、生产、管理、财务、人事等各方面情况,并建立出口信道,实现宽带专线接入互联网,教职员工可在家中上网,进行家庭办公和资料查询。为了顺利实现以上目标,本方案要遵循以下原则:先进性、开放性、可靠性和可扩展性。

1. 先进性

以先进、成熟的网络通信技术进行组网,支持数据、语音、视频等多媒体应用,用基于交换的技术替代传统的基于路由的技术。

2. 开放性

网络协议采用符合 ISO 及其他标准,如 IEEE、ITUT、ANSI 等制订的协议,采用遵从国际和国家标准的网络设备。

3. 可靠性

选用高可靠性的产品和技术,充分考虑系统在程序运行时的应变能力和容错能力,包括交换机、路由器以及网络服务器的可靠性,从而确保整个系统的安全与可靠。

4. 可扩展性

网络设计应具有良好的扩展性和升级能力,应选用具有良好升级能力和扩展性的设备。在以后对该网络进行升级和扩展时,必须能保护现有投资。应支持多种网络协议、多种高层协议和多媒体应用。图 6-1 所示为所设计的校园网的拓扑结构图。

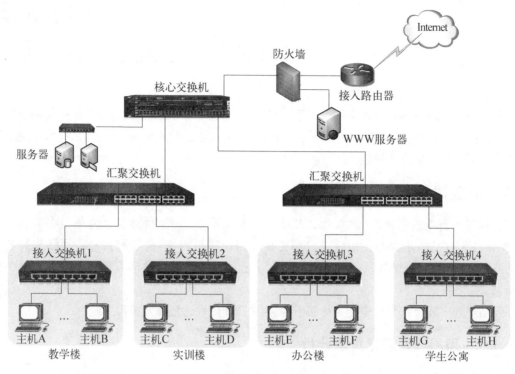

图 6-1 校园网的拓扑结构图

二、方案设计的原则

方案设计主要是进行网络的物理设计和逻辑设计,在完成方案设计后才能对网络设备进行选型。网络方案设计对于整个网络系统来说是十分重要的,它的成功与否直接影响网络的使用功能。考虑到本项目网络规模较大,在设计网络时,必须考虑中大型网络的架构与安全管理问题,因此,设计时应遵循以下原则。

1. 硬件设备的可靠性原则

该网络是中大型企业使用的局域网,一般情况下,必须保证网络的安全运行数据的安全性,因此,在选择网络设备的服务器时,要优先选择高性能的服务器和可靠性高的网络设备,为网络的可靠性运行提供保障。

2. 可扩展原则

在设计系统时,考虑到技术的不断发展和实际需求,要留有足够的扩展扩充余地,以便对系统进行扩充和改进。在该项目中,每个部门有保留 IP 地址和交换机端口的冗余。

3. 成本最低原则

在选择系统的软件和硬件设备时,要考虑用户的总体投入,选择既能满足用户需求又尽可能高配置的软件和硬件系统。

4. 分层设计原则

从逻辑上来讲,采用分层原则可以简化网络的管理,可分为三个层次:核心层、分布层和接入层,每层都有其各自的特点,其优点有可扩展、简单、设计灵活以及可管理等。

6.1.2　网络操作系统和管理软件的选择

一、网络操作系统的选择

1. Windows 操作系统

局域网操作系统负有网络资源管理、用户管理、域管理、数据库管理、提供各类网络服务的功能,基于 Windows 系统的服务器版操作系统目前较新的版本为 Windows Server 2019,在选择时可以根据企业具体的应用需求,选择 Windows Server 2003/2008/2012/2019 等版本,最重要的是符合用户实际需求。

2. UNIX 操作系统

目前应用的 UNIX 操作系统包括 UNIX 各版本和 Linux 各版本,一般情况下大型企业会选用 UNIX 操作系统,例如 UNIX SUR4.0、HP‐UX 11.0,SUN 的 Solaris 8.0 等。中小型企业可以选用 Linux 操作系统,常用的版本有如 Red Hat AS(红帽子)、Open Stack 及银河麒麟等。

二、应用软件的选择

1. 数据库系统的选择

数据库系统主要功能是承载网络应用系统的数据库,在选择时可以根据网络的规模和企业的需求选择大型数据库如 Oracle、DB2 等,中型数据库如 SQL Server、达梦等和小数据库 Access、MySQL 等。

2. 电子邮件系统

根据网络用户的规模和应用安全管理的需求选择电子邮件系统,大型网络可以选择专业级电子邮件服务器系统,如 Exchange Server;中小规模网络的选择更多,例如 CoreMail、WinWebMail 等。

三、网络管理软件的选择

网管软件种类繁多,每一种网络管理软件的侧重点也各有不同,因此,在选择时可以根据网络管理的重点进行选择,网络管理的内容包括用户上网行为管理、网络流量监控、网络拓扑管理、设备管理、配置管理、故障和工作状态管理、性能管理、报表统计、多用户安全管理等功能。选择时,大型企业一般选用专业级的网络管理软件,惠普(HP)公司的 HP Open View,IBM 公司的 NetView,ZOHO 公司的 ManageEngine,思科(Cisco)公司的 Cisco Works,SUN 公司的 SUN Manager,智和信通公司的 SugarNMS 等,中小型企业则可以选用价格合理、性能全面的国产软件,例如 SiteView 等。

6.1.3　网络设备与介质的选择

组建局域网的过程中,选择合适的网络设备可以说是一个很重要的环节,因为网络设备性能的好坏直接关系到网络的运行效率。现在的网络设备品牌、型号繁多,要选购自己满意的各种网络设备,还得从组网的实际要求、产品的性能、性价比以及售后服务等方面考虑。

一、网络设备的选择

1. 组网的实际要求

现在市场上的组网设备可以说是品牌众多,难于选择。但只要本着实用、够用的原则,从局域网组建的实际需求出发,就不会陷入误区。

选择交换设备时,一般核心层采用三层骨干网交换机,具有路由功能,以提高网络核心层的数据传输和处理能力;汇聚层企业级交换机,采用 100 或 1 000 Mbps 端口速率,汇聚网络各子网的工作组及交换信息;接入层采用二层工作组交换机,根据网络内部各子网用户的数量可以选择 24 口或 48 口的 100 M 交换机,实现 100 Mbps 到桌面终端的传输速率。

路由器主要用于内部与外网的连接,一般情况下要根据网络的规模,确定选择接入路由器还是核心路由器。

考虑到网络的安全管理,可以选择防火墙进行安全管理,以防止非法用户的访问。

总之,所选择的各种网络设备必须与局域网的组网要求相一致,否则买回来的产品就可能大材小用或不能满足预定的要求。

2. 产品的性能

不同的网络设备,它们的性能参数会不一样,例如网卡的传输速率、交换机的端口数和外观尺寸、调制解调器的传输速率以及路由器的路径选择能力等都是参考评价因素,在选购时可以参照同类或功能相近的产品进行比较。另外,衡量产品性能的同时,还得考虑产品接口的兼容性。同时各种网络设备必须能组成一个系统使用。而且在同一个系统中,各种设备的性能指标必须相互一致,如果选择了指标不相一致的设备,最终结果必然只能达到其中最低的指标,那么,指标高的那部分设备所花费的资金就浪费了。比如,网络接入交换机是 100 M 的,而桌面终端却配备了千兆网卡。

3. 性价比和售后服务

选购网络设备,切不可只盯住价格或性能,而应当综合考虑一下性价比和售后服务。国外网络设备厂商以思科公司为主,国内以华为、神州数码 D‐Link、华三品牌为代表的国产网络设备已经越来越多地进入学校、中小企业等行业用户的采购视野。

面对行业用户的多样化需求,国产网络设备厂商无论是在产品的价格上,还是在服务上,都能够更好地贴近用户对网络产品的需求。因此学校、中小企业完全可以根据需要选择国产网络设备。

二、网络介质的选择

网络的连接首先考虑网络介质,常见的传输线有四种基本类型:同轴电缆、双绞线、光纤和无线电波。在选择网络介质时,需要根据具体需求进行选择。

1. 同轴电缆

同轴电缆的中央是铜芯,轴芯外包着一层绝缘层,绝缘层外是一层屏蔽层,屏蔽层将电线很好地包起来,最外面是外包皮。同轴电缆的这种结构,使它对外界具有很强的抗干扰能力。但同轴电缆一般应用于总线结构的网络,目前使用得较少。

2. 双绞线

在局域网中,双绞线用得非常广泛,这主要是因为它们成本低、速度快和可靠性高。双绞线有两种基本类型:屏蔽双绞线(STP)和非屏蔽双绞线(UTP),它们都是由两根绞在一起的导线来形成传输电路的。一般情况下网络连接使用五类非屏蔽双绞线,而对信息传输安全要求较高的国家安全部门通常使用屏蔽双绞线。

3. 光纤

光纤是由最外层的护套包着的一根纤维或一束已加包层的纤维。护套是由塑料或其他材料制成的,用它来防潮气、擦伤、压伤或其他外界带来的危害。光纤分为单模光纤和多模光纤,一般情况下,局域网内采用多模光纤,远距离传输时会采用单模光纤。

4. 无线电波

传输线系统除同轴电缆、双绞线和光纤外,还可以使用无线通信技术,一般校园实现无线覆盖时,指的就是无线通信技术。目前使用得较多的是 802.11 协议标准,短距离情况下可以采用蓝牙技术。

6.1.4　应用服务器的选择

局域网应用服务器一般包括 Web 服务器、数据库服务器、电子邮件服务器、FTP 服务器和DNS 服务器,根据网络的业务和管理需求,服务器的选择要综合数据处理能力、并发用户访问承载、服务器的业务承载等因素,选择服务器需要考虑下列几个方面的因素。

一、选择应用服务器时应考虑的因素

企业在选购服务器时,要注意三个方面的因素:价格与成本、性能指标与技术参数、售后服务。

(1) 价格与成本

由于中小企业对信息化的投入有限,因此需要注意的是产品价格低并不代表总成本低,成本还包括后续的维护成本、升级成本等。另外,企业最大的特点就是业务增长迅速,他们需要产品能随着企业业务的发展而升级,一方面满足业务的需要,另一方面也保护原有的投资。

(2) 性能指标与技术参数

服务器的关键指标有 CPU、内存和磁盘阵列及硬盘。其中 CPU 的技术参数包括总线速率、主频、处理器核数、缓存容量等;内存的技术参数包括存储速度、存储容量、CAS 延迟时间、内存带宽等;磁盘阵列及硬盘的技术参数包括吞吐量(传输带宽)和磁盘 IOPS 等。

(3) 售后服务

服务是购买任何产品时都要考虑的,企业网络组建尤其重视售后服务。由于各企业的技术水平和人力资源的不同,所需求的技术支持程度也不同。一般情况下,当产品出现故障后,企业多半依赖厂商的售后服务。例如 IBM、HP、联想、浪潮等国内外知名的服务器厂商能提供较好的售后服务。

二、各类服务器的具体需求

1. Web、DNS 服务器

Web 服务器可运行 IIS 或 Apache 等服务器软件,用于响应 Web 请求,具体的要求如下:
- 应对大规模并发用户响应;
- 大量用户同时在线;
- 提供不间断的服务;
- 快速响应。

因此,选型时要考虑高速的 I/O 系统,磁盘阵列冗余提供不间断的服务保证。

2. 数据库服务器

对数据库服务器的具体要求如下:

- 高强度密集的计算能力;
- 高速在线事务处理能力;
- 可靠、大容量的数据存储能力。

因此,选型时要考虑超强的 CPU 能力和 RAID 海量存储能力。

3. 电子邮件服务器

电子邮件服务器提供存储和发送信息的服务,具体要求如下:

- 高效的网络、磁盘 I/O 能力;
- 较高的内在扩展能力;
- 较高的计算能力;
- 可靠、大容量的数据存储能力。

因此,选型时要考虑超强的 CPU 能力、快速的 I/O 处理能力、RAID 海量存储能力。

6.1.5 局域网规划设计的文档

局域网的组建是一个系统工程,规划设计的每一个具体阶段,都要尽可能地把握住用户的需求。为确保用户的需求和利益,也为了保证设计施工的科学性,减少失误,在工作的每一阶段都要编制相应的文档并交用户审阅认可。规划设计阶段有关文档的内容和具体要求如下所述。

一、可行性研究阶段

本阶段的文档为可行性分析报告。文档中应包括:现行概况和组网的原因、用户需求的要点、在技术上实现用户需求的可能性、投资概算,以及对用户的建议性结论意见。编写的文档材料需经用户审阅认可。对于小规模局域网可以不形成正式文档,但结构复杂、规模较大的局域网,必须编制正式的文档。

二、需求分析阶段

该阶段的文档为需求分析报告,文档的内容应包括:用户对局域网功能和性能要求的明细,用户现有设备和需要增加的设备的数量、名称,与网络施工相关的环境情况,布线施工的初步方案,所需材料和新增设备的预算,以及设计施工中可能遇到的问题等。这份材料是确认设计与用户需求是否相符的一份文件,它同时又是局域网设计施工的预算。

三、局域网设计阶段

该阶段的文档为局域网设计任务书,文档的内容应包括:局域网设备的名称、规格、数量、价格、有关性能的说明;局域网的拓扑结构图;布线设计的平面图,图上应详细标明每个站点铺设的位置、所用材料、铺设的方法及相关的尺寸,图上表述不清的内容要附加表格和文字进行说明;施工所需各种材料和辅料的名称、规格、数量、价格等;整体施工方案,文档中应将重点和难点部分进行详细说明;操作系统和应用软件的配置及所需费用;施工所需的时间及费用等。

四、施工与安装阶段

本阶段的文档应明确施工的具体方案,施工完成要进行的测试和验收方案,安装调试和维护的职责,局域网测试报告包括:测试的内容、方法、依据的标准及测试的结果。最后还要详细注明用户培训计划的网络系统的维护维修方案。

6.1.6　局域网的布线与施工

在局域网规划的后期要进行网络的布线与施工,布线施工是组网工作中工作量最大的工作,也是网络组建工作中比较关键的一步。局域网的布线施工首先要进行布线设计,设计的目的是使网络的走线合理、规范。只有经过布线设计后的施工,才能布局合理,节省资金,满足网络使用的要求,保证施工的质量。布线设计与网络的拓扑结构、所使用的传输介质、网络的规模、网络中节点的物理位置都存在密切关系。要事先进行网络整体规划设计,详细勘查施工现场。针对网络使用要求和建筑物的实际情况进行设计,绘制布线图,提出技术要求,并对遇到的各种问题提出具体解决方案,并严格遵循施工技术规范进行施工,物理施工完成后要全面地进行网络的物理连通性测试,及时排除故障,以保证整个网络能顺利地组建成功。

一、布线设计的原则

根据实际需要确定设计标准。在传输介质、连接部件、布线材料的选择上,在保证满足需求和传输信号质量的前提下,不要超标,盲目求新求高。

拓扑结构设计要合理,追求现有条件下的最佳传输效果。网络节点和信息点的位置要方便实用,便于施工。

任何一种传输介质的设计长度不要超过理论最大值的 85%,避免线路长度造成的信号衰减和其他因素造成的衰减叠加。同时要尽量缩短每台设备的走线距离,用以提高传输信号的质量。

布线的走向和线槽安装的位置,要隐蔽、美观、方便施工。

尽可能在建筑物设计、施工的同时,考虑建筑物的综合布线系统设计。

二、布线施工的原则

严格控制每段线路的长度,不能超过设计的长度。

注意和供电、供水、供暖、排水的管线分离,以保护网线的安全。

敷设的位置要安全、隐蔽、美观,要方便使用和日后的维修。

6.2　中型局域网综合布线

在进行局域网布线与设备连接之前,要对局域网组网范围内的建筑物分布、建筑物层数及长度、网络信息节点的位置以及室内网络插座方位进行调查和定位,规划出最佳的布线路线方案。为此,要遵照一定的方法进行。下面介绍普遍采用的方法——结构化布线。

6.2.1　综合布线系统概述

一、综合布线系统基本概念

综合布线系统是一套用于建筑物内或建筑群之间为计算机、通信设施与监控系统预先设置的信息传输通道。它将语音、数据、图像等设备彼此相连,同时能使上述设备与外部通信数据网络相连接。综合布线系统是为适应综合业务数字网(ISDN)的需求而发展起来的一种特别设计的布线方式,它为智能大厦和智能建筑群中的信息设施提供了多厂家产品兼容,模块化扩展、更新与系统灵活重组的可能性。既为用户创造了现代信息系统环境,强化了控制与管理,又为用户节约了费用,保护了投资。

综合布线系统已成为现代化建筑的重要组成部分。综合布线系统应用高品质的标准材料,以非屏蔽双绞线和光纤为传输介质,采用组合压接方式,统一进行规划设计,组成一套完整而开放的布线系统。该系统将语音、数据、图像信号的布线与建筑物安全报警、监控管理信号的布线综合在一个标准的布线系统内。在墙壁上或地面上设置有标准插座,这些插座通过各种适配器与计算机、通信设备以及楼宇自动化设备相连接。综合布线的硬件包括传输介质(非屏蔽双绞线、大对数电缆和光缆等)、配线架、标准信息插座、适配器、光电转换设备、系统保护设备等。

二、综合布线系统的标准与技术规范

目前综合布线系统标准一般为 CECS92∶97 和美国电子工业协会、美国电信工业协会的 EIA/TIA 为综合布线系统制订的一系列标准。这些标准主要有下列几种:

① EIA/TLA-568 民用建筑线缆标准;

② EIA/TIA-569 民用建筑通信通道和空间标准;

③ EIA/TIA-607 民用建筑中有关通信接地标准;

④ EIA/TIA-606 通信线路工程设计规范。

我国的综合布线相关的国家标准和行业标准主要有:

GB/T 50311—2000　建筑与建筑群综合布线系统工程设计规范;

GB/T 50311—2000　建筑与建筑群综合布线系统工程施工和验收规范;

YD 5102—2010　通信线路工程设计规范;

YD 5121—2010　通信线路工程验收规范。

在布线工程中,常常提到 CECS92∶95 或 CECS92∶97,那么这是什么呢? CECS92∶95《建筑与建筑群综合布线系统工程设计规范》是由中国工程建设标准化协会通信工程委员会北京分会、中国工程建设标准化协会通信工程委员会智能建筑信息系统分会、冶金部北京钢铁设计研究总院、邮电部北京设计院、中国石化北京石油化工工程公司共同编制而成的综合布线标准,而 CECS92∶97 是它的修订版。

无论是 CECS92∶95(CECS92∶97)还是 EIA/TIA 制订的标准,其标准要点分析如下。

1. 目的

① 规范一个通用语音和数据传输的电信布线标准,以支持多设备、多用户的环境。

② 为服务于商业的电信设备和布线产品的设计提供方向。

③ 能够对商用建筑中的结构化布线进行规划和安装,使之能够满足用户的多种电信要求。

④ 为各种类型的线缆、连接件以及布线系统的设计和安装建立性能和技术标准。

2. 范围

① 标准针对的是"商业办公"电信系统。

② 布线系统的使用寿命要求在 10 年以上。

3. 标准内容

标准内容为所用介质、拓扑结构、布线距离、用户接口、线缆规格、连接件性能、安装程序等。

4. 几种布线系统涉及范围和要点

① 水平干线布线系统：涉及水平跳线架,水平线缆,线缆出入口/连接器,转换点等;

② 垂直干线布线系统：涉及主跳线架,中间跳线架,建筑外主干线缆,建筑内主干线缆等;

③ UTP 布线系统：UTP 布线系统传输特性划分为 5 类线缆：

三类：指 16 MHz 以下的传输特性;

四类：指 20 MHz 以下的传输特性;

五类：指 100 MHz 以下的传输特性;

超五类：指 155 MHz 以下的传输特性;

六类：指 200 MHz 以下的传输特性。

目前主要使用五类、超五类线缆。

④ 光缆布线系统：在光缆布线中分水平干线子系统和垂直干线子系统,它们分别使用不同类型的光缆。

水平干线子系统：62.5/125 μm 多模光缆(入出口有 2 条光缆),多数为室内型光缆。

垂直干线子系统：62.5/125 μm 多模光缆或 10/125 μm 单模光缆。

综合布线系统标准是一个开放型的系统标准,应用广泛。因此,按照综合布线系统进行布线,会为用户今后的应用提供方便,也保护了用户的投资,使用户投入较少的费用,便能向高一级的应用范围转移。但综合布线系统的设计方案不是一成不变的,而是随着环境、用户要求来确定的,主要表现为：

- 尽量满足用户的通信要求;
- 了解建筑物、楼宇间的通信环境;
- 确定合适的通信网络拓扑结构;
- 选取适用的介质;
- 以开放式为基准,尽量与大多数厂家的产品和设备兼容;
- 将初步的系统设计和建设费用预算告知用户;
- 在征得用户意见并订立合同书后,再制订详细的设计方案。

由于我国对计算机的信息、网络布线方面的标准制定比国外晚,现在逐步在各行业中建立起标准或条例。为了使读者在工程施工过程中把握尺度,现介绍几个经常用到的标准：

- 建筑与建筑群综合布线系统工程设计规范(CECS72：97)。
- 中华人民共和国公共安全行业标准中的计算机信息系统安全专用产品分类原则。
- 建设部颁布的有关智能建筑管理的若干规定。
- 公安部建设部发布的消防设施专项工程设计资格分级标准。
- 中华人民共和国消防法。
- 计算机信息系统集成资质管理办法(试行)摘要。

除此以外,还有《综合布线系统工程设计规范》(GB 50311—2016)、《综合布线系统工程验收规范》(GB/T 50312—2016)。

三、综合布线系统分类等级

对于建筑物的综合布线系统，一般定为三种不同的布线系统等级。

1. 基本型综合布线系统

基本型综合布线系统方案，是一个经济有效的布线方案，它适用于综合布线中配置标准较低的场合，使用双绞线电缆，支持语音或综合型语音/数据产品，并能够全面过渡到数据的异步传输或综合型布线系统。它的基本配置如下：

① 每一个工作区有 1 个信息插座；

② 每一个工作区有一条水平布线 4 对 UTP 系统；

③ 完全采用 110 A 交叉连接硬件，并与未来的附加设备兼容；

④ 每个工作区的干线电缆至少有 2 对双绞线。

它的特点有：

① 它是一种富有价格竞争力的综合布线方案，能支持所有语音和数据的应用。

② 支持语音、综合型语音/数据高速传输。

③ 便于维护人员维护、管理。

④ 能够支持众多厂家的产品设备和特殊信息的传输。

⑤ 采用半导体放电管式过压保护和能自动恢复的过流保护。

2. 增强型综合布线系统

增强型综合布线系统不仅支持语音和数据的应用，还支持图像、影像、影视、视频会议等，它适应于综合布线中中等配置标准的场合，使用双绞线电缆。它具有为增加功能提供发展的余地，并能够利用接线板进行管理。

① 它的基本配置如下：

- 每个工作区有 2 个以上信息插座；

- 每个信息插座均有水平布线 4 对 UTP 系统；

- 具有 110 A 交叉连接硬件；

- 每个工作区的电缆至少有 8 对双绞线。

② 它的特点有：

- 每个工作区有 2 个信息插座，灵活方便、功能齐全；

- 任何一个插座都可以提供语音和高速数据传输；

- 可统一色标，按需要可利用配线架或插座面板进行管理；

- 它是一个能够为多个应用设备创造部门环境服务的经济有效的综合布线方案；

- 能够为众多厂商提供服务环境的布线方案。

3. 综合型综合布线系统

综合型综合布线系统是将双绞线和光缆纳入建筑物布线的系统，它适用于综合布线中配置标准较高的场合，使用光缆和双绞线电缆或者混合电缆。综合型综合布线配置应在基本型和增强型综合布线的基础上增设光缆及相关连接件。

① 它的基本配置如下：

- 在建筑、建筑群的干线或水平布线子系统中配置 62.5 μm 的光缆；

- 在每个工作区的电缆内配有 4 对双绞线；
- 每个工作区的电缆中应有 2 对以上的双绞线。

② 它的特点有：

- 每个工作区有 2 个以上的信息插座，不仅灵活方便而且功能齐全；
- 任何一个信息插座都可供语音和高速数据传输；
- 有一个很好的环境为客户提供服务。

6.2.2　综合布线系统的工程设计

综合布线应优先考虑保护人和设备不受电击和火灾。严格按照规范考虑照明电线、动力电线、通信线路、暖气管道、冷热空气管道、电梯之间的距离、绝缘线、裸线以及接地与焊接等问题，其次才考虑线路的走向和美观程度。网络工程的系统设计是为了确保工程的顺利进行。

一、网络工程的范围

一个单位或一个部门要建设计算机网络，总是要有自己的目的，也就是说要解决什么样的问题。用户的问题往往是实际存在的问题或是某种要求，那么专业技术人员应根据用户的要求用网络工程的语言描述出来，使用户对所做的工程能理解。要使用户对所做的工程理解，建议做法如下：

① 确定用户需要一个多大容量的服务器，可以通过估算该部门的信息量来确定服务器。

② 确定网络操作系统。

③ 确定网络服务软件，如 E-mail 等。

上述三点只是了解了用户的业务范围和选择的机型、服务器和网络应用软件。而网络工程真正关键的地方在于下面的方面。

④ 了解地理布局。

对于地理位置布局，工程施工人员必须到现场察看，其中要注意的要点有：

- 用户数量及其位置；
- 任何两个用户之间的最大距离；
- 在同一楼内，用户之间的从属关系；
- 楼与楼之间布线走向，楼层内布线走向；
- 特殊要求或限制；
- 集线器供电问题与解决方式；
- 对工程施工的材料的要求。

⑤ 了解用户设备类型。

要确定用户有多少？目前个人计算机有多少台？将来最终配置会有多少台个人计算机？还需要配些什么设备及其数量等问题。

⑥ 了解网络服务范围。

- 数据库，应用程序共享程度；
- 文件的传送存取；
- 用户设备之间的逻辑连接；
- 网络互联；

- 电子邮件;
- 多媒体服务要求程度;
- 是否有电子商务的需求等。

⑦ 通信类型。

- 数字信号;
- 视频信号;
- 语音信号(电话信号)。

⑧ 网络拓扑结构。

选用星状结构或总线结构等。

⑨ 网络工程经费投资。

- 设备投资(软件,硬件);
- 网络工程材料费用投资;
- 网络工程施工费用投资;
- 安装、测试费用投资;
- 培训与运行费用投资;
- 维护费用投资。

二、网络工程的分析与设计

在了解网络工程后,应对网络工程进行分析和设计。在这一步骤中一般应注意以下几点:

① 选用成熟的产品。

选用成熟的产品的优点有:

- 减少开发时间;
- 用户能够得到长期的支持;
- 价格便宜;
- 有完备的技术资料。

② 选择厂家与施工单位。

- 制订出功能需求说明书(供厂家、施工单位用);
- 厂家、施工单位投标竞选;
- 评议标书(投标单位进行答辩);
- 签订合同;
- 保证售后和施工后的服务支持。

6.2.3 综合布线工程实施

结构化布线(Structured Cabling System)是将建筑群内的若干线路系统,将电话系统、数据通信系统、报警系统、监控系统合为一种布线系统。

结构化布线一般采用树状拓扑结构,它把整个网络布线系统划分为 6 个子系统,即工作区子系统、水平布线子系统、垂直干线子系统、设备间子系统、管理间子系统和建筑群子系统。建筑物结构化布线结构如图 6-2 所示。

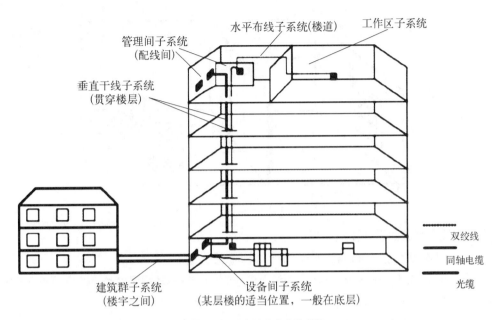

图 6-2　建筑物结构化布线结构

一、工作区子系统设计

工作区(又称服务区)子系统是指从终端设备(可以是电话、微机和数据终端,也可以是仪器仪表、传感器的探测器)连接到信息插座的整个区域,是工作人员利用终端设备进行工作的地方。

一个独立的需要设置终端的区域可以划分一个工作区,通常按 5~10 平方米划分一个工作区,在一个工作区内可设置一个数据点和一个语音点,也可以根据用户的需求来设置。

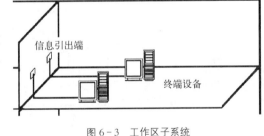

图 6-3　工作区子系统

工作区可支持电话机、数据终端、微型计算机、电视机、监视及控制等终端设备的设置和安装。典型的工作区子系统如图 6-3 所示。

工作区子系统布线要点如下:

① 工作区内线槽的敷设要合理、美观。

② 信息插座设计在距离地面 30 cm 以上。

③ 信息插座与计算机设备的距离保持在 5 m 范围内。

④ 网卡接口类型要与线缆接口类型保持一致。

⑤ 所有工作区所需的信息模块、信息插座、面板的数量要准确。

⑥ 计算 RJ-45 水晶头所需的数量[RJ-45 水晶头总量 = 4×信息点总量×(1+15%)]。

二、水平布线子系统设计

水平布线子系统也称为配线子系统,是由工作区的信息插座、信息插座到楼层配线设备(FD)的水平电缆或光缆、楼层配线设备和跳线组成的。

水平布线子系统包括工作区的信息插座至管理子系统的配线架。水平布线子系统总处在一个楼层上,并端接在信息插座或区域布线的中转点上,功能是将工作区信息插座与楼层配线间的水平分配线架连接起来。水平布线子系统如图 6-4 所示。

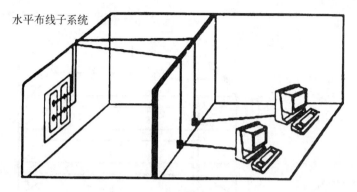

图 6-4　水平布线子系统示意图

水平布线子系统的设计要点如下：

① 根据建筑物的结构、布局和用途，确定水平布线方案。

② 确定电缆的类型和长度，水平布线子系统通常为星状结构，一般使用双绞线布线，长度不超过 90 米。

③ 必须在走线槽或在天花板吊顶内布线，最好不走地面线槽。

④ 确定线路走向和路径，选择路径最短和施工最方便的方案。

⑤ 确定槽、管的数量和类型。

三、垂直干线子系统设计

垂直干线子系统负责连接管理子系统到设备间子系统，提供建筑物干线电缆，一般使用光缆或选用大对数的非屏蔽双绞线，由建筑物配线设备、跳线以及设备间至各楼层管理间的干线电缆组成。垂直干线子系统如图 6-5 所示。

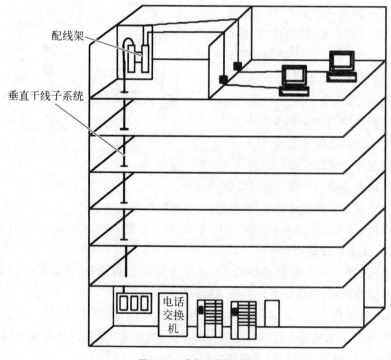

图 6-5　垂直干线子系统

垂直干线子系统的设计要点如下：

① 确定每层楼的干线电缆要求，根据不同的需要和经济因素选择干线电缆类别。

② 确定干线电缆路由，原则是最短、最安全、最经济。

③ 绘制干线路由图，采用标准中规定的图形与符号绘制垂直干线子系统的线缆路由图，确定好布线的方法。

④ 确定干线电缆尺寸，干线电缆的长度可用比例尺在图纸上量得，每段干线电缆长度要有备用部分(约 10%)和端接容差。

⑤ 布线要平直，走线槽，不要扭曲；两端点要标号；室外部分要加套管，严禁搭接在树干上；双绞线不要拐硬弯。

四、设备间子系统设计

设备间子系统由设备室的电缆、连接器和相关支撑硬件组成，通过电缆把各种公用系统设备互联起来。

设备间子系统的硬件同管理子系统的硬件大致相同，基本由光纤、铜线电缆、跳线架、引线架、跳线等网络设备构成，只不过规模比管理子系统大。

设备间是综合布线系统的关键部分，是外界引入(公用信息网或建筑群间主干线)和楼内布线的交汇点，位置非常重要，通常放在楼宇的一、二层。设备间子系统如图 6-6 所示。

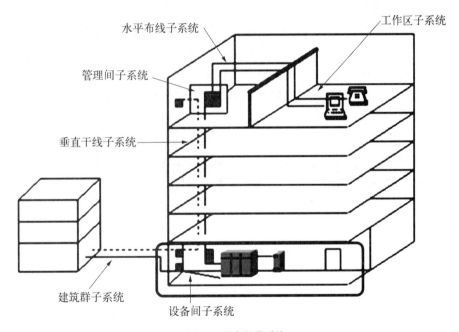

图 6-6　设备间子系统

设备间子系统的设计要点如下：

① 设备间尽量选择建筑物的中间位置，以便使线路最短。

② 设备间要有足够的空间，能保障设备的存放。

③ 设备间建设标准要按机房标准建设。

④ 设备间要有良好的工作环境。

⑤ 设备间要配置足够的防火设备。

五、管理间子系统设计

管理间子系统由交连/互连的配线架、信息插座式配线架、相关跳线组成。管理间子系统为连接其他子系统提供手段,它是连接垂直干线子系统和水平布线子系统的设备,用来管理信息点(信息点少的情况下可以几个楼层设一个),其主要设备是机柜、交换机、机柜的电源,管理间子系统如图 6-7 所示。

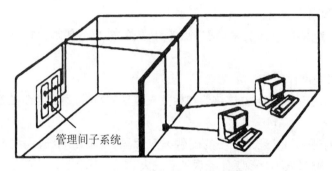

管理间子系统

图 6-7　管理间子系统

在管理间子系统中,信息点的线缆是通过"信息点集线面板"进行管理的,而语音点的线缆是通过 110 A 交叉连接硬件进行管理的。

信息点的集线面板有 12 口、24 口、48 口等,应根据信息点的多少配备集线面板。

对配线架上相对稳定(一般不经常进行修改、移位或重组)的线路,宜采用卡接式接线方法。对配线架上经常需要调整或重新组合的线路,宜使用插接式接线方法。

在不同类型的建筑物中管理间子系统常采用单点管理单交连、单点管理双交连和双点管理双交连 3 种方式,如图 6-8 所示。

管理间子系统的设计要点如下:

① 管理间子系统中干线配线管理宜采用双点管理双交连。

② 管理间子系统中楼层配线管理应采用单点管理。

③ 配线架的结构取决于信息点的数量、综合布线系统网络性质和选用的硬件。

④ 端接线路模块化系数合理。

⑤ 设备跳接线连接方式要符合规定。

六、建筑群子系统设计

规模较大的单位建筑物较多,相互彼邻,彼此之间的语音、数据、图像和监控等系统可用传输介质和各种支持设备(硬件)连接在一起。连接各建筑物之间的缆线及相应设备,组成建筑群子系统,也称楼宇管理子系统。

建筑群子系统中电缆敷设一般采用架空电缆布线、直埋电缆布线、管道系统电缆布线、隧道内电缆布线等方法。

建筑群子系统如图 6-9 所示。

建筑群子系统的设计要点如下:

① 建筑群数据网主干线缆一般应选用多模或单模室外光缆。

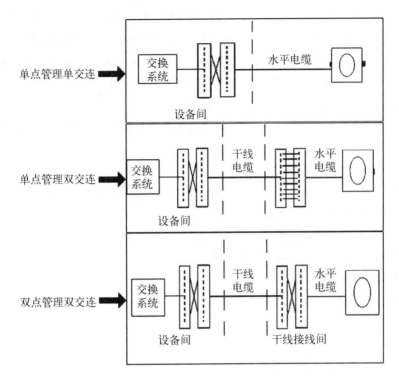

图 6-8 管理间子系统连接形式

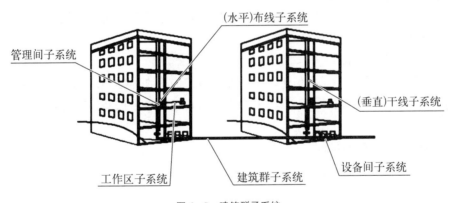

图 6-9 建筑群子系统

② 建筑群数据网主干线缆使用光缆与电信公用网连接时,应采用单模光缆,芯数应根据综合通信业务的需要确定。

③ 建筑群主干线缆宜采用地下管道方式进行敷设,设计时应预留备用管孔,以便扩充时使用。

④ 当采用直埋方式时,电缆通常在离地面 60 cm 以下的地方。

6.2.4 综合布线工程验收

综合布线工程经过规划设计、施工阶段后进入测试验收阶段,系统的验收可细致全面地考核工程的设计质量和施工质量,是施工单位向用户移交的正式手续,也是用户对整个工程的认可程度：检查工程是否达到了原来的设计目标,质量是否符合要求,有没有不符合原设计的有关施工规范的地方等。综合布线的验收工作也是一项科学系统的工作,它包括诸如电气特性、物理特性、施工环境、器材安装、线缆的架设等,而且验收工作也贯穿于整个综合布线工程中,验收工作主要包括物理验收和文档验收,还有些验收工作是在施工过程中进行的。

一、物理验收

甲方、乙方共同组成一个验收小组,对已竣工的工程进行验收。网络综合布线系统在物理上主要验收的要点如下。

1. 工作区子系统验收

对于众多的工作区不可能逐一验收,而是由甲方抽样挑选工作间。验收的重点如下：

① 线槽走向、布线是否美观大方,符合规范。

② 信息插座是否按规范进行安装。

③ 信息插座安装是否做到一样高、平、牢固。

④ 信息面板是否都固定牢靠。

2. 水平布线子系统验收

水平布线子系统的主要验收要点有：

① 槽安装是否符合规范。

② 槽与槽、槽与槽盖是否接合良好。

③ 托架、吊杆是否安装牢靠。

④ 水平布线与垂直干线、工作区交接处是否出现裸线,是否符合规范要求。

⑤ 水平布线槽内的线缆有没有固定。

3. 垂直干线子系统验收

垂直干线子系统的验收除了类似于水平布线子系统的验收内容外,还要检查楼层与楼层之间的洞口是否封闭(以防火灾出现时,成为一个隐患点),线缆是否按间隔要求固定,拐弯线缆是否留有弧度。

4. 管理间、设备间子系统验收

主要检查设备安装是否规范、整洁。

二、文档验收和系统测试

文档验收主要是检查乙方是否按协议或合同规定的要求,交付所需要的文档。系统测试验收就是由甲方组织的专家组,对信息点进行有选择的测试,检验测试结果。

1. 文档验收

一般乙方需准备的文档有：

① 网络综合布线工程建设报告。

② 网络综合布线工程测试报告。

③ 网络综合布线工程资料审查报告。

④ 网络综合布线工程用户意见报告。

⑤ 网络综合布线工程验收报告。

2. 系统测试

系统测试的内容主要有:

(1) 电缆的性能测试

① 五类线要求:接线图、长度、衰减、近端串扰要符合规范。

② 超五类线要求:接线图、长度、衰减、近端串扰、时延、时延差要符合规范。

③ 六类线要求:接线图、长度、衰减、近端串扰、时延、时延差、综合近端串扰、回波损耗、等效远端串扰、综合远端串扰要符合规范。

(2) 光纤的性能测试

① 光纤类型:单模光纤(一般为黄色)或多模光纤(一般为橙色)。

② 光纤衰减常数:1 310 nm 波长,≤0. 35 dB/km;1 550 nm 波长,≤0. 21 dB/km。

③ 光纤光缆高低温度衰减特性:在 − 40℃ ∼ + 60℃时,衰减变化<0. 05 dB/km。

④ 折射率系数:1. 467 5(1 310 nm),1. 468 1(1 550 nm)。

⑤ 光纤熔接接头衰减:平均值<0. 02 dB,最大值<0. 03 dB。

三、施工过程中甲方需要检查的事项

验收不一定要等工程结束时才进行,往往有的内容是可以随时验收的。

1. 施工环境的检查

① 地面、墙面、天花板内、电源插座、信息模块、接地装置等要素的设计与要求。

② 设备间、管理间的设计。

③ 竖井、线槽、打洞位置的要求。

④ 施工队伍以及施工设备。

⑤ 活动地板的敷设。

2. 施工材料的检查

① 双绞线、光缆是否按方案规定的要求购买。

② 塑料槽管、金属槽是否按方案规定的要求购买。

③ 机房设备如机柜、集线器、接线面板是否按方案规定的要求购买。

④ 信息模块、插座、盖是否按方案规定的要求购买。

3. 安全、防火的检查

① 器材是否靠近火源。

② 器材堆放是否安全、防盗。

③ 发生火情时能否及时提供消防设施。

4. 设备安装的检查

(1) 机柜与配线面板的安装:

① 在机柜安装时要检查机柜安装的位置是否正确,规定、型号、外观是否符合要求。

② 跳线制作是否规范,配线面板的接线是否美观、整洁。

(2) 信息模块的安装:

① 信息插座安装的位置是否规范。

② 信息插座、盖安装是否平、直、正。

③ 信息插座、盖是否用螺丝拧紧。

④ 标志是否齐全。

5. 双绞线电缆和光缆安装的检查

(1) 桥架和线槽的安装

① 位置是否正确。

② 安装是否符合要求。

③ 接地是否正确。

(2) 线缆

① 线缆规格、路由是否正确。

② 对线缆的标号是否正确。

③ 线缆拐弯处是否符合规范。

④ 竖井的线槽、线固定是否牢靠。

⑤ 是否存在裸线。

⑥ 竖井层与楼层之间是否采取了防火措施。

6. 室外光缆布线的检查

(1) 架空布线

① 架设竖杆位置是否正确。

② 吊线规格、垂度、高度是否符合要求。

③ 卡挂钩的间隔是否符合要求。

(2) 管道布线

① 使用管孔、管孔位置是否合适。

② 线缆规格。

③ 线缆走向路由。

④ 防护设施。

(3) 挖沟布线(直埋)

① 光缆规格。

② 敷设位置、深度。

③ 是否加了防护铁管。

④ 回填土复原是否夯实。

(4) 隧道线缆布线

① 线缆规格。

② 安装位置、路由。

③ 设计是否符合规范。

7. 线缆终端安装的检查

① 信息插座安装是否符合规范。

② 配线架压线是否符合规范。

③ 光纤头制作是否符合要求。

④ 光纤插座是否符合规范。

⑤ 各类路线是否符合规范。

这些均应在施工过程中由甲方和督导人员随工检查。如果发现不合格的地方,应当随时返工,如果完工后再检查出问题,就不好处理了。

6.3　中型局域网组建案例分析

6.3.1　项目背景与建设需求

一、项目背景

××职业学院是一所高等职业学院,现设有 6 个教学系和多个行政管理部门,为了提高信息化水平,需要进行校园网的升级建设,由于原有网络设备陈旧、线路老化、带宽不够,学院领导要求重建校园网。

学院现有教职工 500 人,在校生 3 000 人。学院综合办公楼共 6 层,其中有六个行政部门,分别为教务处、人事处、总务处、学院办公室、科研处、财务处。学院领导楼中有 1 名院长、3 名副院长、1 名书记;另外,1 号教学楼(电子工程系、计算机系)、2 号教学楼(机电系、数字艺术系)、3 号教学楼(财经管理系、外语系)分布在校园的不同位置。学院计划投入 150 万元经费,重建校园网,全面提升学院的校园数字化水平。

二、用户基本需求

学院对网络建设的目标要求如下:由专职 IT 人员来支持和维护网络。该网络包括提供电子邮件、数据传输和文件存储服务的服务器,基于 Web 的办公系统和应用程序,以及为员工提供内部文档和信息的内部网。此外,还设有一个专为特定客户提供项目信息的外部网。

① 学院所有的办公室工作区子系统都是百兆带宽,所有用户都可以互联访问。

② 各部门能够资源共享,用户能够共享扫描仪、打印机等硬件设备,内部用户之间能相互通信,部门之间通过 VLAN 进行隔离。

③ 租用专线 2 000 M 互联网带宽,10 个公网 IP,能够顺畅实现互联网访问。

④ 建设 WWW 服务器,用于内部信息发布和外网学院宣传。

⑤ 建设电子邮件服务器,为所有用户分配电子邮件账号。

⑥ 建立 FTP 服务器,进行学院教学资源管理。

⑦ 注册域名,用户可以通过域名访问 WWW 和 FTP 服务器。

⑧ 安装网络管理软件,进行用户管理和流量监控。

⑨ 学院内部的信息与数据的基本安全保护。

⑩ 网络管理简单实用、网络接入方便等。

⑪ 楼宇间采用光纤连接,提高网络的可靠性。

⑫ 综合考虑系统的可靠性、实用性、开放性、扩展性、先进性和经济性。

6.3.2 校园网规划设计原则

一、分层设计的原则

考虑到校园规模较大,因此,在进行网络规划设计时,必须考虑分层设计,分层的方法:

- 顶层设计:信息中心,核心层;
- 第二层设计:楼宇连接到信息中心,汇聚层;
- 第三层设计:各部门连接到楼宇设备间,接入层。

二、实用性和集成性原则

在系统充分适应校园信息化的需求的基础上,必须能将各种先进的软硬件设备有效地集成在一起,使系统的各个组成部分能充分发挥作用,协调一致地进行高效工作。

三、先进性与安全性原则

在进行系统设计时针对软件选择、硬件选择、网络管理软件选择,尽可能选用最新版本的软件系统,设备要尽可能选择最适用的硬件配置,能进行安全管理。网络的安全是至关重要的,在某些情况下,宁可牺牲系统的部分功能也必须保证系统的安全。

四、可维护性与可管理性原则

整个网络系统中的所有设备应使用方便、操作简单易学,并便于维护。配备功能强大的网络管理软件,管理员可以有效地管理网络资源,监视网络状态及控制网络的运行。因此,所选的网络设备应支持多种协议,管理员能方便进行网络管理、维护甚至修复。

在设计和实现时,必须充分考虑整个系统的维护性,在系统万一发生故障时能提供有效手段及时进行恢复,尽量减少损失。

五、可扩展性和兼容性原则

网络的拓扑结构应具有可扩展性,即网络必须在系统结构、系统容量与处理能力、物理接连、产品支持等方面具有扩充与升级换代的可能,支持标准性和开放性的系统,采用的产品要遵循通用的工业标准,以便不同的设备能方便灵活地接入网络并满足系统规模扩充的要求。

六、成熟性和高可靠性

作为信息系统基础的网络结构和网络设备的配置及带宽应能充分地满足网络通信的需要。网络硬件体系结构在实际应用中能经过较长时间的考验,在运行速度和性能上都应是稳定可靠的,应拥有完善的、实用的解决方案,并得到较多的第三方开发商和全球范围的支持和使用。同时,应从长远的技术发展来选择具有较好前景的、较为先进的技术和产品,以适应系统未来的发展需要。

可靠性也是衡量一个计算机应用系统的重要标准之一。在确保系统网络环境中单独设备稳定、可靠运行的前提下,还需要考虑网络整体的容错能力、安全性及稳定性,使系统在出现问题和故障时能迅速地修复。因此需要采取一定的预防措施,如对关键应用的主干设备考虑适当的冗余。应急处理信息系统能够全天候工作,达到每周 7×24 小时工作的要求。一个高可靠性的系统才能使用户的投资真正得到回报。

6.3.3 校园网组建方案设计

一、网络建设的具体目标

① 实现专线 200 Mbps 接入,完成对 Internet 网络资源的应用。

② 实现校园内部 100 Mbps,楼宇间 1 000 M 光纤连接。

③ ISP 提供 10 个公网 IP 地址。

④ 各部门都有到本楼层设备间或配线间的物理链路。

⑤ 通过 VLAN 对广播流量进行隔离,减少部门之间不必要的通信量。

⑥ 安装 DHCP 服务器,自动分配 IP 地址,简化管理员工作。

⑦ 安装 WWW、FTP、E-mail、DNS 服务器,提高信息化管理水平。

⑧ 考虑到方便移动设备工作的需要,校园网实现无线局域网覆盖。

⑨ 采用主流的 TCP/IP 协议对网络进行规划。

⑩ 通过三层交换机实现内部子网之间的路由。

⑪ 安装网络管理软件,进行网络安全管理和监控。

⑫ 服务器安装企业版本防病毒系统,用户端安装 360 安全卫士。

二、IP 地址规划

学院租用十个外网 IP 地址,学院内部的所有主机都使用私有 IP,可以考虑使用较普及的 192.168 网段的 IP 地址。在进行 IP 地址规划时,必须考虑如下的原则:

① 唯一性:全学院每台主机的 IP 地址必须唯一。

② 连续性:校园网内部各部门的 IP 地址最好是连续的,以方便管理。

③ 扩展性:每个部门预留足够的 IP 以方便学院扩大规模。

④ 实意性:对校园网服务器等特殊主机的 IP 地址规划时要有实际的意义,例如,服务器的 IP 地址号一般用 100,而网关 IP 一般用 254,便于用户配置使用。

学院租用专线接入互联网,核心路由器与 ISP 路由器通过专线连接,通过在路由器上配置 NAT 技术实现内部用户的互联网访问。内部用户配置 C 类私有 IP 地址:192.168.0.0/24 网段。

普通教职工可以设置自动获取由 DHCP 服务器分配的 IP 地址,学院领导、应用服务器必须分配固定的 IP 地址。在进行网络规划时,需要考虑各部门之间的相对独立性和资源共享的需求,按层次模型进行网络拓扑的设计。

校园网 IP 地址规划见表 6-1。

表 6-1 校园网 IP 地址规划

部 门 或 设 备	设备接口	IP 地 址	说　　明
三层交换机	LAN 接口	192.168.1.1/24	
路由器	S0/1	202.10.5.8/24	
	F0/1	192.168.1.254/24	

续 表

部 门 或 设 备	设备接口	IP 地 址	说 明
防火墙	F0 /1	192. 168. 1. 253 /24	
电子工程系	NIC	192. 168. 10. 0 /24	网段
计算机系	NIC	192. 168. 20. 0 /24	网段
机电系	NIC	192. 168. 30. 0 /24	
数字艺术系	NIC	192. 168. 40. 0 /24	
财经管理系	NIC	192. 168. 50. 0 /24	
外语系	NIC	192. 168. 60. 0 /24	
总务处	NIC	192. 168. 70. 0 /24	
人事处	NIC	192. 168. 80. 0 /24	1—10
财务处	NIC	192. 168. 90. 0 /24	
教务处	NIC	192. 168. 80. 0 /24	11—20
科研处	NIC	192. 168. 80. 0 /24	21—31
学院办公室	NIC	192. 168. 80. 0 /24	31—40
内网 WWW 服务器	NIC	192. 168. 1. 100 /24	192. 168. 1. 254
外网 WWW 服务器	NIC	192. 168. 1. 101 /24	192. 168. 1. 254
电子邮件服务器	NIC	192. 168. 1. 98 /24	192. 168. 1. 254
管理服务器	NIC	192. 168. 1. 97 /24	192. 168. 1. 254
学院领导	NIC	192. 168. 1. 1 - 10 /24	192. 168. 1. 254
无线覆盖	NIC	192. 168. 100. 0 /24	

三、网络拓扑图

依据网络的层次模型的规划及 IP 地址规划的要求,考虑到互联网接入的需求,设计了如图 6 - 10 所示的校园网规划拓扑。

6.3.4 网络设备的选型

该网络组建所需要的设备包括交换机、路由器、防火墙、服务器存储、打印机、复印机硬件,还需要网络操作系统、数据库系统、电子邮件系统、网络管理系统等软件,根据网络规划和设计的实际需求,考虑到校园网经费预算和网络可靠性、稳定性的要求、选择设备时,终端用户的设备更多地要考虑经济性和实用性,信息中心核心层的设备需要更多地考虑可靠性、稳定性,因此,在选择设备时既考虑到将来的扩展需求,也不能有太多冗余的浪费,设备清单和技术参数表见表 6 - 2。

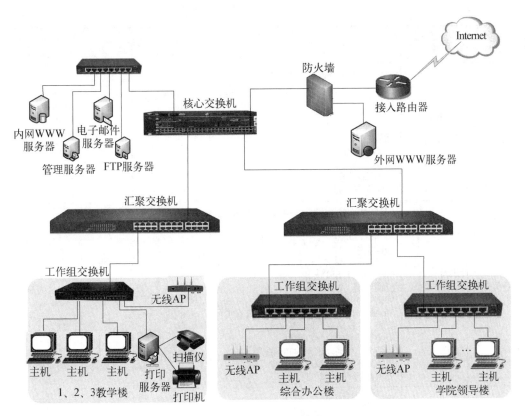

图6-10　校园网规划拓扑

表6-2　设备清单和技术参数表

序号	设备名称	型号	技术参数	单价	数量	小计	备注
1	服务器	华为 E9000 (2620)	CPU：型号 E5 - 26206C,主频 2 MHz,2 个 CPU 最大数量：12 个 内存类型：DDR31333000KHzECC,标配容量：16 GB,最大容量：256 GB 硬盘类型：SAS - 10 000 rpm - 2.5″-16M -热插拔-内置式-拉手条,单个容量：300 GB,数量：2 个 磁盘控制器：RU 120 SAS /SATA RAID 卡,RAID 0、1、1E,0 Cache(LSI 2308) 光驱类型：DVD RW - CD 24X /DVD 8X -USB 2.0 -外置式- USB 2.05V 供电网卡类型：MZ110,GE 端口扣卡,PCIE 2.0 网卡数量：4 个	￥72 600	4	￥290 400	服务器可以配置WWW、FTP、管理、电子邮件服务
2	存储器	华为 S5500T	存储容量：4×600 GB 硬盘插槽数：12 单个硬盘容量：600 GB 硬盘单元(2.5″) 混插功能：是 管理方式：GUL 和 CLI	￥216 000	1	￥216 000	存储

序号	设备名称	型　号	技　术　参　数	单价	数量	小计	备　注
3	二层交换机	华为S2700－26TP－PWR－EIC	交换机类型：S2700－26TP－PWR－EI主机（24 百兆 RJ－45,2 千兆 Combo,PoE,双电源槽位,不含电源） 应用层级：2 层 端口类型：24 个百兆 PoE 电口 背板带宽：32 Gbps 包转发速率：6.6 Mpps VLAN：支持 MAC 地址表：8 KB 可堆叠,网络协议,可支持网管	￥5 500	20	￥110 000	各教学系 2 台,综合部门各 1 台,信息中心 1 台,学院领导楼 1 台
4	三层交换机	华为CE5850－48T4S2Q－EI	CE 5850－48T4S2Q－EI 交换机（48 口千兆 RJ－45,4 口万兆 SFP＋,2 口40G QSFP＋,不含电源、风扇） 应用层级：3 层 端口类型：48 个 10 /100 /1 000 base-T,4个 10 GE SFP＋,2 个 40 GE QSFP＋ 交换容量：1.28 Tbps 包转发速率：252 Mbps VLAN：支持 Access、Trunk、Hybrid 方式 支持 8 KB MAC 地址表 支持删除动态 MAC 地址 支持 MAC 地址老化时间可配置 支持基于端口的 MAC 地址学习使能控制 支持黑洞 MAC 地址				
5	路由器	思科：CISCO 2951 /K9	端口类型：以太网 端口数：3 个广域网接口 IPv6 支持：支持 扩展模块插槽：2 个服务模块插槽数＋1个双宽度服务模块插槽数（使用双宽度插槽将占用 2900 中的所有单宽度服务模块插槽）＋4 个 EHWIC 插槽＋2 个双宽度 EHWIC 插槽（使用双宽度EHWIC 插槽将占用两个 EHWIC 插槽）＋1 个 ISM 插槽＋3 个板载 DSP（PVDM） Flash 内存：256 MB 内存：512 MB,最大 2 GB 包转发速率：75 Mpps VPN、QoS、路由协议、网管功能支持 其他特性：2 个外部 USB2.0 闪存插槽、1 个 USB 控制台端口、1 个串行控制台端口、1 个串行辅助端口 网卡数量：4 个	￥31 000	4	￥124 000	用于信息中心与各楼宇之间的子网连接
6	防火墙	思科ASR1004	端口类型：广域网端口 端口数：大于 12 IPv6 支持：支持 扩展模块插槽：4 Flash 内存：512 MB 内存4 GB,最大 8 GB 包转发速率：23 Mpps VPN：支持 QoS：支持 路由协议：支持 网管功能：支持	￥19 260	1	￥19 260	

序号	设备名称	型号	技术参数	单价	数量	小计	备注
7	ADSL+无线AP	腾达FH303	端口类型：RJ-45 端口数：广域网端口1个,局域网端口4个 Flash内存：8 MB 内存：32 MB 包转发速率：140 Kpps QoS：支持 路由协议：NAT 网管功能：有	￥165	20	￥3 300	每栋楼4个
8	打印机	惠普 HP Office-jet 7500A	打印幅面：A3+宽幅 色彩：彩色 打印速度(A4)：黑白33页彩色32页 打印分辨率：600×600 墨盒类型：HP 920 接口类型：1个USB 2.0接口,1个网络接口,1个WiFi 802.11b/g/n接口,1个传真接口,2个存储卡接口	￥2 500	15	￥37 500	共享
9	扫描仪	方正/Z812	扫描幅面：A4 扫描原件：CCD 光学分辨率：600×1 200 扫描速度：12PPM(200DPI灰度) 色彩深度：48位 接口：USB 2.0标准接口	￥1 600	15	￥24 000	共享
10	软件系统	应用系统软件	网络操作系统 数据库系统 电子邮件系统 网络管理系统 企业版防病毒软件	￥200 000	1	￥200 000	
11	综合布线	五类线、光纤	楼宇内部五类线、楼宇间光纤	￥15 000	1	￥15 000	
12	设备、软件及耗材小计					￥1 361 860	
13	系统集成		系统集成与测试			￥102 140	占设备总费用的7.5%
	合　计					￥1 464 000	

说明：表6-2中所有设备的技术参数和报价均来自北京市政府采购网 http://www.bgpc.gov.cn。

6.3.5　方案特点

本方案很好地解决了用户要求的8个问题,即互联网接入、Web服务器内外网访问、非法用户访问隔离、子网划分安全、各种应用服务器配置管理、无线网络覆盖、灵活扩展、资源共享。

互联网接入：租用中国移动 200 M 带宽的专线，通过租用电信光纤专线接入，实现用户的互联网接入。

Web 服务器内外网访问：该网络选用了 Windows Server 2008 操作系统，并安装了内置的 IIS 服务，申请了互联网域名 xxzy. edu. cn 提供了内网的信息发布与外网的 Web 访问。

非法用户访问隔离：安装了思科 ARS1004 防火墙，有效地隔离了的非法用户的内网访问。

子网划分安全：考虑到同一部门可能不在同一物理区域的情况，要求进行 VLAN 的划分，以保证同一部门员工之间的通信方便，也隔离了部门之间不合理的数据传输，该设备选型选用的二层交换机都是支持 VLAN 功能的交换机，核心交换机选用了具有路由功能的三层交换机，启用交换机的路由功能之后，VLAN 之间可以实现通信，也能保证子网络之间不必要的通信，保证了网络安全。

各种应用服务器配置管理：安装了电子邮件服务器、数据库服务器、FTP 服务器、管理服务器，方便信息中心管理员管理和用户资源访问。

无线网络覆盖：校园网各部门都配备了无线 AP，既可以实现有线用户的互联网接入，也可以实现移动用户的无线接入，实现了校园的无线覆盖。

灵活扩展：选用交换机时都预留了足够的端口数，方便将来学院规模扩大时增加主机数。

资源共享：各部门配置的打印机和扫描仪，部门内部通过一台安装了打印机的主机，设置为共享后即可实现资源的共享。

费用符合预算：从表 6-2 可以看到，本项目的设备和材料的总费用 1 361 860 元 + 系统集成费 102 140 元，费用共为 1 464 000 元，没有超过 150 万元的总预算。

 小 结

本章对局域网的规划设计过程做了详细的阐述，从需求分析、软件的规划和局域网相关系统软件的选择，到硬件规划和选择，以及综合布线均有较为细致的讲解。通过本章的学习，读者将掌握中型局域网组建、技术文档撰写等基础知识，以及综合布线系统的概念、分类、验收等基础知识，对局域网的规划设计有一个总体的把握，并通过校园网设计方案典型案例分析，全面介绍了局域网组建设计方案的设计与设备选型的原则。

项目实训　制订校园局域网组建方案

一、实训目的

1. 掌握局域网需求分析文档的书写技术，能写出中小型局域网的解决方案及其相关文档，能评价网络设备的性能，并能进行网络设备选型。

2. 能根据用户需求进行局域网解决方案的制订。

3. 能进行局域网综合布线系统的设计。

二、实训内容

1. 项目背景。

某中学现有教职工 300 人,25 个班级,1 500 名学生,是一所集初、高中六年一贯制的寄宿制学校。学校共计面积 50 亩地,有 5 栋楼,其中教学楼 2 栋(初中、高中各 1 栋),另外 3 栋分别为综合实训楼、综合办公楼、学生公寓。

学校早期校园网络主要是共用内部教育系统主机资源,共享简单数据库,多以二层交换为主,很少有三层应用,存在安全性差、可管理性较差、无业务增值能力等方面的问题。现在学校校园网建设要实现内部全方位的数据共享,应用三层交换,提供全面的 QoS 保障服务,使网络安全可靠,从而实现教育管理、多媒体教学、图书馆管理自动化,而且还要通过 Internet 实现远程教学,提供可增值可管理的业务,使之具备高性能、高安全性、高可靠性,以及开放性、兼容性、可扩展性。

2. 项目要求。

根据用户对局域网组建的要求,进行用户需求分析,完成用户局域网组建方案的制订,包括:用户局域网的规划方案、网络拓扑、综合布线方案、网络设备的选型、网络应用服务器的选择、网络操作系统与管理软件的选择、网络应用服务器的构建方案、局域网的用户与资源规划与管理策略、局域网的安全策略、Internet 接入方案及网络工程的验收标准与验收方案。

三、实训报告及要求

1. 根据项目背景及要求,通过市场调研完成该学校局域网组建方案的制订与撰写。
2. 要求对设备的选型进行比较。
3. 要求有项目工程的验收文档。
4. 建议学生分组后,每个人完成不同的任务,最后协作完成总体方案。

习　题

1. 局域网的综合评价包括哪些方面的内容?
2. 如果要组建一个局域网,应该考虑哪些方面的内容?
3. 网络拓扑结果选择的一般原则是什么?
4. 网络管理软件如何选择?
5. 简单叙述综合布线的基本概念。
6. 综合布线系统包括哪几个子系统? 各自的功能有哪些?
7. 综合布线系统分哪几个等级?
8. 综合布线管理间子系统有哪几种连接形式?

第7章
安装活动目录服务器

Windows Server 网络操作系统的网络服务包括 DNS 服务、WINS 服务、DHCP 服务、E-mail 服务、BQQ 服务、数字证书服务、SSL 站点、加密的电子邮件、路由和远程访问服务等。本章主要介绍基于活动目录的常用 DNS、DHCP、WIN 服务器的配置与管理。

视频

7.1 活动目录概述

活动目录定义与优点

活动目录(Active Directory, AD)服务功能是 Windows 平台的核心组件之一,是 Windows 2000 Server 及之后版本新增的最重要功能之一,它可将网络中各种对象组织起来进行管理,方便了网络对象的查找,加强了网络的安全性,并有利于用户对网络的管理。通过活动目录,用户可以对用户和计算机、域和信任关系,以及站点和服务进行管理。

7.1.1 活动目录相关名词术语

虽然活动目录中用到的许多技术在其他软件产品中已经出现过,但作为全面的整体网络方案还是首次亮相,其中有许多名词或术语或许是闻所未闻的,所以有必要详细了解一下活动目录的有关名词或术语。

一、名字空间

从本质上讲,活动目录就是一个名字空间,可以把名字空间理解为任何给定名字的解析边界,这个边界就是指这个名字所能提供或关联、映射的所有信息范围。名字解析是把一个名字翻译成该名字所代表的对象或者信息的处理过程。Windows 操作系统的文件系统也形成了一个名字空间,每一个文件名都可以被解析到文件本身(包含它应有的所有信息)。

视频

二、对象

活动目录中的对象

对象是活动目录中的信息实体,即通常所见的"属性",但它是一组属性的集合,往往代表了有形的实体,例如用户账户、文件名等。对象通过属性描述它的基本特征,例如,一个用户对象的属性可以包括用户的全名、登录名等,而一个打印机对象的属性可以是打印机名、打印机的位置等。AD 中的对象示意图如图 7-1 所示。

三、容器

容器是活动目录名字空间的一部分,与目录对象一样,它也有属性,但与目录对象不同的是,它不代表有形的实体,而是代表存放对象的空间,因为它仅代表存放一个对象的空间,所以它比名字空间小。

四、目录树

在任何一个名字空间中,目录树是指由容器和对象构成的层次结构。树的叶子节点往往是对象,树的非叶子节点是容器。目录树表达了对象的连接方式,也显示了从一个对象到另一

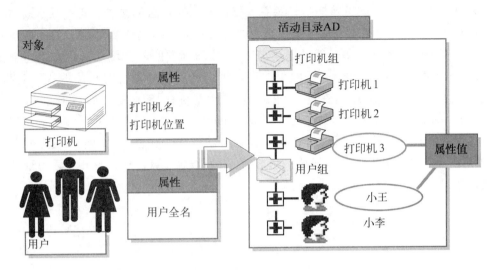

图7-1　AD中的对象示意图

个对象的路径。在活动目录中,目录树是基本的结构,以每一个容器作为起点,层层深入,都可以构成一棵子树。一个简单的目录可以构成一棵树,一个计算机网络或者一个域也可以构成一棵树。

五、域

域是 Windows Server 网络系统的安全性边界。一个计算机网络最基本的单元就是"域",这一点不是 Windows Server 所独有的,但活动目录可以贯穿一个或多个域。在独立的计算机上,域即指计算机本身,一个域可以分布在多个物理位置上,同时一个物理位置又可以划分不同网段为不同的域,每个域都有自己的安全策略以及它与其他域的信任关系。当多个域通过信任关系连接起来之后,活动目录可以被多个信任域共享。

六、组织单元

组织单元是可将用户、组、计算机和其他单元放入活动目录的容器中,包含在域中特别有用的目录对象类型,它不能包括来自其他域的对象。组织单元是可以指派组策略设置或委派管理权限的最小作用单位。使用组织单元,可在组织单元中代表逻辑层次结构的域中创建容器,这样就可以根据组织模型管理账户、资源的配置和使用,可使用组织单元创建可缩放到任意规模的管理模型。可授予用户对域中所有组织单元或对单个组织单元的管理权限,组织单元的管理员不需要具有域中任何其他组织单元的管理权。从管理权限上来讲,可以将组织单元理解为在 Windows NT 操作系统时代的工作组。

七、域树

域树由多个域组成,这些域共享同一表结构和配置,形成一个连续的名字空间。树中的域通过信任关系连接起来,活动目录包含一个或多个域树。域树中的域层次越深级别越低,一个"."代表一个层次,如域 child. Microsoft. com 就比 Microsoft. com 这个域级别低,因为它有两个层次关系,而 Microsoft. com 只有一个层次。同理,域 Grandchild. Child. Microsoft. com 比 Child. Microsoft. com 级别低。

域树中的域是通过双向可传递信任关系连接在一起的。由于这些信任关系是双向的而且是可传递的,因此在域树或域林中新创建的域可以立即与域树或域林中其他的域建立信任关系。这些信任关系允许单一登录过程,在域树或域林中的所有域上对用户进行身份验证,但这不一定意味着经过身份验证的用户在域树的所有域中都拥有相同的权利和权限。因为域是安全界限,所以必须在每个域的基础上为用户指派相应的权利和权限。在Windows Server 2008 中,域之间的信任关系基于 Kerberos 安全协议,因为 Kerberos 信任关系是可传递的,所以域树可以通过信任关系建立层次结构。如图 7-2 所示,域 BITC 与域 JSJ 以及域 JSJ 与域 SOFT 之间有显式的信任关系,所以域 BITC 与域 SOFT 之间形成了隐式的信任关系。

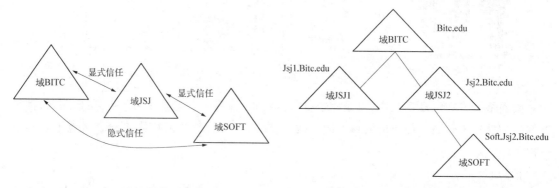

图 7-2　通过信任关系建立起来的域树　　　　图 7-3　从名字空间结构看域树

也可以从名字空间来看待域树的结构关系,域树中的域可以按照父子关系形成层次结构,并进一步形成一个完整的域树名字空间。这样的结构非常适合于把逻辑上分散的对象组织到一致的逻辑结构中。如图 7-3 所示,域 BITC、域 JSJ1、域 JSJ2 和域 SOFT 形成了一个简单的层次结构,这些域可以在同一个名字空间中被命名。

八、域林

域林由一个或多个没有形成连续名字空间的域树组成,它与上面所讲的域树最明显的区别就在于这些域树之间没有形成连续的名字空间,而域树则由一些具有连续名字空间的域组成。但域林中的所有域树仍共享同一个表结构、配置和全局目录。域林中的所有域树通过 Kerberos 信任关系建立起来,所以每个域树都知道 Kerberos 信任关系,不同域树可以交叉引用其他域树中的对象。域林都有根域,域林的根域是域林中创建的第一个域,域林中所有域树的根域与域林的根域建立可传递的信任关系。域林结构图如图 7-4 所示,显示了域林中域树之间的关系。

九、站点

站点是指包括活动目录域控制器的一个网络位置,通常是一个或多个通过 TCP/IP 连接起来的子网。站点内部的子网通过可靠、快速的网络连接起来。站点的划分使得管理员可以很方便地配置活动目录的复杂结构,更好地利用物理网络特性,使网络通信处于最优状态。当用户登录到网络时,活动目录客户机在同一个站点内找到活动目录域控制器,由于同一个站点内的网络通信是可靠、快速和高效的,因此对于用户来说,可以在最短的时间内登录到网络系统中。因为

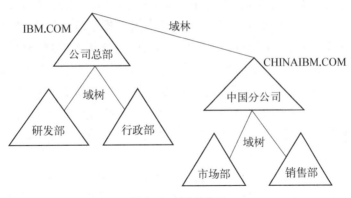

图 7-4　域林结构图

站点是以子网为边界的,所以活动目录在登录时很容易找到用户所在的站点,进而找到活动目录域控制器完成登录工作。

十、域控制器

域控制器是使用活动目录安装向导配置的 Windows Server 的计算机。活动目录安装向导安装和配置为网络用户和计算机提供活动目录服务的组件,以供用户选择使用。域控制器存储着目录数据并管理用户域的交互关系,其中包括用户登录过程、身份验证和目录搜索,一个域可有一个或多个域控制器。为了获得高可用性和容错能力,使用单个局域网(LAN)的小单位可能只需要一个具有两个域控制器的域。具有多个网络位置的大公司在每个位置都需要一个或多个域控制器以提供高可用性和容错能力。

Windows Server 2008 域控制器扩展了 Windows NT 4.0 Server 的域控制器所提供的能力和特性,Windows Server 2008 多宿主复制使每个域控制器上的目录数据同步,以确保随着时间的推移这些信息仍能保持一致,也就是说是动态的,这就是活动目录的作用。

7.1.2　活动目录的结构

活动目录是一个分布式的目录服务,因为信息可以分散在多台不同的计算机上,保证各计算机用户快速访问和容错;同时不管用户从何处访问或信息在何处,对用户都提供统一的视图,使用户更加容易理解和掌握 Windows Server 的各种功能。活动目录集成了 Windows Server 服务器的关键服务,例如域名服务(DNS)、消息队列服务(MSMQ)、事务服务(MTS)等。在应用方面活动目录集成了关键应用,例如电子邮件、网络管理、ERP 等。要理解活动目录,必须从它的逻辑结构和物理结构入手。

一、逻辑结构

活动目录的逻辑结构非常灵活,它为活动目录提供了完全的树状层次结构视图,为管理员和用户查找、定位对象提供了极大的方便。活动目录中的逻辑单元包括域、组织单元(Organizational Unit,OU)、域树和域林。

1. 域、域树、域林

域是 Windows Server 网络系统的安全性边界,是活动目录中逻辑结构的核心单元。一

视频

活动目录和
域的关系

个计算机网络最基本的单元就是域,不论是 Windows NT 4.0 还是 Windows 2000 中,域的概念都是存在的,而活动目录可以贯穿一个或多个域。多个域可以组合为域树,这些域共享统一表结构和配置,形成一个连续的名字空间。其中,域树中的第一个域称为树根,同一棵树中的其他域则称为子域。同一棵树上紧位于指定域上方的域称为子域的父域。单一域树中的所有域都共享一个层次命名结构,子域的域名由子域名称再加上父域名称组成。例如,project.department.company.com 是 company.com 域的一个子域,它们共享同一根域,又称为共享一个连续名字空间。一个域树或多个域树可以构成域林,域林中不同的树具有独立的根。

域是对象(例如计算机、用户等)的容器,域与域之间具有一定的信任关系,一个域中的用户由另一域中的域控制器进行验证后,能访问另一个域中的资源。所有域信任关系中只有两种域:信任关系域和被信任关系域。信任关系就是域 A 信任域 B,则域 B 中的用户可以通过域 A 中的域控制器进行身份验证后访问域 A 中的资源,因此域 A 与域 B 之间的关系就是信任关系。被信任关系就是被一个域信任的关系,在如图 7-2 所示的例子中域 JSJ 就是被域 BITC 信任,域 JSJ 与域 BITC 的关系就是被信任关系。信任与被信任关系可以是单向的,也可以是双向的,即域 BITC 与域 JSJ 之间可以是单方面的信任关系,也可以是双方面的信任关系。而在域中传递信任关系不受关系中两个域的约束,是经父域向上传递给域目录树中的下一个域,也就是说如果域 BITC 信任域 JSJ,则域 BITC 也就信任域 JSJ 下面的子域 JSJ1、域 JSJ2……传递信任关系总是双向的:关系中的两个域互相信任(是指父域与子域之间)。在默认情况下,域目录树或目录林(目录林可以看作由同一域中的多个目录树组成)中的所有 Windows Server 2008 信任关系都是传递的。通过大大减少需管理的委托关系数量,将在很大程度上简化域的管理。

Windows Server 2008 中的域传递信任关系一般是系统自动的,但对于相同域目录树或域林中的 Windows 2000 Server 域,也可以显式(手工)地创建传递信任关系。这对于形成交叉链接信任关系是非常重要的。不传递信任关系受关系中两个域的约束,并且不经父域向上传递到域目录树中的下一个。必须显式地创建不传递信任关系。在默认情况下,不传递信任关系是单向的,尽管也可以通过创建两个单向信任关系创建一个双向信任关系。所有不属于相同域目录树或域林中 Windows 2000 Server 域间建立的委托关系都是不传递的。所有 Windows Server 2008 域和 Windows NT 4.0 Server 域之间的委托关系都是不传递的,对于同时使用 Windows Server 2008 和 Windows NT 4.0 Server 域控制器的企业应特别注意这一点,当从 Windows NT 升级到 Windows 2000 时,所有现有的 Windows NT 信任关系都将保持不变。在混合模式的网络中,所有 Windows NT 信任关系都是不传递的。Windows Server 2008 域和 Windows NT 4.0 Server 域目录林中的 Windows Server 2008 域和另一目录林中的 Windows 2000 Server 域、Windows Server 2008 域和 MIT KerberosV5 域单向信任关系是单独的委托关系。双向信任关系包括一对单向委托关系,所有传递信任关系都是双向的。为使不传递信任关系成为双向的,必须在所涉及的域间创建两个单向信任关系。

图 7-5 所示为一个完整的活动目录逻辑结构示意图,可以看出,域林由域树组成,域树又由域组成,域中的对象可以按组织单元划分,组织单元把对象组织起来。

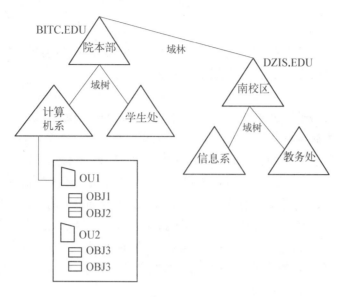

图 7 - 5　活动目录逻辑结构示意图

2. 组织单元

组织单元(Organizational Unit,OU)是一个容器对象,它也是活动目录的逻辑结构的一部分,可以把域中的对象组织成逻辑组,它可以简化管理工作。OU 可以包含各种对象,例如用户账户、用户组、计算机、打印机等,甚至可以包括其他的 OU,所以可以利用 OU 把域中的对象形成一个完全逻辑上的层次结构。对于企业来讲,可以按部门把所有的用户和设备组成一个 OU 层次结构,也可以按地理位置形成层次结构,还可以按功能和权限分成多个 OU 层次结构。很明显,通过组织单元的包容,组织单元具有很清楚的层次结构,这种包容结构可以使管理者把组织单元切入到域中以反映出企业的组织结构并且可以委派任务与授权。建立包容结构的组织模型能够解决许多问题,同时仍然可以使用大型的域,域树中每个对象都可以显示在全局目录中,从而用户就可以利用一个服务功能轻易地找到某个对象而不管它在域树结构中的位置。

由于 OU 层次结构局限于域的内部,因此一个域中的 OU 层次结构与另一个域中的 OU 层次结构没有任何关系。因为活动目录中的域可以比 NT4 域容纳更多对象,所以一个企业有可能只用一个域来构造企业网络,这时候就可以使用 OU 来对对象进行分组,形成多种管理层次结构,从而极大地简化网络管理工作。组织中的不同部门可以成为不同的域,或者一个组织单元,从而采用层次化的命名方法来反映组织结构和进行管理授权。顺着组织结构进行颗粒化的管理授权可以解决很多管理上的头疼问题,在加强中央管理的同时,又不失机动灵活性。

二、物理结构

活动目录的物理结构与逻辑结构有很大的不同,它们是彼此独立的两个概念。逻辑结构侧重于网络资源的管理,而物理结构则侧重于网络的配置和优化。活动目录的物理结构主要着眼于活动目录信息的复制和用户登录网络时的性能优化。物理结构的两个重要概念是站点和域控

视频

活动目录的
物理结构

205

制器。

1. 站点

活动目录中的站点与域是两个完全独立的概念,一个站点中可以有多个域,多个站点也可以位于同一个域中。站点与域名空间没有必然的联系。

2. 域控制器

尽管活动目录支持多主机复制方案,但由于复制引起的通信流量,以及网络潜在的冲突,变化的传播并不一定能够顺利进行。因此,有必要在域控制器中确定全局目录控制器操作主机。全局目录是一个信息仓库,包括活动目录中所有对象的一部分属性,这往往是在查询过程中访问最为频繁的属性。利用这些信息,可以定位到任何一个对象实际所在的位置。全局目录控制器是一个域控制器,它保存了全局目录的一个副本,并执行对全局目录的查询操作。全局目录控制器可以提高活动目录中大范围内对象搜索的性能,例如在域林中查询所有的打印机操作。如果没有全局目录控制器,那么这样的查询操作必须调动域林中每一个域的查询过程。如果域中只有一个域控制器,那么它就是全局目录控制器;如果有多个域控制器,那么管理员必须将其中一个域控制器配置为全局目录控制器。

7.1.3　活动目录的角色与作用

Windows Server 2008 家族改进了 Active Directory 的易管理性,简化了迁移和部署工作的复杂程度并引入了一些关键特性,使它成为最为灵活的目录服务之一。

一、活动目录(AD)的角色

1. 架构主机

具有架构主机角色的域控制器(DC)是可以更新目录架构的唯一 DC。这些架构更新会从架构主机复制到目录林中的所有其他域控制器中。架构主机是基于目录林的,整个目录林中只有一个架构主机。

2. 域命名主机

具有域命名主机角色的 DC 是可以执行以下任务的唯一 DC: 在目录林中添加新域;从目录林中删除现有的域;添加或删除描述外部目录的交叉引用对象。

3. 相对标识号(RID)

主机负责向其他 DC 分配 RID 池。网络中只有一个服务器执行此任务。在创建安全主体(例如用户、组或计算机)时,需要将 RID 与域范围内的标识符相结合,以创建唯一的安全标识符 (SID)。每一个 Windows Srever 2008 DC 都会收到用于创建对象的 RID 池(默认为 512)。相对标识号(RID)主机通过分配不同的池来确保这些 ID 在每一个 DC 上都是唯一的。通过 RID 主机,还可以在同一目录林中的不同域之间移动所有对象。域命名主机是基于目录林的,整个目录林中只有一个域命名主机。RID 主机是基于域的,目录林中的每个域都有自己的 RID 主机。

4. 主域控制器模拟器(PDCE)

主域控制器模拟器提供以下主要功能:向后兼容低级客户端和服务器,允许 Windows NT 4.0 备份域控制器(BDC)加入到新的 Windows Srever 2008 环境。本机 Windows Srever 2008

环境将密码更改转发到 PDCE。每当 DC 验证密码失败后,它会与 PDCE 取得联系,以查看该密码是否可以在那里得到验证,也许其原因在于密码更改还没有被复制到验证 DC 中。时间同步——目录林中各个域的 PDCE 都会与目录林的根域中的 PDCE 进行同步。PDCE 是基于域的,目录林中的每个域都有自己的 PDCE。

5. 基础结构主机

基础结构主机可确保所有域间操作对象的一致性。当引用另一个域中的对象时,此引用包含该对象的全局唯一标识符(GUID)、安全标识符(SID)和可分辨的名称(DN)。如果移动被引用的对象,则在域中担当结构主机角色的 DC 会负责更新该域中跨域对象引用中的 SID 和 DN。基础结构主机是基于域的,目录林中的每个域都有自己的默认基础结构主机,这五种灵活单主机操作(FSMO)存在于目录林根域的第一台 DC(主域控制器)上,而子域中的 RID 主机、PDCE 、基础结构主机存在于子域中的第一台 DC 上。

二、活动目录(AD)的作用

全局编录(Global Catalog,简称 GC)是存储林中所有 Active Directory 对象的副本的域控制器。全局编录存储林中主域的目录中所有对象的完全副本,以及林中所有其他域中所有对象的部分副本。其主要作用如下所述。

1. 存储对象信息副本,提高搜索性能

全局编录服务器中除了保存本域中所有对象的所有属性外,还保存林中其他域所有对象的部分属性,这样就允许用户通过全局编录信息搜索林中所有域中对象的信息,而不用考虑数据存储的位置。通过 GC 执行林中搜索时可获得最大的速度并产生最小的网络通信量。

2. 存储通用组成员身份信息,帮助用户构建访问令牌

全局组成员身份存储在每个域中,但通用组成员身份只存储在全局编录服务器中。

用户在登录过程中需要由登录的 DC 构建一个安全的访问令牌,而要构建成功一个安全的访问令牌,需由三方面信息组成:用户 SID,组 SID,权力。其中用户 SID 和用户权力可以由登录 DC 获得,但对于获取组 SID 信息,需要确定该用户属不属于通用组,而通用组信息只保存在 GC 中。所以当 GC 发生故障时,负责构建安全访问令牌的 DC 就无法联系 GC 来确认该用户组的 SID,也就无法构建一个安全的访问令牌。

注:

在 Windows Srever 2008 中,可以通过通用组缓存功能解决 GC 不在线无法登录的情况。

3. 提供 UPN 登录身份验证

当执行身份验证的域控制器没有用户主机名称(UPN)账号信息时,将由 GC 解析 UPN 进行身份验证,以完成登录过程。

4. 验证林中其他域对象的参考

当域控制器的某个对象的属性包含有另一个域某个对象的参考时,将由全局编录服务器来完成验证。

7.2 添加活动目录角色

活动目录的安装配置过程并不是很复杂，因为 Windows Server 2008 中提供了安装向导，只需按照向导提示根据系统要求设定即可。但安装前的准备工作比较复杂，只有在充分理解了活动目录的前提下才能正确地安装配置活动目录。

7.2.1 活动目录安装规划

活动目录具有信息安全性、基于策略的管理、可扩展性、可伸缩性、信息的复制、与 DNS 集成、与其他目录服务的互操作性、灵活查询等优点，微软的成功和创造性之一就是成功地全面引入了活动目录服务，活动目录安装前需要进行充分的规划，才能更好完成 AD 的安装。

由于活动目录与域名系统(Domain Name System, DNS)集成，共享相同的名字空间结构，因此要注意两者之间的差异。

一、DNS 是一种名称解析服务

DNS 客户机向配置的 DNS 服务器发送名称查询。DNS 服务器接收名称查询，然后通过本地存储的文件解析名称查询，或者查询其他 DNS 服务器进行名称解析。DNS 不需要活动目录就能运行。

二、活动目录是一种目录服务

活动目录提供信息存储库以及让用户和应用程序访问信息的服务。活动目录客户使用"轻量级目录访问协议"(Lightweight Directory Access Protocol, LDAP)向活动目录服务器发送查询。要定位活动目录服务器，活动目录客户机将查询 DNS。

活动目录需要 DNS 才能工作。即活动目录用于组织资源，而 DNS 用于查找资源，只有它们共同工作才能为用户或其他类似请求返回信息。DNS 是活动目录的关键组件，如果没有 DNS，活动目录就无法将用户的请求解析成资源的 IP 地址，因此在安装和配置活动目录之前，我们必须对 DNS 有深入的理解。

三、规划活动目录

在安装活动目录之前，管理员首先要对活动目录的结构进行细致的规划设计，让用户和管理员在使用和管理时更为方便。

1. 规划 DNS

如果用户准备使用活动目录，则需要首先规划名字空间。当 DNS 域名字空间可在 Windows Server 2008 中正确执行之前，需要有可用的活动目录结构。所以，从活动目录设计着手并用适当的 DNS 名字空间支持它。选择 DNS 名称用于活动目录域时，从保留在 Internet 上使用的已注册 DNS 域名后缀开始(如 bitc. edu)，并将该名称和单位中使用的地理(部门)名称结合起来，组成活动目录域的全名。例如，microsoft 的 sales 组可能称他们的域为"sales. microsoft. com"。这种命名方法确保每个活动目录域名是全球唯一的。而且，这种命名方法一旦被采用,使用现有名称作为创建其他子域的父名称以及进一步增大名字空间以供单位中的新部门使用的过程将变得非常简单。

2. 规划用户的域结构

最容易管理的域结构就是单域。规划时,用户应从单域开始,并且只有在单域模式不能满足用户的要求时,才增加其他的域。单域可跨越多个地理站点,并且单个站点可包含属于多个域的用户和计算机。在一个域中,可以使用组织单元(OU)来实现这个目标。然后,可以指定组策略设置并将用户、组和计算机放在组织单元中。

3. 规划用户的委派模式

用户可以将权限下派给单位中最底层部门,方法是在每个域中创建组织单元树,并将部分组织单元子树的权限委派给其他用户或组。通过委派管理权限,用户不再需要那些定期登录到特定账户的人员,这些账户具有对整个域的管理权。尽管用户还拥有整个域的管理授权的管理员账户和域管理员组,但仍可以保留这些账户以备少数管理员偶尔使用。

7.2.2　活动目录安装前的准备

活动目录是整个 Windows Server 2008 操作系统中的一个关键服务,它不是孤立的,它与许多协议和服务有着非常紧密的关系,还涉及整个 Windows Server 2008 操作系统的系统结构和安全。安装活动目录不像安装一般 Windows 组件那么简单,在安装前要进行一系列的策划和准备。否则无法享受到活动目录所带来的优越性,更严重的是不能正确安装活动目录这项服务。准备工作如下所述。

(1) 已经有一台服务器安装了 Windows Server 2008,且至少有一个 NTFS 分区,而且已经为 TCP/IP 配置了 DNS 协议,并且 DNS 支持服务定位(SRV)记录和动态更新协议。

(2) 要规划好整个系统的域结构,活动目录可包含一个或多个域,如果整个系统的目录结构规划得不好,就不能很好地发挥活动目录的优越性。选择根域(就是一个系统的基本域)是关键,根域名字的选择可以有以下几种方案。

① 可以使用一个已经注册的 DNS 域名作为活动目录根域名,公司的公网与私网使用相同的 DNS 注册域名。

② 使用一个已经注册的 DNS 域名的子域名作为活动目录的根域名。

③ 为活动目录选择一个与已经注册的 DNS 域名完全不同的域名。内外网使用不同的域名。

(3) 要进行域和账户命名策划,AD 中每个用户账户都有一个用户登录名、一个 Windows Server 2008 以前版本的用户登录名(安全账户管理器的账户名)和一个用户主要名称后缀。在创建用户账户时,管理员输入其登录名并选择用户主要名称,活动目录建议 Windows Server 2008 以前版本的用户登录名使用此用户登录名的前 20 个字节。活动目录命名策略是企业规划网络系统的第一个步骤,命名策略直接影响到网络的基本结构,甚至影响网络的性能和可扩展性。活动目录为现代企业提供了很好的参考模型,既考虑到了企业的多层次结构,又考虑到了企业的分布式特性,甚至为直接接入因特网提供完全一致的命名模型。

(4) 注意设置规划好域间的信任关系,对于 Windows Server 2008 计算机,通过基于

Kerberos V5 安全协议的双向、可传递信任关系启用域之间的账户验证。在域树中创建域时,相邻域(父域和子域)之间自动建立信任关系。在域林中,根域和添加到域林的每个域树的根域之间自动建立信任关系。如果这些信任关系是可传递的,则可以在域树或域林中的任何域之间进行用户和计算机的身份验证。

7.2.3　添加活动目录的步骤

可以在操作系统安装过程中选择"活动目录"选项,也可以用 dcpromo. exe 命令安装活动目录。dcpromo. exe 是一个图形化的向导程序,引导用户建立域控制器,可以新建一个域林、一棵域树,或者仅仅是域控制器的另一个备份,非常方便。很多其他的网络服务,例如 DNS 服务器、DHCP 服务器和认证服务器等,都可以在以后与活动目录集成安装,便于实施策略管理等。这个图形化界面向导程序也没有什么特别之处,只要在前面理解好了活动目录的含义,并进行了安装前的一系列规划,就可以很容易完成所有的安装任务。

用户可以根据目录网络中的域情况创建新域控制器、新建子域、新建域目录树或目录林等,可将现有的服务器设置为备份域控制器,加入旧域、旧目录树或目录林。

活动目录必须安装到 NTFS 分区上,如果安装 Windows Server 2008 操作系统使用的是 FAT 或 FAT32 分区,可以在完成安装之后使用 convert. exe 程序把 FAT 或 FAT32 分区转化为新版本的 NTFS 分区,然后进行活动目录的安装,安装操作步骤如下。

1. 安装 Active Directory 域服务

(1) 安装 Active Directory 域控制器(AD 域服务器)。单击"开始"→"所有程序"→"管理工具"→"服务器管理器",打开"服务器管理器"窗口,单击"添加角色",出现如图 7-6 所示的"选择服务器角色"窗口,选择其中的"Actice Directory 域服务"复选框,单击"下一步"按钮,打开"域服务简介"对话框,其中简要介绍了域服务作用和注意事项,并强调,AD 需要 DNS 服务器的支持,如果事先没安装 DNS 服务器,在安装时系统会提示安装 DNS 服务器角色,单击"下一步"按钮后进入"确认安装选择"窗口,单击"安装",正式进行安装域服务。

(2) 安装完成后,系统显示如图 7-7 所示的安装结果信息。

2. 安装 Active Directory 域控制器

(1) 单击"开始"→"运行",在文本框中输入"dcpromo. exe"命令, 按回车启动"Active Directory 域服务安装向导", 如图 7-8 所示。

(2) 单击"下一步"按钮,进入图 7-9 所示的"操作系统兼容性"说明窗口,此窗口提示用户,Widows Server 2008 域中改进的安全设置会影响以前版本的 Windows。

(3) 单击"下一步"按钮,进入"选择某一部署配置"对话框,如图 7-10 所示。由于是新安装域控制器,因此选择"在新林中新建域"单选按钮。

(4) 单击"下一步"按钮,进入"命名林根域"对话框,在"目录林根级域的 FQDN"文本框中输入该林的根域名"network. edu",如图 7-11 所示。

(5) 单击"下一步"按钮,系统显示检查是否在使用根域的相关信息,检查完成后,显示图 7-12 所示的"设置林功能级别"对话框。

功能级别确定了在域或林中启用的 Active Directory 域服务(AD DS) 的功能。它们还将限

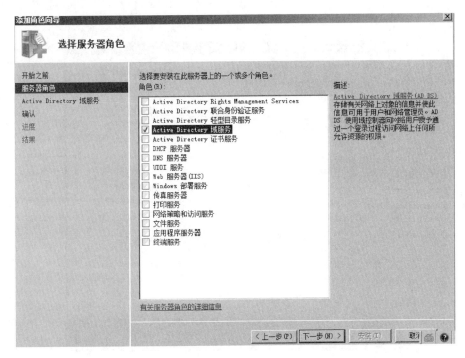

图 7 - 6　选择"Active Directory 域服务"

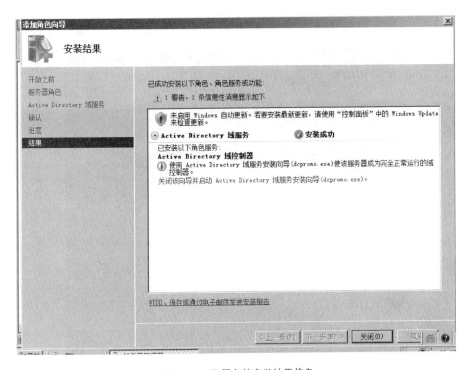

图 7 - 7　AD 服务的安装结果信息

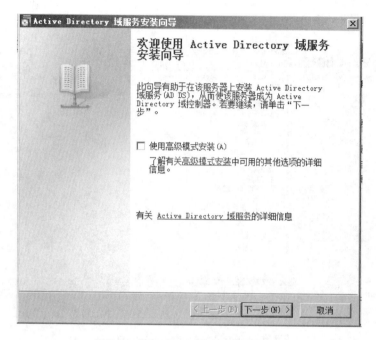

图 7-8　Active Directory 域服务安装向导

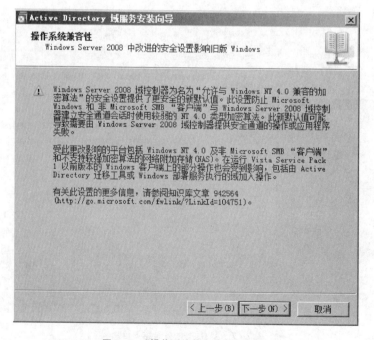

图 7-9　"操作系统兼容性"说明窗口

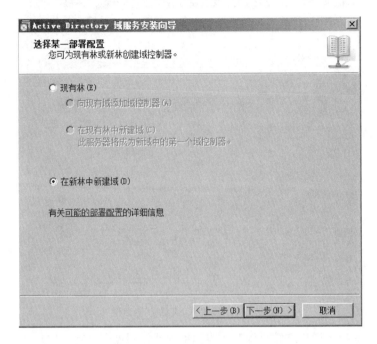

图 7 - 10　"选择某一部署配置"对话框

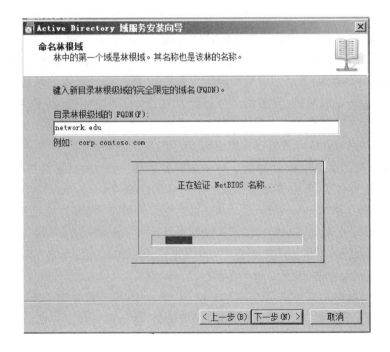

图 7 - 11　"命名林根域"对话框

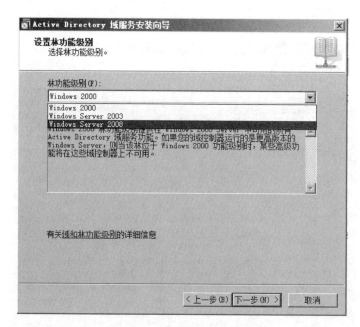

图 7-12 "设置林功能级别"对话框

制哪些 Windows Server 操作系统可以在域或林中的域控制器上运行。但是,功能级别不会影响那些操作系统在连接到域或林的工作站和成员服务器上运行。

创建新域或新林时,将域和林功能级别设置为环境可以支持的最高值。这样一来,就可以尽可能充分利用尽量多的 AD DS 功能。例如,如果系统肯定不会将运行 Windows Server 2003(或任何较早的操作系统)的域控制器添加到域或林,请选择 Windows Server 2008 功能级别。另外,如果系统中可能会添加运行 Windows Server 2003 或更早版本的域控制器,则请选择 Windows Server 2003 功能级别。如果不能确定系统中是否有低版本的域控制器,则先选择 Windows Server 2003 功能级别,安装后可以提升功能级别。但如果选高了,则不能降低功能级别。

安装新的林时,系统会提示设置林功能级别,然后设置域功能级别。

注意:不能将域功能级别设置为低于林功能级别的值。例如,如果将林功能级别设置为 Windows Server 2008,则只能将域功能级别设置为 Windows Server 2008 或以上版本。Windows Server 2000 和 Windows Server 2003 域功能级别值在"设置功能级别"向导页中不可用。此外,默认情况下随后向该林添加的所有域都将具备 Windows Server 2008 域功能级别。

(6) 在"林功能级别"下拉列表中选择"Windows Server 2008"后,单击"下一步"按钮,进入"其他域控制器选项"对话框,如图 7-13 所示。

(7) AD 域控制器必须有 DNS 服务器的支持,因此,此处默认选中了"DNS 服务器"复选框,单击"下一步"按钮。开始检查 DNS 配置,并打开警告框,提示没有找到父域,无法创建 DNS 服务器的委派,如图 7-14 所示。

(8) 单击"是",打开"数据库、日志文件和 SYSVOL 的位置"对话框,显示默认的数据库和日志文件存放的位置,如图 7-15 所示。为了提高系统性能,并便于日后出现故障时恢复,建议将

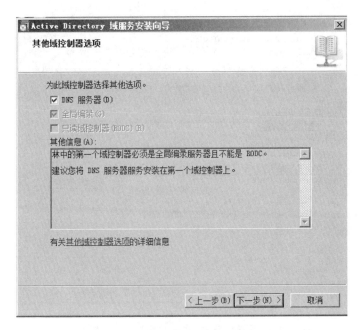

图 7 - 13　"其他域控制器选项"对话框

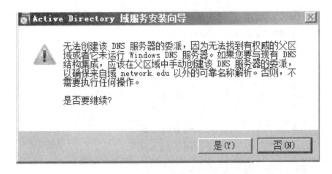

图 7 - 14　安装 DNS 服务器提示信息

数据库和日志文件的文件夹指定为非系统分区,可以更改为 D 盘保存。

注意:

共享的系统卷 sys. vol 文件夹必须存放在 NTFS 文件格式的硬盘上,若给定的硬磁盘或目录不是 NTFS 文件系统,则系统会给出提示信息,要求用户将文件系统转换为 NTFS 文件系统。

(9) 单击"下一步"按钮,打开如图 7 - 16 所示的"目录服务还原模式的 Administrator 密码"对话框,用于设置在还原目录服务时的密码,这一步很重要,在日后的维护还原时要用到,所以要牢记密码。如果不记得该密码,则活动目录无法恢复。

注意:还原密码必须与域管理员账户的密码不同。

如果用户正在林中创建第一个域控制器,则 Active Directory 域服务安装向导将强制在本地服务器上生成密码策略。

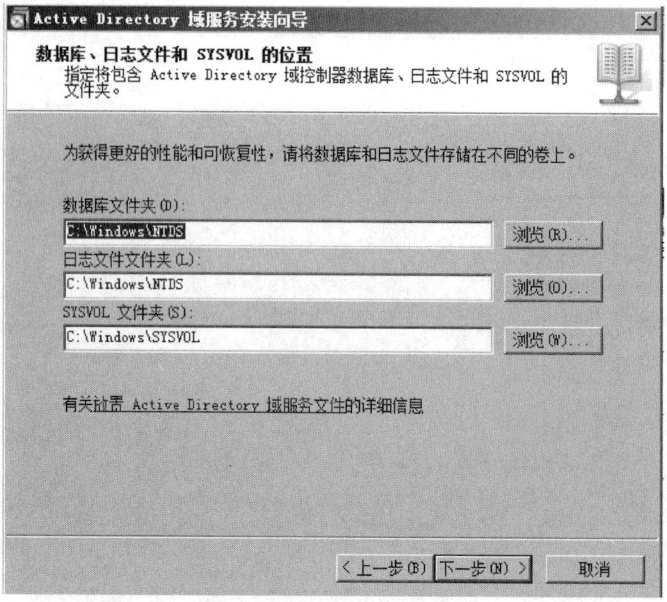

图 7-15 "数据库、日志文件和 SYSVOL 的位置"对话框

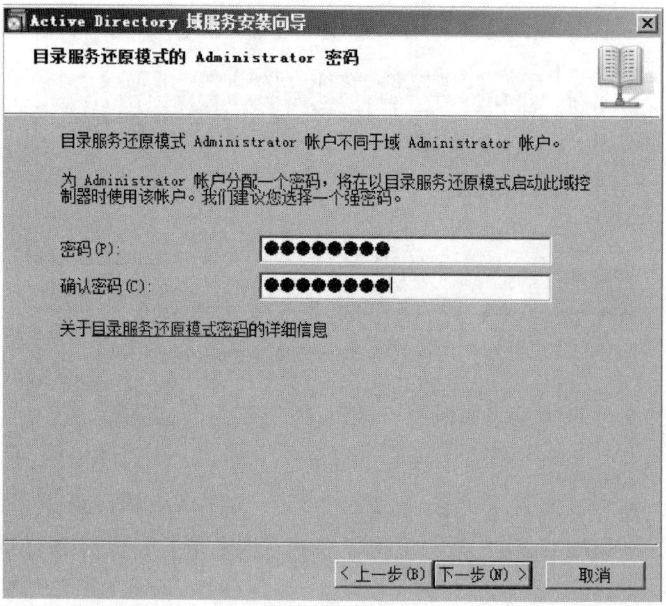

图 7-16 "目录服务还原模式的 Administrator 密码"对话框

对于所有的其他域控制器安装,Active Directory 域服务安装向导将强制在用作安装伙伴的域控制器上生效密码策略。这意味着,指定的 DSRM 密码必须符合包含安装伙伴的域的最小密码长度、历史记录和复杂性要求。默认情况下,必须提供包含大写和小写字母组合、数字和符号的加强密码。请务必保护还原密码。安装后向未经授权的个人泄露还原密码会带来安全风险。恶意用户可以使用该密码启动还原网络中的域控制器,随后导致在林中出现问题。

(10) 设置密码后单击"下一步"按钮,显示如图 7－17 所示的 AD 域控制器安装信息摘要,显示 AD 域控制器安装前设置的相关参数。用户可以单击"导出设置"将这些设置导出,以方便其他人参与操作。

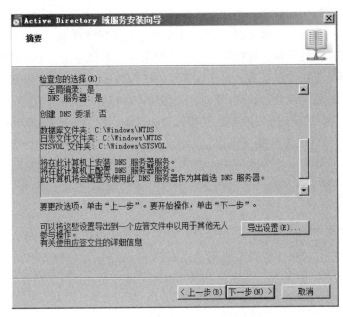

图 7－17　AD 域控制器安装信息摘要

(11) 单击"下一步"按钮,进入 AD 域控制器的安装界面,几分钟后,即可完成安装,结果如图 7－18 所示。在"完成 Active Directory 域服务安装向导"对话框中单击"完成"按钮,即完成了 AD 域控制器的安装。

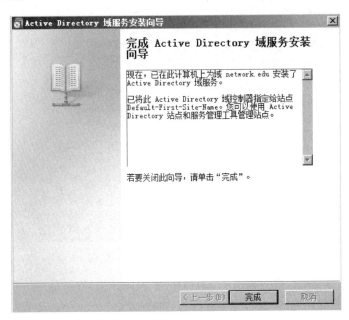

图 7－18　完成 AD 域服务器的安装

重新启动计算机,活动目录即生效。

说明:

在安装活动目录之后,不但服务器的开机和关机时间变长,而且系统的执行速度变慢。如果用户对某个服务器没有特别要求或不把它作为域控制器使用,可将该服务器上的活动目录删除,使其降级为成员服务器或独立服务器。成员服务器是指安装到现有域中的附加域控制器;独立服务器是指在名字空间目录树中直接位于另一个域名之下的服务器。决定删除活动目录的服务器成为成员服务器还是独立服务器的是该服务器的域控制器的类型。如果要删除活动目录的服务器不是域中唯一的域控制器,则删除活动目录将使该服务器成为成员服务器;如果要删除活动目录的服务器是域中最后一个域控制器,则删除活动目录将使该服务器成为独立服务器。

3. 添加附加的 AD 域控制器

域控制器是用于管理网络中的用户和资源的,如果网络中只有一台 AD 域控制器,一旦出现故障,将导致网络无法运行,因此,可以增加一台 AD 域控制器,保障网络的正常运行,即附加的 AD 域控制器。

将另外一台服务器提升为附加的 AD 域控制器的操作方法与建立 AD 域控制器的方法相似。操作步骤如下:

(1) 单击"开始"→"运行",在文本框中输入"dcpromo. exe"命令,打开 AD 安装向导。

(2) 单击"下一步"按钮,在如图 7-19 所示的"选择某一部署配置"对话框中,选择"现有林"中的"向现有域添加域控制器"单选按钮。

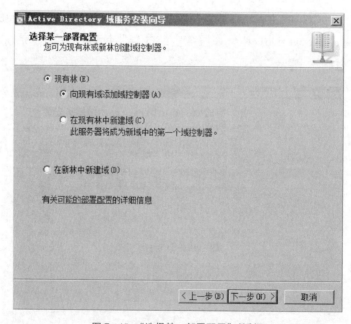

图 7-19 "选择某一部署配置"对话框

(3) 单击"下一步"按钮,显示如图 7-20 所示的"网络凭据"对话框,在"键入位于计划安装此域控制器的林中任何域的名称"文本框中输入已建林的域名"network. edu"。单击"备用凭据"右边的"设置"按钮,在弹出的对话框中输入域管理员账号、密码,单击"确定"按钮。

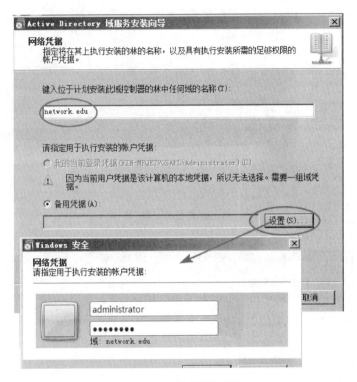

图 7－20　"网络凭据"对话框

(4) 单击"下一步"按钮,显示如图 7－21 所示的"选择一个域"对话框,在其中选择现在的林根域"network. edu"。

图 7－21　选择根域对话框

(5) 单击"下一步"按钮,显示如图 7－22 所示的"请选择一个站点"对话框,选"站点"框中显示的某个站点。

单击"下一步"按钮,之后的安装与第一台域控制器的安装一样,依据向导提示操作即可完成附加域控制器的安装。

安装了两台域控制器的网络在"服务器管理器"窗口的域节点选项的"Domain Controller"选项中将显示两台控制域控制器主机,如图 7－23 所示。

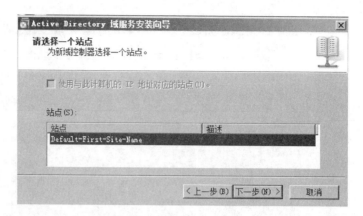

图 7-22 "请选择一个站点"对话框

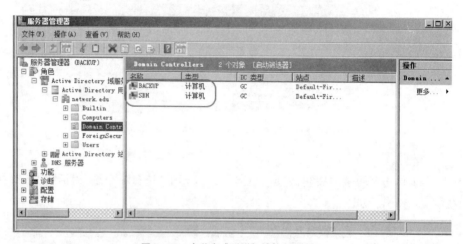

图 7-23 安装完成后附加域控制器窗口

7.2.4 创建子域和域树

1. 创建子域

对于一些大中型的单位而言,网络中只有一个域控制器不能满足单位的管理需求,因此,需要在网络的现有域中创建一个或多个子域。在创建子域时,需要详细地划分某个域范围或名字空间,例如学校现有的主域名为"bitc.edu",则其软件系所在的子域可设为"soft.bitc.edu",创建子域的过程与创建主域的过程一样,只是在图7-10所示的"选择某一部署配置"对话框选择"现有林"的选项中的"在现有林中新建域",在单击"下一步"按钮后,在弹出的"网络凭据"对话框中输入主域的管理用户名、密码,在"子域安装"对话框中输入子域名,按向导提示操作即可完成子域的安装。

2. 创建域林中的第二棵域树

Windows Server 2008 操作系统允许把两个不完全独立的域组成一个统一的结构,但它不是一个标准的树状结构,因为它们的名字完全不同,不能按照子域命名规则来统一部署。最终形成的结构是将这个域树组成一个域林。域林是由多棵树组成的。对于存在企业兼并的大型公司,就需要有域树和域林的存在,首先创建一个真正的林根域控制器,然后在这个林根下建立需要的域树,从而形成完整的域名空间。

域控制器的安装与 DNS 服务器有密切的关系,所以在域林中安装第二棵树时,对 DNS 服务器要做一定的设置,增加新域的 DNS 搜索区域,以保证第二棵域树能正常进行域的资源管理。安装域林中的第二棵域树的方法与创建主域的方法一样,只是需要选择图 7 - 10 所示的“在新林中新建域”,其他按向导提示操作即可完成安装。

7.2.5　检验安装结果

已安装了活动目录的服务器,在重启 Windows Server 2008 操作系统后,系统会自动启动“服务器管理器”窗口,用户可以根据需要配置服务选项,如图 7 - 24 所示。

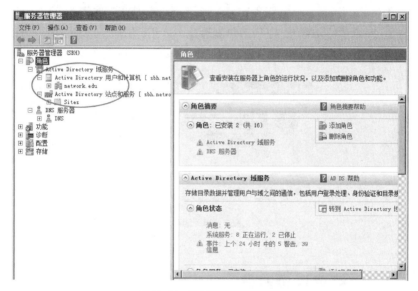

图 7 - 24　“服务器管理器”窗口

可以使用菜单查看,单击“开始”→“程序”→“管理工具”,可以看到管理工具中多了 3 个选项,如图 7 - 25 所示。用户可以利用这些选项对活动目录中的用户和计算机、域和信任关系、站

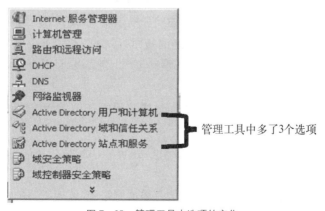

图 7 - 25　管理工具中选项的变化

点和服务进行配置。

7.3 删除活动目录服务器

卸载活动目录的命令与安装时的一样,都需要单击"开始"→"运行",在文本框中输入"dcpromo.exe"命令。但卸载时必须输入安装时设置的还原密码,否则无法卸载。

注意:安装了活动目录的服务器,其本地组将不可用,可以通过域用户登录。

要删除活动目录,单击"开始"→"运行",打开"运行"对话框。在"打开"下拉列表框中输入"dcpromo.exe",然后单击"确定"按钮,打开如图7-8所示的"Active Directory 域服务安装向导"对话框,单击"确定"按钮后,会弹出如图7-26所示的提示信息,提示用户删除此 AD 后,应确定此域的用户可以访问其他全局编录信息,并按照向导提示进行删除操作即可。

图7-26 卸载域控制器提示信息

7.4 管理域控制器

在活动目录中,目录存储只有一种形式,即 AD 域控制器,它包括了完整的域目录的信息。因此,每一个域中必须有一个域控制器,否则域也就不存在了。Windows Server 2008 操作系统的活动目录不再有主域控制器和备份域控制器的区别,所有的域控制器在用户访问和提供服务方面都是相同的。它们之间的同步是采用了一种先进的多主复制的技术,称为 USN(Update Sequence Numbers)。每个服务器跟踪其复制伙伴的最新 USN 列表,保证及时更新并且更新不会有冲突或相互覆盖等。

对用户来说,域控制器管理是最重要的工作,因为域控制器的运行状态直接关系到网络的正常运行。

7.4.1 配置域控制器

在网络运行过程中,特别是在单域网络中,域控制器是网络正常运作的中心,所起到的网络控制作用是非常重要的。用户必须根据网络运行情况合理地设置

视频

管理域控制器

域控制器的属性。网络管理员通过设置域控制器属性,不但可以确定域控制器的位置、操作系统和常规属性,还可以设置域控制器的组织和管理者。域控制器属性的设置操作步骤如下。

(1) 单击"开始"→"程序"→"管理工具",单击"服务器管理器"命令,打开"服务器管理器"窗口,单击左边"Active Directory 域服务"对应的"Active Directory 用户和计算机"超级链接,打开如图 7 - 27 所示的窗口,在左侧的树形窗口中选中需要设置属性的域控制器所在的目录,窗口右侧将列出该目录中所有的域控制器。

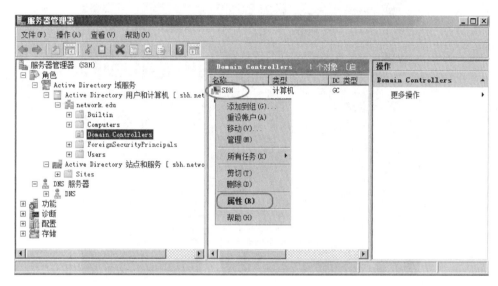

图 7 - 27　"Active Directory 用户和计算机"窗口

(2) 单击窗口左侧的"Domain Controllers"目录,窗口右边显示出该域中所有的域控制器名称,右键单击域控制器,选择快捷菜单中的"属性"命令,打开如图 7 - 28 所示的域控制器"SBH 属性"对话框。

(3) 在"常规"选项卡中,对域控制器的描述、DNS 名称,以及角色(域控制器或工作站)等常规属性进行设置。

(4) 在"操作系统"选项卡中列出了当前计算安装的操作系统的名称、版本及其 Service Pack 版本。管理员只能查看而不能修改这些内容。

(5) 在"隶属于"选项卡中,如图 7 - 29 所示,要添加组,单击"添加"按钮,打开"选择组"对话框,为域控制器选择一个要添加的组;要删除某个已经添加的组,在"隶属于"列表框选择该组,然后单击"删除"按钮即可。

(6) 当管理员为域控制器添加多个组时,还可为域控制器设置一个主要组。要设置主要组,在"隶属于"列表框中选择要设置的主要组,一般为"Domain Controllers",也可为"Cert Publishers",然后单击"设置主要组"按钮即可。

(7) 在"位置"选项卡中,在"位置"文本框中输入域控制器的位置;或者单击"浏览"按钮选择路径,如图 7 - 30 所示。

(8) 在"管理者"选项卡中,要更改域控制器的管理者,可单击"更改"按钮,打开"选择用户、

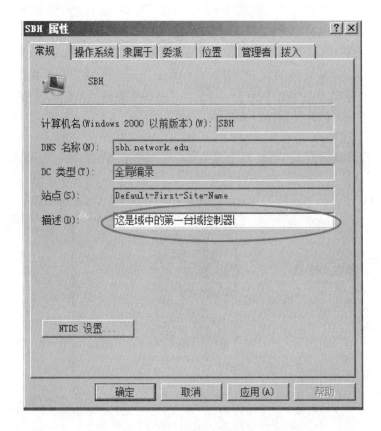

图 7 – 28　域控制器"SBH 属性"对话框

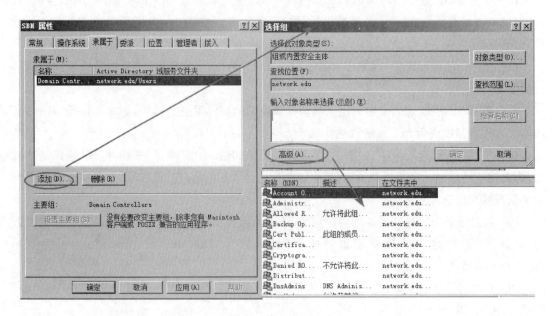

图 7 – 29　设置成员组

图7-30　为域控制器选择位置

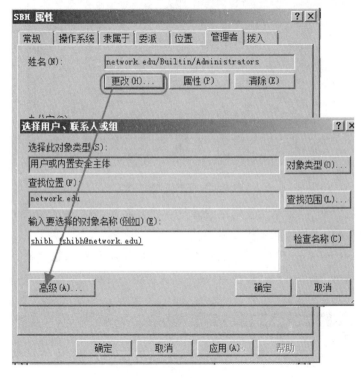

图7-31　更改管理者

联系人或组"对话框,选择新的管理者即可。要删除管理者,可单击"清除"按钮来删除,如图7-31所示。

(9) 要查看和修改管理者属性,可单击"查看"按钮,打开该管理者属性(此处为 shibh 属性)对话框,可以对管理者的相关信息(包括常规信息、账户信息、成员、隶属于哪个组、用户配置文件、用户环境等)进行修改,如图7-32所示。

(10) 控制器设置完毕,单击"确定"按钮保存设置。

7.4.2　查找域控制器目录内容

在 Windows Server 2008 中,活动目录实际上是一个网络清单,包括网络中的域、域控制器、

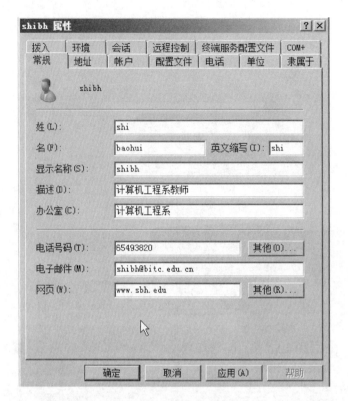

图 7-32 查看管理者信息

用户、计算机、联系人、组、组织单元及网络资源等各个方面的信息,使管理员对这些内容的查找更加方便。查找目录内容的操作步骤如下。

(1) 在"Active Directory 用户和计算机"窗口的控制台目录树中,右键单击域节点,在弹出的快捷菜单中选择"查找"命令,打开"查找用户、联系人及组"对话框,如图 7-33 所示。

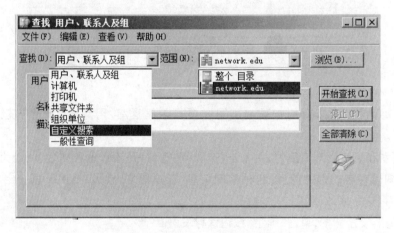

图 7-33 "查找用户、联系人及组"对话框

(2) 在"查找"下拉列表框中选择要查找的目录内容,包括用户、联系人及组,计算机,打印机,共享文件夹,组织单元,自定义搜索等,例如,选择"计算机"选项,这时对话框标题变为"查找

计算机",如图7-34所示。

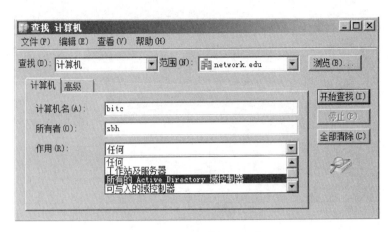

图7-34 "查找计算机"对话框

(3) 在"范围"下拉列表框中选择查找范围,例如整个目录。在"计算机"选项卡中,设置查找条件。例如,在"计算机名"文本框中输入要查找的计算机名;在"所有者"文本框中输入计算机的用户名;在"作用"下拉列表框中选择计算机在网络中的作用。

(4) 要设置高级查找条件,单击"高级"选项卡,如图7-35所示。单击"字段"按钮,从弹出的快捷菜单中选择相应的条件选项,然后在"条件"下拉列表框和"值"文本框中设置条件。

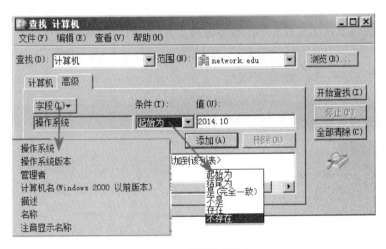

图7-35 设置高级条件

(5) 高级条件设置好之后,单击"添加"按钮,将条件添加到下面的文本框中。如果要继续添加高级条件,可按照上面步骤继续添加。

(6) 所有查找条件设置完毕,单击"开始查找"按钮即开始查找,并将查找结果在"搜索结果"中列出,如图7-36所示。

(7) 查找完毕,单击"关闭"按钮,关闭窗口。

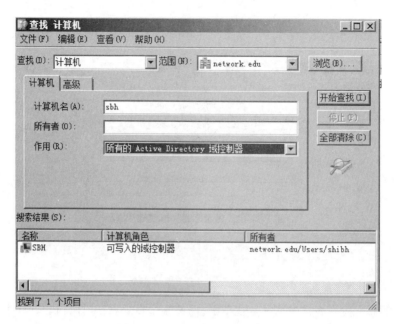

图 7-36　列出查找结果

7.4.3　连接到其他域

在一个多域的网络中,用户经常需要将当前域连接到其他域,这样可使当前域中的用户和计算机能访问其他域中的资源,也可将当前域控制器的部分操作主机功能传送给其他域控制器,甚至可将当前域控制器更改为其他域中的域控制器。

要连接到网络中的其他域,在控制台目录树中,右键单击"Active Directory 用户和计算机"根节点,在弹出的快捷菜单中选择"更改域"命令,打开如图 7-37 所示的"更改域"对话框,在"域"文本框中输入要连接的域的名称;或者单击"浏览"按钮,打开"浏览域"对话框,选择要连接的域。选择好要连接的域之后,单击"确定"按钮即可建立连接。

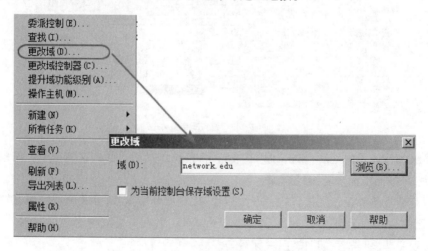

图 7-37　"更改域"对话框

7.4.4　更改域控制器

虽然一个域的控制器是域网络的中心,一般都能够稳定地运行,但是它也有出现故障的可能,会导致域网络不能正常运行。这时,管理员必须更改域控制器,以保证网络的正常运作。在 Windows Server 2008 中,由于不再区分主域控制器和辅助域控制器,域控制器的更改变得更加简单,用户只需建立当前域与其他任何可写的域控制器的连接即可。

要更改域控制器,在控制台目录树中,右键单击"network. edu"域节点,在弹出的快捷菜单中单击"更改域控制器"命令,打开如图 7 - 38 所示的"更改目录服务器"对话框,然后在"更改为"下面选择"此域控制器或 AD LDS 实例",在其中选择另一台域控制器"backup. network. edu"。如果在域中没有列出其他可用的域控制器,可选择"任何可写的域控制器"单选按钮,系统会根据网络连接情况自动选择可用的域控制器。选定要连接的域控制器之后,单击"确定"按钮完成连接。

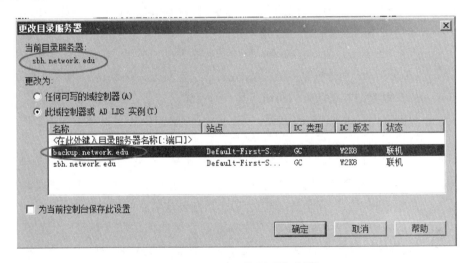

图 7 - 38　"更改目录服务器"对话框

说明:

一般情况下,一个域网络中至少应有两个域控制器(一个域控制器和一个附加域控制器),以便在当前域控制器出现故障时,可使用附加域控制器来代替当前域控制器,保证网络的正常运行。

7.5　管理用户与组

在一个网络中,用户和计算机都是网络的主体,两者缺一不可。拥有计算机账户是计算机接入 Windows Server 2008 网络的基础,拥有用户账户是用户登录到网络并使用网络资源的基础,因此用户和计算机账户管理是 Windows Server 2008 网络管理中最必要且最经常的工作。

视频

创建和管理用户
和计算机账户

7.5.1 用户和计算机账户简介

活动目录用户和计算机账户表示例如计算机或个人等物理实体。账户为用户或计算机提供安全凭据,以便用户和计算机能够登录到网络并访问域资源。活动目录的账户主要用于:验证用户或计算机的身份;授权对域资源的访问;审核使用用户或计算机账户所执行的操作的合法性等。利用活动目录可以添加、禁用、重新启动及删除用户和计算机等。

一、活动目录用户账户

用户账户是用来记录用户的用户名和口令、隶属的组、可以访问的网络资源,以及用户的个人文件和设置。每个用户都应在域控制器中有一个用户账户,才能访问服务器,使用网络上的资源。用户账户由一个"用户名"和一个"口令"来标识,二者都需要用户在登录时输入。通过活动目录,用户账户可以使用户以经过验证和授权访问域资源的身份登录到计算机和域。此外,用户账户也可作为某些应用程序的服务账户。

Windows Server 2008 提供两种预定义用户账户,即管理员账户(Administrator)和客户账户(Guest)。预定义账户是默认的用户账户,它用于使用户登录到本地计算机和访问其上的资源。这些主要是为初始登录和本地计算机配置而设计的。每个预定义账户都有不同的权利和权限组合。管理员账户具有最高的权利和权限,而客户账户则只有有限的权利和权限。

如果网络管理员未修改或禁用预定义账户的权利和权限,则任何使用管理员或客户身份登录到网络的用户或服务均可以使用它们。如果管理员希望获得用户验证和授权的安全性,则应为每个用户创建独立的用户账户。为用户创建了独立的用户账户后,用户需要将使用活动目录的用户和计算机加入到网络中。之后,网络管理员可将每个用户账户(包括管理员和客户账户)添加到 Windows Server 2008 组中以控制指定给账户的权利和权限。

二、计算机账户

计算机账户则是 Windows Server 2008 的新增功能。只有安装了 Windows 2000 及以上版本的计算机才可以定义计算机账户,每个加入域的计算机都具有计算机账户,否则无法进行域连接,实现域资源的访问。一个计算机系统要加入到域中,只能是用一个计算机账户,而一个用户可以拥有多个用户账户,且可在不同的计算机(指已经连接到域中的计算机)上使用自己的用户账户进行网络登录。

7.5.2 管理用户和计算机账户

在 Windows Server 2008 中,新用户如果需要使用网络上的资源,就必须拥有用户账户。因此,管理员需要在域控制器中为该用户添加一个相应的用户账户,否则该用户将无法访问到域中的资源。另外,当客户机第一次连接到域中时,管理员要在域控制器中为其创建一个计算机账户,以便它有资格成为域成员。

"Active Directory 用户和计算机"是在配置为域控制器的计算机上安装的目录管理工具。它允许在目录中添加、删除、修改和组织 Windows 2000 用户账户、安全和通信组以及公布的资源。其安装操作步骤如下。

一、新建用户和计算机账户

1. 新建用户

(1) 在"Active Directory 用户和计算机"窗口的控制台目录树中展开域节点。

(2) 右键单击要添加用户的组织单元或容器,从弹出的快捷菜单中选择"新建"→"用户"命令;如果要创建计算机账户,右键单击要添加计算机的组织单元或容器,此处单击"Users",如图 7-39 所示。

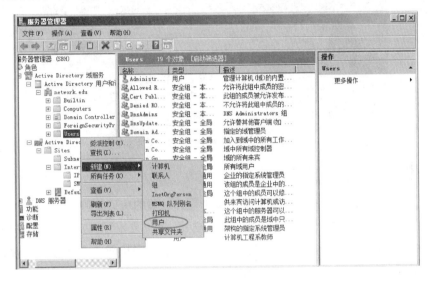

图 7-39　在用户容器中增加新用户对象

(3) 打开"新建对象-用户"对话框,在"姓"和"名"文本框中分别输入姓和名,并在"用户登录名"文本框中输入用户登录时使用的名字,"创建于"显示的是域中容器名称"Users",如图 7-40 所示。

图 7-40　创建新的用户对象

231

(4) 单击"下一步"按钮,打开"新建对象-用户"对话框,如图 7-41 所示。

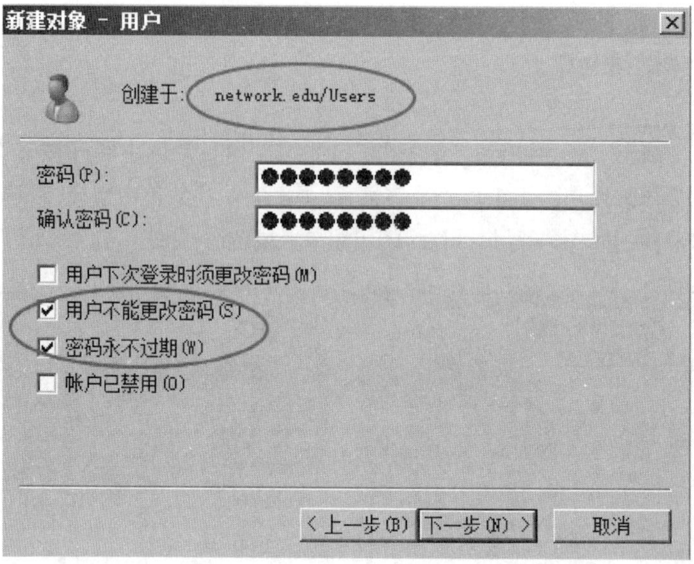

图 7-41 "新建对象-用户"对话框

(5) 在"密码"和"确认密码"文本框中输入要为用户设置的密码。如果希望用户下次登录时更改密码,可启用"用户下次登录时须更改密码"复选框,否则启用"用户不能更改密码"复选框。如果希望密码永远不过期,可启用"密码永不过期"复选框。如果暂不启用该用户账户,可启用"账户已禁用"复选框。

(6) 单击"完成"按钮即可完成创建。

新的用户创建后,在"Active Directory 用户和计算机"窗口的控制台目录树中,左边"Users"展开后,在右边的窗口中即可显示新用户信息,新用户即可通过用户名和密码在该域中的任何一台计算机登录到域并访问网络中的共享资源。

2. 新建计算机

(1) 创建计算账户时,选中要添加计算机的组织单元后进行创建,此处将计算机增加在"Computers"容器中,右键单击"Computers"容器,在弹出的快捷菜单中,选择"新建"→"计算机"命令,如图 7-42 所示。

(2) 在打开的对话框中,输入要加入的计算机名和可以将此计算机加入到域的用户或组,如图 7-43 所示。

(3) 单击"确定"按钮即可将计算机加入到"Computers"容器中,此后这台计算机就有权访问域中的所有资源,而不管哪个用户使用此计算机。

(4) 添加了计算机对象之后,将"Active Directory 用户和计算机"窗口的控制台目录树中的"Computers"容器展开后,在右边的窗口中就可显示加入到容器中的计算机名等信息,如图7-44所示。

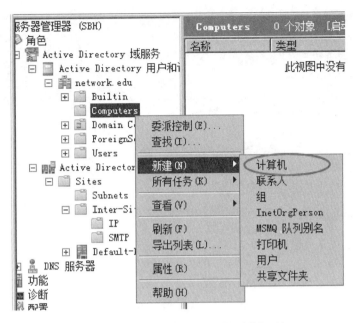

图 7-42　在"Computers"容器中增加计算机对象

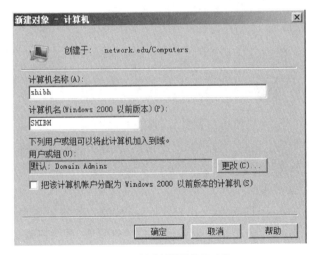

图 7-43　创建新的计算机对象

二、删除用户和计算机账户

当系统中的某一个用户账户不再被使用或者管理员不再希望某个用户账户存在于安全域中,可将该用户账户删除,以便更新系统的用户信息。如果要删除一个用户和计算机账户,则在控制台目录树中,展开域节点,单击要删除的用户和计算机所在的组织单元或容器,例如 Users,使详细资料窗格中列出组织单元或容器的内容。然后在详细资料窗格中右键单击要删除的用户和计算机,从弹出的快捷菜单中选择"删除"命令,出现如图 7-45 所示的删除信息确认框后,单击"是"按钮即可删除该用户或者计算机。

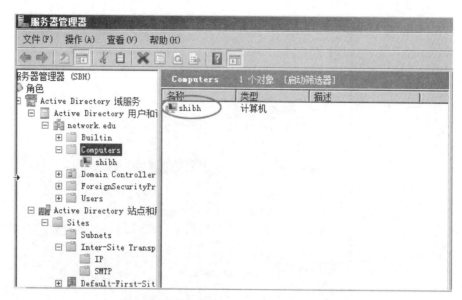

图 7-44 增加了新计算机对象的 Computers 容器

图 7-45 删除信息确认框

图 7-46 禁用用户账户提示

三、禁用/启用用户和计算机账户

如果某个用户的账户暂时不使用,管理员可将其禁用。当该用户或者计算机需要重新使用已被停用的账户时,管理员可重新启用该账户。

1. 禁用用户账户

将"Active Directory 用户和计算机"窗口的控制台目录树中的"Users"容器展开后,右键单击窗口中需要禁用的用户账户,系统将弹出如图 7-46 所示的禁用用户账户提示,单击"确定"按钮,即可完成禁用账户操作。被禁用的用户名前会出现一个向下箭头圆块,并在其中有一个"↓"号,如图 7-47 所示。

2. 禁用计算机账户

在控制台目录树中展开域节点,单击"Computers"容器,右键单击该容器右边窗口中的某台需要禁用的计算机,在弹出的快捷菜单中单击"禁用账户",弹出如图 7-48 所示的禁用计算机账户确认提示,单击"是"按钮即可禁用被选中的计算机账户。

被禁用的计算机名前会出现一个向下的箭头圆块,并在其中有一个"↓"号。

图 7 - 47　禁用用户账户后的效果

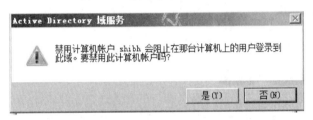

图 7 - 48　禁用计算机账户确认提示

四、移动用户和计算机账户

在一个大型网络中,为了便于管理,管理员经常需要将用户和计算机账户移动到新的组织单元或容器中。移动后的用户和计算机账户的管理者和组策略将随着组织单元的改变而改变。操作方法如下。

(1) 在控制台目录树中展开域节点,单击要移动的用户或者计算机账户所在的组织单元或容器,使详细资料窗格中列出相应的内容。在详细资料窗格中,右键单击要移动的用户账户,在弹出的快捷菜单中选择"移动"命令,打开"移动"对话框,在"将对象移动到容器"文本框中双击域节点,展开该节点,如图 7 - 49 所示。单击要移动的目标组织单元,然后单击"确定"按钮即可完

图 7 - 49　移动用户账户

成移动。

(2) 将 test1baohui 用户从"Users"容器移动到了"Computers"容器中的效果,如图 7 - 50 所示。

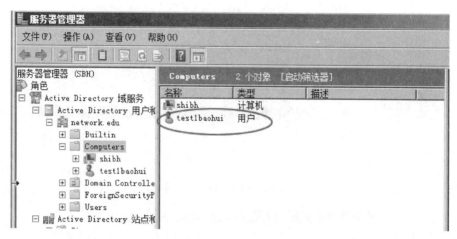

图 7 - 50 移动了组的用户在新组中的位置

五、为用户和计算机账户添加组

为了方便管理员对众多的用户和计算机账户进行管理,Windows Server 2008 可以通过组的策略对计算机和用户账户进行管理,将不同的计算机添加到具有不同权限的组中的方式,使该用户和计算机继承所在组的所有权限,从而减轻了管理员对用户和计算机账户的管理工作。操作方法如下:

在控制台目录树中展开域节点,单击"Users"或者要加入组的计算机所在的其他组织单元及容器,在右边详细资料窗格中右键单击要加入组的用户账户,在弹出的快捷菜单中选择"将成员添加到组"命令,打开如图 7 - 51 所示的"选择组"对话框,单击"立即查找",在"搜索结果"框中选择一个要添加的组,单击"确定"按钮即可为用户添加组。

给计算机账户添加组,在控制台目录树中展开域节点,单击"Computers"或者要加入组的计算机所在的其他组织单元及容器,在右边详细资料窗格中右键单击要加入组的计算机账户,在弹出的快捷菜单中选择"属性"命令,打开该计算机的属性对话框。然后单击"隶属于"选项卡,如图 7 - 52所示,单击"添加"按钮,打开"选择组"对话框,选择要加入的组。选择要加入的组之后,单击"确定"按钮完成添加。

六、重新设置用户密码

用户密码是用户在进行网络登录时所采用的最重要的安全措施。在控制台目录树中展开域节点,单击包含要重新设置密码的用户的组织单元或容器,在右边详细资料窗格中右键单击要重新设置密码的用户账户,在弹出的快捷菜单中选择"重置密码"命令,打开如图 7 - 53所示的"重置密码"对话框,在"新密码"和"确认密码"文本框中输入要设置的新密码。单击"确定"按钮保存设置,同时系统会打开密码已被更改的确认信息框,单击"确定"按钮可完成用户密码的重新设置。

七、管理客户机

管理客户机,在控制台目录树中展开域节点,在右边详细资料窗格中右键单击要管理的计算

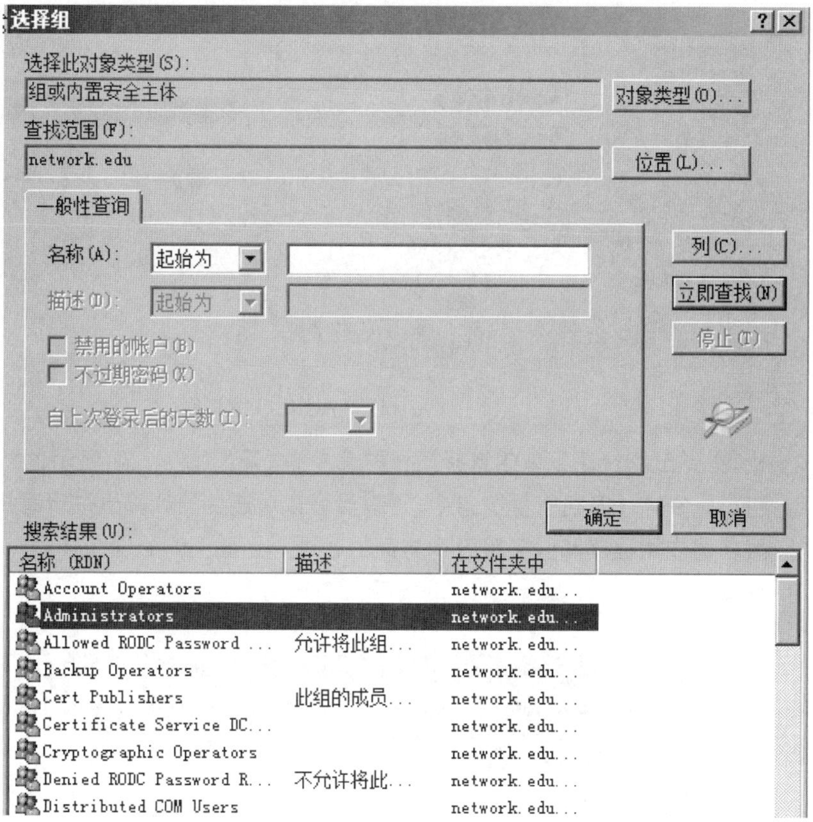

图 7-51　"选择组"对话框

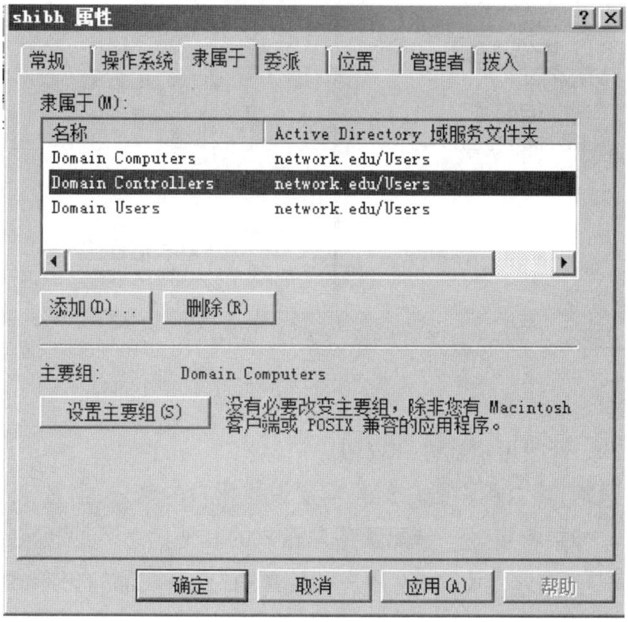

图 7-52　给计算机账户设置组

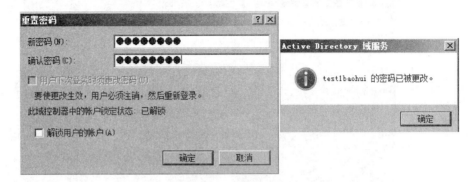

图 7 - 53 "重置密码"对话框

机,在弹出的快捷菜单中选择"管理"命令,打开如图 7 - 54 所示的"计算机管理"窗口。在该计算机管理窗口中,管理员可以对连接的计算机进行系统工具、存储、服务器应用程序和服务等各个方面的管理。管理工作处理完毕后,关闭计算机管理窗口。

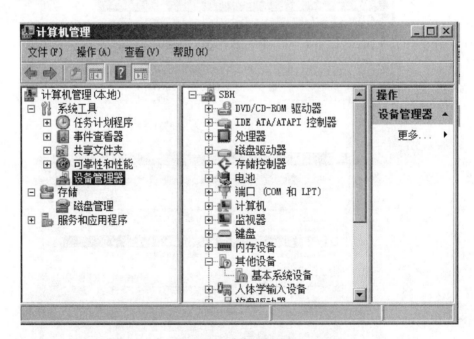

图 7 - 54 "计算机管理"窗口

视频

用户权限
分配策略

八、管理用户属性和权限

通常,建立用户账户时只需要设置用户的账户、全名、账户描述及密码等基本信息。如果希望进一步配置用户账户的其他信息,可以通过更改用户属性实现。

在"Active Directory 用户和计算机"窗口左侧的树形窗口中选中需要进行配置的用户所在的组织单元或容器,在右侧窗口中即出现详细用户列表;右键单击该用户账户,在弹出的快捷菜单中选择"属性"命令,打开用户属性对话框,该对话框各选项框及其配置方法如下。

（1）"常规"选项卡，用于修改用户的姓名，设置用户的办公室、电话号码、电子邮件地址及网页等信息。

（2）"单位"选项卡，用于输入用户单位的信息，包括职务、所在部门、公司名称等，如图 7-55 所示。

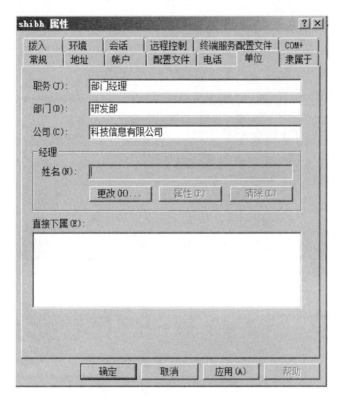

图 7-55　"单位"选项卡

（3）"地址"选项卡，用于输入用户的地址信息，包括所在国家、省、市、邮政编码等。

（4）"电话"选项卡，用于输入用户的家庭电话、移动电话、传真等信息。

（5）"账户"选项卡，用于配置用户账户信息，如图 7-56 所示。

① 在"账户选项"选项区中提供的复选框，可以设置用户账户是否具备指定的属性设置；"账户过期"选项区中提供的单选按钮，可以设置账户的有效期限，系统默认设置为"永不过期"单选按钮，如果需要指定用户账户的有效期限，可以首先启用"在这之后"单选按钮，然后在按钮右侧的下拉式日历中选择有效期限的截止日期即可。

② 单击"登录时间"按钮，打开如图 7-57 所示的用户的登录时段设置对话框，可以设置用户账户的登录时间。其中，蓝色标记的区域为允许登录的时间段，系统的默认用户登录时间限制为任意时段，即没有登录时间限制。如果需要设置用户的登录时间段，可以用鼠标拖动的方法选取设置为不允许登录的时间段组合，然后选择"拒绝登录"单选按钮。通常，用户登录时段以一星期为准，最小值为 1 小时。

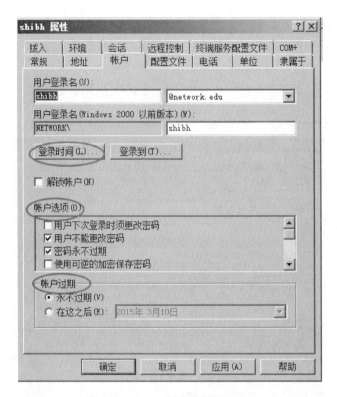

图 7 – 56 "账户"选项卡

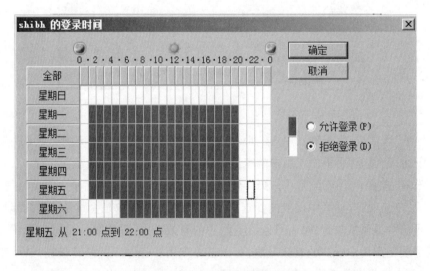

图 7 – 57 用户的登录时段设置对话框

③ 单击"账户"选项卡中的"登录到"按钮,打开如图 7 – 58 所示的"登录工作站"对话框,可以设置用户账户的登录工作站。系统的默认设置为不限制用户的登录计算机,即选择"此用户可以登录到"选项区中的"所有计算机"单选按钮。如果计算机中安装了 NetBIOS 协议,则选择"下列计算机"单选按钮,然后在"计算机名称"框中输入计算机名,也可以利用"添加"和"删除"按钮更改指定用户许可的登录计算机。

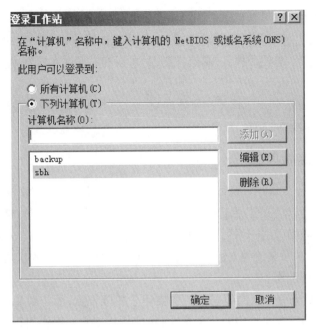

图 7-58　"登录工作站"对话框

(6)"拨入"选项卡,如图 7-59 所示,可以利用"网络访问权限"选项区中的"允许访问""拒绝访问"和"通过 NPS 网络策略控制访问"单选按钮设置该账户的拨号权限;利用"回拨选项"选项

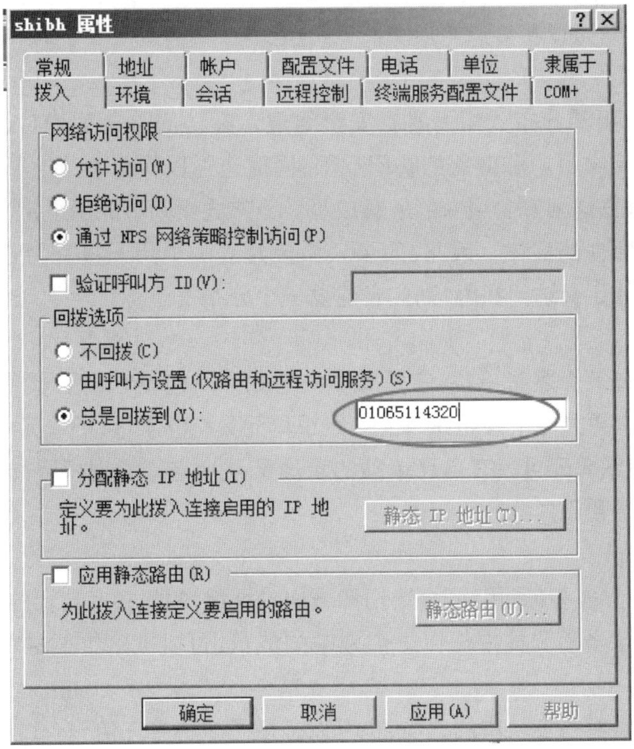

图 7-59　"拨入"选项卡

区中提供的单选按钮组可以设置该账户的回拨方式。其中,选择"不回拨"单选按钮,表示该账户不具备回拨功能;选择"由呼叫方设置"单选按钮,则表示该账户具备回拨功能,但回拨电话由用户回拨时自动设置;选择"总是回拨到"单选按钮,则可以在右侧的编辑框中预先设置回拨时的电话号码。

(7)"隶属于"选项卡,列出了该用户所属的组,通过"添加"按钮可以为该用户选择新的组。用同样的方法配置其他选项。

7.5.3　管理组和组织单位

在 Windows Server 2008 中,组可以用来管理用户和计算机对网络资源的访问,例如活动目录对象及其属性、网络共享、文件、目录、打印机队列,还可以筛选组策略。使用组,主要是为了方便管理访问目的和权限相同的一系列用户和计算机账户。将具有相同权限的用户或计算机划归到一个组中,通过赋予权限来使同一组中的用户或计算机都具有相同的权限,系统管理员就可以很方便地进行账户管理工作。

说明: 组和组织单元有很大的不同。组主要用于权限设置,而组织单元则主要用于网络构建;另外,组织单元只表示单个域中的对象集合(可包括组对象),而组可以包含用户、计算机、本地服务器上的共享资源、单个域、域目录树或目录林。

一、组和组织单元概念

在 Windows Server 2008 操作系统中,根据组的类型,可以将组分为安全组和分布式组;根据组的适用范围,可以将组分为通用组、全局组和域内本地组。此外,活动目录中还建立了一些内置组,利用这些内置组,可以将普通用户和计算机组织在一起。

1. 组的类型

组的类型有安全组和分布式组两种。安全组显示在访问控制列表(Access Control Lists,ACLs)中,可以用于定义资源和对象的访问权限,同时也可以作为一个电子邮件实体,即向该组发送的电子邮件将被发送到安全组中的所有成员。分布式组则不能用于定义资源和对象的访问权限,只能用作电子邮件的实体。因此,如果只希望建立一个用于接受特定种类电子邮件的实体,而不需要为该实体定义访问权限,则应当建立一个分布式组。

2. 组织单元

组织单元(OU)是一个逻辑单位,它是域中一些用户、计算机和组、文件与打印机等资源对象,组织单元中还可以再划分下级组织单元。组织单元具有继承性,子单元能够继承父单元的访问许可权。每一个组织单元可以有自己单独的管理员并指定其管理权限,它们管理着不同的任务,从而实现了对资源和用户的分级管理。

3. 组的作用范围

活动目录中的 3 种类型(通用组、全局组和域内本地组)的组各有自己的作用范围。

(1) 通用组:包含当前域林中任何一个域中的成员,可以被赋予域林中任何一个域的访问权限。

(2) 全局组:包含组所在域中的成员,也可以被赋予域林中任何一个域的访问权限。内置全局组在 User 容器中,包括如下用户:

① Cert Publishers 组：成员可以进行企业认证和续办代理。

② Domain Admins 组：成员为指定的域管理员。

③ Domain Computers 组：成员为加入到域中的工作站和服务器。

④ Domain Controllers 组：成员为域内的域控制器。

⑤ Domain Guests 组：成员为域内的所有客户。

⑥ Domain Users 组：成员为域内的一般用户。

⑦ Enterprise Admins 组：成员为企业指定的系统管理员。

⑧ Group Policy Creator Owners 组：成员可以修改域的组策略。

⑨ Schema Admins 组：成员为域模式的系统管理员。

(3) 域内本地组：只能包含某个域的成员，且只能在该域中被赋予访问权限。域内本地组在 .Builtin 容器内，包括如下用户：

① Account Operators 组：成员可以管理域用户和组账号 Administrators 组，其成员为域管理员，有对计算机/域的完全访问权。

② Backup Operators 组：成员为备份操作员，只能用备份程序将文件和文件夹备份到计算机上。

③ Guests 组：成员为客户，可以操作计算机并保存文档，但不能安装程序和对系统文件进行设置。

④ Print Operators 组：成员可以管理域中的打印机。

⑤ Replicator 组：成员支持域中的文件复制。

⑥ Server Operators 组：成员可以管理域服务器。

⑦ Users 组：成员可以操作计算机并保存文档，但不能安装程序和对系统文件进行设置。

注意：

在多个域林的情况下，一个域林的组中不能包含其他域林中的用户，也不能被其他域林中的组授予访问权限。

二、创建新组和组织单元

系统内置组已使用权限和安全设置，管理员也可以对新创建的组和组织单元进行与内置组一样的权限设置与安全管理。

1. 创建一个新组

(1) 在"Active Directory 用户和计算机"窗口左侧的树形窗口中右键单击要创建组的容器（例如 Users），选择"新建"→"组"命令，打开如图 7-60 所示的"新建对象-组"对话框。

(2) 在"组名"编辑器框中输入待创建组的名称，该名称将默认设置为"组名（Windows 2000 以前版本）"。

(3) "组作用域"选项区的单选按钮组用于设置新建组的作用范围（全局或本地域），可以将该组的作用限制在其所在的域内。

(4) "组类型"选项区的单选按钮组用于设置新建组的类型（安全组或分布

视频

创建和删除组
与组织单元

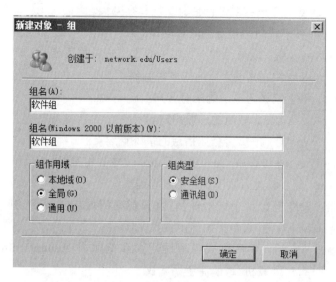

图 7-60 "新建对象-组"对话框

式),系统默认的选择是"全局""安全组"。

(5) 单击"确定"按钮即完成新组的创建。

2. 创建新的组织单位

组织单元的建立,对于网络资源、对象进行直观的、集中的管理起到了很大的作用。管理员可以和管理用户一样管理组织单元,创建的具体方法如下。

(1) 在"Active Directory 用户和计算机"窗口左侧的"树"窗口中,右键单击域服务器的域名(此处为 network.edu),在弹出的快捷菜单中选择"新建"→"组织单位"命令,打开"新建对象-组织单位"对话框,如图 7-61 所示。

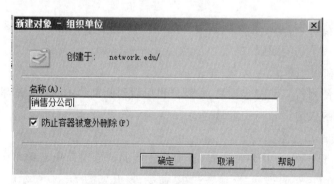

图 7-61 创建新的组织单元

(2) 在"名称"文本框中输入待新建组织单位的名称"销售分公司"。

(3) 单击"确定"按钮即完成新组织单位的创建。

三、删除组和组织单位

当用户的活动目录中的组和组织单位太多,因而影响了对用户和计算机账户的管理时,管理员可对自己创建的组和组织单位进行清理。管理员只能删除自己创建的组和组织单位,而不能删除由系统提供的内置组和组织单元。

在控制台目录树的展开域节点中,单击要删除的组或组织单位,然后右键单击要删除的组或组织单位,在弹出的快捷菜单中选择"删除"命令,这时系统会打开信息确认框,单击"是"按钮即完成组或组织单位的删除。

四、设置组属性

一个新创建的组并没有设置该组的常规属性和权限,也没有为其指定组成员和管理者,只有设置该组的属性信息(组名称、组类型和组范围)后,该组才能发挥作用。组属性的设置步骤如下。

(1) 在"Active Directory 用户和计算机"窗口左侧展开的树形结构中,选中待设置属性的组容器。在右侧的详细组列表中选择待设置属性的组。

(2) 单击鼠标右键,在弹出的快捷菜单中选择"属性"命令,打开"软件组属性"对话框,包含"常规""成员""隶属于"和"管理者"4 个选项卡,如图 7‑62 所示。

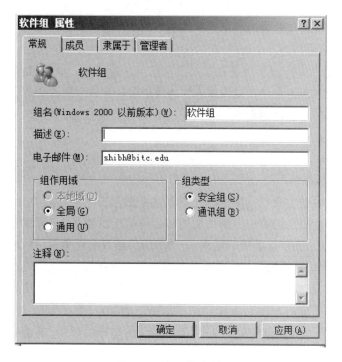

图 7‑62　组属性对话框

(3)"常规"选项卡中列出当前组名、创建时的组作用域和组类型。在"描述"文本框中可以输入当前组的说明信息,以辅助用户掌握组内容及权限;利用"组类型"及"组作用域"选项组中的单选按钮可以更改组的类型及作用范围等属性。

(4) 如图 7‑63 所示,在"成员"选项卡的"成员"列表框中列出了当前组中包含的所有成员信息。用户可以利用位于该列表框底部的"添加"和"删除"按钮更改组成员的组成信息等属性。

(5) 单击"隶属于"选项卡,在"隶属于"列表框中列出了当前组成员显示的其他组,通常只包

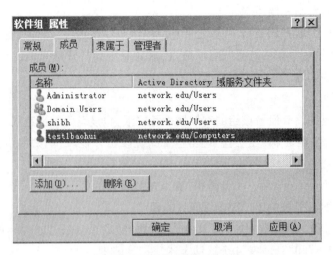

图 7-63　添加/删除成员

含来自本地域的组及来自其他域的通用组。由于组本身也可以作为另外一个组的成员,利用"添加"按钮可以将当前组添加为其他组的成员。

(6) 单击"管理者"选项卡,可以设置当前组管理用户的信息。单击"更改"按钮打开"选择用户或联系人"对话框,选择一个用户或联系人作为管理者。管理者更改之后,单击"查看"按钮,打开所更改的管理者的"属性"对话框。管理员可对管理者的属性进行修改。如果要清除管理者,单击"清除"按钮即可。

(7) 属性设置完毕,单击"确定"按钮保存设置并关闭"属性"对话框。

五、设置组织单位属性

组织单位的属性设置主要包括描述信息等常规属性、管理者名称及地址设置等信息,同时可以为组织单元创建组策略。组策略由用户配置和计算机配置组成,它存储在域中,作用于站点、域或组织单位,以反映活动目录的级联结构。一个站点、域或组织单位可以拥有一个或多个组策略,也可以没有组策略设置。如果为一个组织单位设置了组策略,则组策略将只应用于组织单位成员的用户或计算机;如果当前组织单位中只包含组,而不包含用户,则组策略将不会影响成员的设置。设置步骤如下。

(1) 在"Active Directory 用户和计算机"窗口左侧的树形窗口中,右键单击要设置属性的组织单元的容器名。

(2) 在弹出的快捷菜单中选择"属性"命令,打开"销售分公司(组织单位名)属性"对话框,它包含"常规""管理者""COM+"(组策略)3 个选项卡,如图 7-64 所示。

(3) 在"常规"选项卡中,可以设置描述计算机和用户的统一的常规信息。在"描述"文本框中为组织单位输入一段描述;在"省/自治区""市/县""街道"和"邮政编码"文本框中输入组织单位所包含的计算机用户的统一通信地址和邮政编码。

(4) "管理者"选项卡用于设置当前组织单位管理用户的信息。单击"更改"按钮打开"选择用户或联系人"对话框,选择一个用户或联系人作为管理者。单击"查看"或"清除"按钮,可查看管理者的属性或者清除管理者。

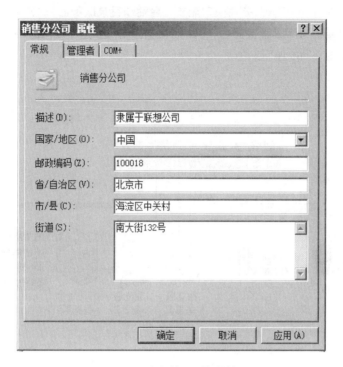

图 7 - 64　组织单元属性对话框

 **小　结**

本章主要介绍了活动目录涉及的名词术语及活动目录的角色和作用,特别强调了域、域树、域林的特点及相互之间的关系;然后详细介绍了活动目录的安装与配置,在安装活动目录时,必须先安装与配置 DNS 服务器。最后介绍了完成活动目录的安装后,如何实现对域控制器的管理、在活动目录如何增加新的用户与计算机账户,并说明了组与组织单元的特点及管理方法。

项目实训　活动目录服务器的安装、配置与用户管理

一、实训目的

1. 掌握活动目录的概念及在域中的作用。

2. 能够进行活动目录服务器的安装与配置管理。

3. 能够在域中管理活动目录的域控制器。

4. 能够在域中进行用户和管理账户的创建与管理。

二、实训项目背景

某公司已完成了局域网的组建,并在 Windows Server 2008 服务器上安装了 Web、FTP、DNS、DHCP 服务,从而提升了公司信息化水平和管理效率。为了提高公司网络的安全性,以及

方便管理员对用户进行统一管理,公司决定配置一台活动目录服务器,对公司的用户和资源进行统一管理,因此,安装了 AD 域服务器后,将其他独立服务器的客户机都加入到域中,以方便管理。其网络拓扑如图 7-65 所示。

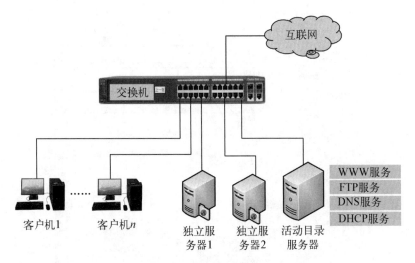

图 7-65　活动目录服务器配置网络拓扑

三、实训设备

1. 一台活动目录服务器最低配置：CPU 英特尔 酷睿 i5 以上,内存 4 GB 以上,硬盘 500 GB 以上,光驱,鼠标,网卡等。

2. 两台安装了 Windows Server 2008 的独立服务器。

3. 客户机若干。

4. 二层交换机一台。所有计算机通过交换机连接到同一局域网。

由 2～3 名同学组成一个小组,共同完成实训内容。

四、实训内容

1. 规划活动目录的域和 IP 地址。

分别为两台服务器配置 IP 地址：192.168.1.11～12/24。

将主域控制器规划为 DNS 服务器,所有域的首选 DNS 为主域控制器的 DNS 服务器。

规划活动目录的域名空间：主域为 Test.edu,子域为 student.Test.edu,域中的第二棵域树为 teacher.edu,还有一台成员服务器。

2. 活动目录的安装。

按规划好的活动目录的 IP 地址进行活动目录的安装,保证 DNS 服务器能解析域林中的所有域名。

3. 用户和计算机账户管理。

在域中创建一个新组,命名为“软件组”,在该组中增加三个新用户。

在域中创建一个组织单元,命名为“销售科”,并在该组织单元中创建三个新的用户。

网络中有多台独立的计算机,请将该计算机添加到域中,增加一个计算机账户,使其能访问域中的资源。

五、实训报告要求

1. 按要求配置服务器的 IP 地址,并准备安装。

2. 撰写实训报告,详细记录安装配置过程,并将安装配置过程屏幕截图。

3. 在客户机上通过新创建的域用户账号访问服务器,测试安装配置的正确性,并保存测试结果截图,作为实训报告的内容。

4. 记录安装配置过程中出现的问题及解决方法。

5. 比较组织单元和组中的用户的区别。

习　题

1. 简述域、域树和域林的概念及关系。

2. 简述活动目录的基本特征。

3. 简述安装活动目录的意义。

4. 如何限制用户在某个特定时段登录?

5. 简述活动目录中的结构,并说明物理结构和逻辑结构的特点。

6. 创建一个新用户,将其添加到某个成员组中,并设置其权限。

7. 什么是域信任关系,在 Windows Server 2008 中,域之间的信任关系是否可以传递? 父域和子域间是否自动存在信任关系,为什么? 在域林中不同的域树之间是否自动存在信任关系,为什么?

8. 在已安装 Windows Server 2008 的成员服务器上安装活动目录服务,并配置相关的用户和计算机账户,使该服务器能为网络中的用户和计算机提供服务。

9. 在 Windows Server 2008 域中增加一个组织单元,并设置组策略属性,使该组织单元能远程安装软件。

10. 在 Windows Server 2008 域中重新设置管理员的登录密码。

11. 将自己所使用的域控制器连接到网络中的另一个域中。

第 8 章
Internet 接入技术

Internet 接入的方式有多种,对于大中型局域网来说,通常使用交换机、路由器或专线连接 Internet;对于小型局域网、家庭用户来说,通常使用 ADSL、ISDN 或拨号连接 Internet。

8.1 拨号接入 Internet

一、电话拨号接入

电话拨号是指通过调制解调器(Modem)和普通电话线以电话拨号的方式接入 Internet。 Modem 在此过程中起着数据转换的功能。它将计算机中的数字信号转换成可以在电话线上传输的高调制音频信号(称为"调制")进行传输,而位于另一端的 ISP 计算机的调制解调器再将该音频信号转换为计算机数字信号(称为"解调")进行接收。该方式是投入最少的 Internet 接入解决方案,但接入速率较低,通常不会超过56 Kbit/s,因此只适用于对速度几乎没什么要求的小型局域网或家庭用户,如图 8-1 所示。

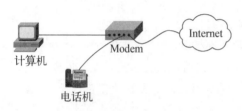

图 8-1　通过 Modem 接入 Internet

局域网通过拨号方式接入 Internet 时,需使用代理服务器,当然,在小型局域网中无需专门的代理服务器,任何一台计算机安装代理服务功能即可充当此角色,同时为其安装 Modem,并通过拨号方式接入 Internet,即可将局域网中所有计算机接入 Internet。

下面在 Windows XP 操作系统中建立拨号连接,使单机接入 Internet。首先在连有 Modem 的计算机的"控制面板"中,双击"电话和调制解调器选项",安装好 Modem。通过"控制面板"的"网络连接"建立好拨号网络连接。注意:建立拨号连接时用户必须有一个由 Internet 服务提供商(ISP)提供的服务器号码(即拨号号码)、用户名和用户密码。

下面以将家庭接入 Internet 为例介绍如何建立拨号连接。

① 打开"网络连接"窗口,如图 8-2 所示。

② 单击窗口左端的"创建一个新的连接",打开"新建连接向导"对话框,如图 8-3 所示。

③ 单击"下一步"按钮,打开"网络连接类型"对话框,选择"连接到 Internet"单选按钮,如图 8-4 所示。

④ 单击"下一步"按钮,选中"手动设置我的连接"单选按钮,如图8-5所示。

⑤ 单击"下一步"按钮,在打开的对话框中选择"用拨号调制解调器连接"单选按钮,如图 8-6 所示。

⑥ 单击"下一步"按钮,在弹出的对话框中输入 ISP 名称,如图 8-7 所示。

⑦ 单击"下一步"按钮,在弹出的对话框中输入"区号""电话号码"等信息,如图 8-8 所示。

图 8-2　"网络连接"窗口

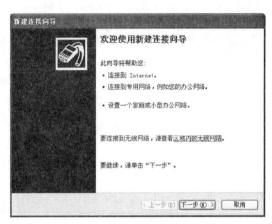

图 8-3　"新建连接向导"对话框

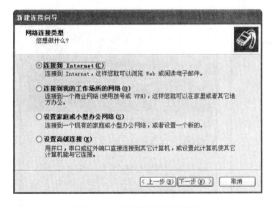

图 8-4　设置网络连接类型

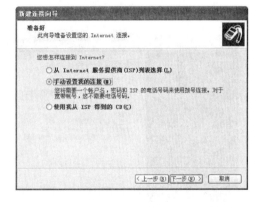

图 8-5　选择设置方式

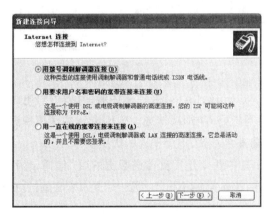

图 8-6　设置 Internet 连接方式

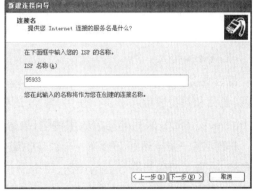

图 8-7　输入 ISP 名称

⑧ 单击"下一步"按钮,在打开的对话框中输入"用户名"和"密码",如图 8-9 所示。

⑨ 单击"下一步"按钮,此时将打开"正在完成新建连接向导"对话框,如图 8-10 所示。

⑩ 单击"完成"按钮,将打开刚刚建立的拨号连接的登录对话框,此时只要输入相应的用户

名和密码即可完成拨号连接,如图 8-11 所示。

图 8-8　输入拨号连接的电话号码　　　　图 8-9　输入拨号连接的用户名及密码

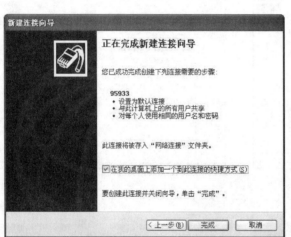

图 8-10　"正在完成新建连接向导"对话框

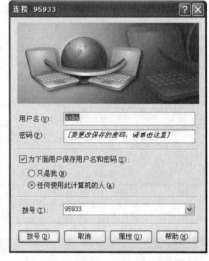

图 8-11　拨号连接登录对话框

二、ISDN 接入

综合业务数字网(Integrated Services Digital Network,ISDN)俗称一线通,可以边打电话边上网,通话和数据通信两不误。使用 ISDN 适配器可以用 64 Kbit/s 或 128 Kbit/s 的速率快速接入 Internet。ISDN 采用端到端数字传输,具有传输安全可靠、不受干扰的优点。

ISDN 将一条电话线划分为 3 个数字信道——其中两个是负责传送数据的"B"信道,也称数据信道,主要负责信息或数据的传送,每个 B 信道的速率为 64 Kbit/s;另一个是"D"信道,负责建立呼叫、断开连接呼叫,以及与电话网的通信等,一个 D 信道的速率为 16 Kbit/s。采用"2B+D"的模式,两条数据信道中的任意一条可以以 64 Kbit/s 的速率传输,也可以将两条信道同时使用,供一个 Internet 连接使用。所以,理论上 ISDN 所能提供的最大流量为 128 Kbit/s,这就比 Modem 的传输速率快了许多。

目前,ISDN 适配器有两大类型:一种是外接式,另一种是内嵌式。ISDN 适配器既可以连接到一台独立的计算机上,也可以连接到一个网络中。通常,对于外接式 ISDN 适配器使用串行端口连接计算机;对于内嵌式 ISDN 适配器,则在计算机的总线上插一块 ISDN 适配卡。虽然外接式 ISDN 适配器价格较贵,但它可以获得最大的 ISDN 流量。可是,由于受到计算机端口流速的限制,所以还需要添加特殊的高速串行端口。如果采用内嵌式 ISDN 适配器,则直接在系统总线上交换数据,不需再添加额外的设备。目前,国内所采用的 ISDN 适配器大多数都是内嵌式的。

ISDN 与其他的网络接入方式最大的不同在于: 它能够使一个用户终端的传输全部数字化,还包括用户终端到交换机之间的传输。但是在传统的电话网中,从用户终端到交换机之间传输的是模拟信号,当用户进行数字传输通信时,必须用 Modem 进行变换,才能在用户线上传送。ISDN 改变了传统的电信网模拟用户环路的状态,使得全网数字化,图 8 - 12 所示为 ISDN 接入互联网的设备连接图。

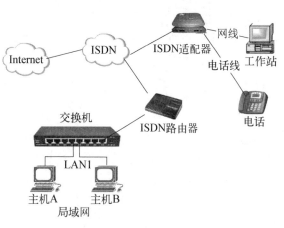

图 8 - 12 ISDN 接入互联网的设备连接图

8.2 宽带接入 Internet

宽带是相对传统拨号上网而言的,尽管目前没有统一标准规定宽带的带宽应达到多少,但考虑到网络多媒体数据流量,网络的数据传输速率至少应达到 256 Kbps 才能称之为宽带,其最大优势是带宽远远超过 56 Kbps(拨号上网方式)。宽带的接入方式主要有电信 ADSL、FTTX + LAN(小区宽带)、CABLE MODEM(有线通)和 DDN 专线,用户可以依据接入和带宽需求的实际情况选择不同的接入方式。

8.2.1 ADSL 接入

DSL(Digital Subscriber Loop)即数字用户环路,xDSL 是各种 DSL 技术的总称,其中包括 HDSL(High bit rate Digital Subscriber Loop)、SDSL(Single line Digital Subscriber Loop)、VDSL(Very high bit rate Digital Subscriber Loop)、ADSL(Asymmetric Digital Subscriber Line,非对称数字用户线)等,其中 ADSL 的特点是下行速率远快于上行速率,更适合用户在线浏览的下载量大、上传信息量少的情况,目前我国电信部门主要为用户提供 ADSL 接入服务。

ADSL 是目前使用最多的普通电话线作为传输介质的接入方式,能提供高达 8 Mbps 的下载速率和 1 Mbps 的上传速率,而其传输距离为 3~5 km。其优势在于不需要重新布线,而是充分利用现有的电话网络,只需在线路两端加装 ADSL 设备即可为用户提供高带宽接入服务,而且上网和打电话互不干扰。用户在接听、拨打电话的同时,可通过 ADSL 接入 Internet 收看影视节目,还可以用很高的速率下载数据文件等。

ADSL 的接入方法是在现有的普通电话线两端安装相应的 ADSL 终端设备,无需更改现有

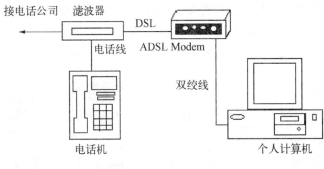

图 8-13　ADSL 安装拓扑图

的电话线,所以安装简单。

一、ADSL 的硬件安装

进行 ADSL 的连线时,只要将电话线连上分离器(滤波器),分离器与 ADSL Modem 之间用一条两芯电话线连上,ADSL Modem 与计算机的网卡之间用一条双绞线连通即可完成硬件安装,如图 8-13 所示。再将 TCP/IP 协议中的 IP、DNS 和网关参数项设置好,便完成了安装工作。ADSL 的使用就更加简易了,由于 ADSL 不需要拨号,一直在线,用户只需接上 ADSL 电源便可以享受高速网上冲浪的服务了,而且可以同时打电话。

二、ADSL 软件安装

在申请 ADSL 业务时,ADSL Modem 会配有随机拨号程序软件。另外,也可使用 Windows XP、Windows 7 操作系统中集成的拨号软件建立拨号连接,实现 Internet 接入。

ADSL 接入 Internet 有两种主要方式:专线接入和虚拟拨号。所以在硬件连接完成以后,对软件的安装设置也不同。

专线接入方式:由 ISP 提供静态 IP 地址、主机名称、DNS 等入网信息,软件的设置和安装局域网一样,安装好 TCP/IP 协议,直接在网卡上设定好 IP 地址,DNS 服务器等信息,就直接连到了 Internet。由于这种设置方式下技术较复杂并且占用 ISP 有限的 IP 地址资源,所以目前主要用于企业。

虚拟拨号方式:使用 PPPoE 协议软件,然后按照传统拨号方式上网,ISP 分配动态 IP。

三、创建 ADSL 连接

打开"网上邻居"→"查看网络连接"→"创建一个新的连接",接着出现一个连接向导,单击"下一步",选择"连接到 Internet"→"下一步",选择"手动设置我的连接(M)"→"下一步",选择"用要求用户名和密码的宽带连接来连接"→"下一步",出现如图 8-14 所示的"新建连接向导"对话框。

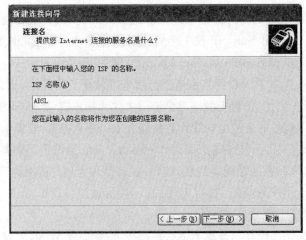

图 8-14　"新建连接向导"对话框

　　输入 ISP 名称,单击"下一步"按钮,出现如图 8-15 所示的"Internet 账户信息"对话框,输入账号和密码,并把它作为默认连接,单击"下一步"按钮,在桌面创建图标前面打勾,单击"确定"按钮,即可完成创建新的 ADSL 连接。

四、建立 ADSL 连接

　　创建了 ADSL 连接后,会在桌面上出现一个快捷方式图标,用户每次需要接入互联网时,只要打开已创建的 ADSL 连接,输入用户名和密码即可接入互联网了,如图 8-16 所示。

图 8-15　"Internet 账户信息"对话框　　　　　　　图 8-16　拨号连接窗口

8.2.2　Cable Modem 接入

　　有线电视(CATV)网正在由同轴电缆向光纤/同轴电缆混合网(HFC)发展,也就是主干线采用光纤,而内部小区仍采用同轴电缆。与 PSTN 相比,CATV 频带宽可达 550 MHz/750 MHz,在城市几十公里内仍具有良好的传输特性,一个小区可容纳 2 000 个家庭。进入 20 世纪 90 年代后世界各国纷纷把 CATV 网看作是进入信息高速公路的捷径,大力开发 HFC 综合业务传输网,正在取代传统的 PSTN。

　　Cable Modem 即线缆调制解调器,是指那些能够通过有线电视网络提供高速 Internet 接入的设备。所谓有线电视上网就是利用 Cable Modem 通过有线电视环线接入 Internet。

　　Cable Modem 使用的是有线电视网。Cable Modem 的基本原理很简单:有线电视电缆可以同时传输多个频道,我们利用电缆带宽的一部分来传送数据,然后使用 Cable Modem 把数据信号从电缆中分离出来,这样就实现了数据的传输。使用混合同轴/光纤有线电视线路可提供最高达 6 Mbps 的下载速率,以及 640 Kbps 的上传速率。

一、Cable Modem 接入的优缺点

1. Cable Modem 接入的优点

　　优点:高速数据传输速率;永久性连接;耗费最低的宽带技术。

　　通过有线网络提供的 Internet 接入方式,在理论上可以达到最大 38 Mbps 的下载速率。但

是,用户在实际使用时传输速率可能要低得多。一般情况下,Cable Modem 能够提供的平均下载速率约为 382 Kbps,平均上传速率约为 315 Kbps,该速率虽然比理论上的数值低很多,但是仍然相当于普通 Modem 传输速率的 8 倍。

用户使用 Cable Modem 不能获取最大速度的一个主要原因是有线网络的使用者必须与其他所有接入该网络的用户共同分享网络带宽。如果某一时刻同时在线的人数增加,用户的接入速率就会相应地减慢。此外,与传统的 Modem 在用户 PC 和 ISP 之间建立起一条点到点的电路连接不同,有线网络的接入方式使用的是一种叫做分支网络的技术。在该网络结构下,有线网络运营商在中心服务端使用 Cable Modem 终端系统通过一条主干线路发送信号。该主干线路被划分成许多小的分支线路,接入其中任何一条分支线路的有线网用户都将共同分享该分支线路的带宽。在客户端,Cable Modem 会将接收到的信号转化成计算机数据并通过在用户 PC 上安装的网卡传送到用户 PC 系统。

2. Cable Modem 接入的缺点

不足:与他人共享带宽;存在地域限制。

普通 Modem 是点对点的传输,有线电视网是总线拓扑结构,如果单个用户能以 10 Mbps 的速率访问 Internet,当同一条线路上的用户数激增时,该用户的访问速率会锐减到原来速率的1/5甚至 1/20,很容易造成"瓶颈"现象。不过随着高速网络的建设和 Cable Modem 国际标准的推广应用,问题可望解决。

二、Cable Modem 接入硬件连接

利用 Cable Modem 接入 Internet,所需硬件设备如下:Cable Modem 一个、有线电视解码器一个、有线电视插座一个、分线器一个、1 米同轴电缆一根、2 米同轴电缆三根、2 米超五类电缆一根,设备连接如图 8-17 所示。

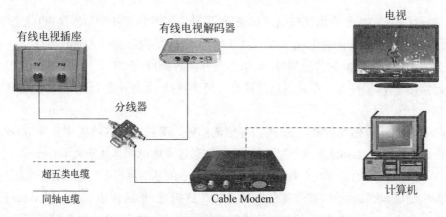

图 8-17　Cable Modem 设备连接

接通 Cable Modem 的电源开关,一般要等 3～8 分钟才可以进入"Online"状态。这时 Modem 上的"Online"绿灯会点亮,这时与 Internet 硬件已连通。

在计算机网络属性中设置自动获取 IP 地址即可。

8.2.3　DDN 专线接入

一、数字数据网(DDN)简介

DDN(Digital Data Network)即数字数据网,是利用光纤、数字微波或卫星等数字信道提供永久或半永久性连通电路,不需要像 Modem 那样拨号后才能与 Internet 相连,用于以传输数据信号为主的数字传输网络。可提供速率为 N×64 Kbps(N=1、2、3、…、31)到 2 Mbps 的高速数据专线业务。

DDN 具有以下特点:

① 传输质量高,信道利用率高。

② 传输速率高,网络时延小。

③ 数据信息传输透明度高,可支持任何协议,可传输语音、数据、传真、图像等多种业务。

④ 适用于数据信息流量大的场合。

⑤ 网络运行管理简便,对数据终端的数据传输速率没有特殊要求。

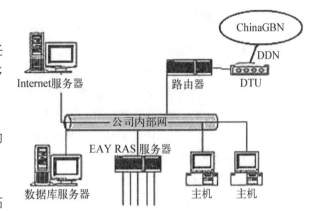

图 8-18　DDN 接入 Internet 拓扑图

二、用 DDN 接入 Internet 的方法

图 8-18 所示为 DDN 接入 Internet 拓扑图。

用户接入方式大体上分为用户终端设备接入方式和用户网络与 DDN 互连方式两种。

(1) 用户终端设备接入方式

调制解调器接入 DDN、通过 DDN 的数据终端设备接入 DDN、通过用户集中接入 DDN、通过模拟电路接入 DDN、通过模拟电路接入 DDN。

(2) 用户网络与 DDN 互连方式

局域网之间利用 DDN 互连、专用 DDN 与公用 DDN 互连、分组交换网与 DDN 互连、用户交换机与 DDN 互连。

三、DDN 的配置方法

DDN 专线申请到位后要先将其 2 对双绞线(用户端可见)与基带 Modem 相连,再将基带 Modem 与路由器的同步串口连接,最后将路由器的以太网口连上局域网。这里需要说明一点,一般的局域网都是双绞线以太网,而路由器提供的以太网接口通常是 AUI 标准的,所以另外还需要一个以太网 Transceiver(双绞线与粗缆的信号转换设备)来进行信号转换。新买的路由器在使用前需要进行配置,包括以太网口的 IP 地址、路由协议等,这些连线及配置工作由 ISP 负责。至此,硬件连接完成,下面完成软件的设置。

在申请 DDN 专线的同时,ISP 应该提供若干标准的 Internet 地址以便使用,这里假设为 192.168.0.1~192.168.0.50,可以将其中的某一个地址赋予路由器的以太网口,例如 192.168.0.1,这样 192.168.0.1 就是局域网的网关地址。至此局域网与 Internet 相连的配置工作已完成,但局域网中的计算机还需要做一些网络配置工作才能使用 Internet。这些配置在前面已经讲述过,请大家自行配置。

在配置过程中,应在网络属性中加入如下参数:

局域网通过什么网关与 Internet 相连:192.168.0.1;

通过什么服务器作 DNS 解析:可以用局域内任一 Windows Server 的计算机作 DNS 解析,也可以用 ISP 的计算机作 DNS 解析,无论如何,应在网络属性内加入 DNS 解析服务器的地址。如局域网用 DHCP,在 DHCP 中应加入 DNS 解析服务器的地址,客户机的网络属性中的 IP 地址设置为自动获得 IP 地址即可。

8.2.4 光纤宽带接入

一、光纤接入简介

随着光通信技术的迅速发展,光纤以其固有的宽带优势和极强的抗干扰能力在接入网中获得了广泛应用。目前光纤接入的方式有:光纤到家(Fiber To The Home,FTTH)、光纤到路边(Fiber To The Curb,FTTC)、光纤到大楼(Fiber To The Building,FTTB)等。

FTTH 是一种全光纤的网络结构,光网络单元(ONU)设置在用户家里,用户与业务节点之间以全光缆作为传输线,因此无论在带宽方面还是在传输质量和维护方面都十分理想。

FTTC 使用光纤代替主干铜线电缆和局部配线电缆,将 ONU 放置在靠近用户的路旁,用户用双绞线或同轴电缆与之连接。这种光纤和铜缆的混合结构成本较低,适合于人口居住密度较高的地区。

FTTB 的原理与 FTTC 相同,只是 ONU 放置在大楼内,用电缆或双绞线延伸到用户,非常适合于现代化的智能楼宇。

光纤接入是指局端与用户之间完全以光纤作为传输媒体。光纤接入可以分为有源光接入和无源光接入。而在实现宽带接入的各种技术手段中,光纤接入网是最能适应未来发展的解决方案,是一种经济有效的互联网接入方式。

光纤接入具有如下特点:高可靠性、高可扩展性、高传输带宽、可满足用户的各种宽带需求。

二、光纤接入方法

目前多数小区光纤已直接到用户,企业用户光纤到信息中心,通过光端设备将光信号转换成电信号,通过超五类双绞线接入网络中心交换机,如图 8-19 所示。一些有条件的企业可以将该五类双绞线先接入路由器或防火墙,这样能通过路由器或防火墙屏蔽掉外部的攻击,再从路由器或防火墙通过超五类双绞线接入企业的交换机,通过交换机与内部局域网相连。光纤的接入速率可以有 10 Mbps、100 Mbps、1 000 Mbps 等多种,用户应根据情况选择接入速率。

光纤连接一般有固定的 IP 地址分配给用户,在网络连接中将计算机配置为固定 IP 地址即可。

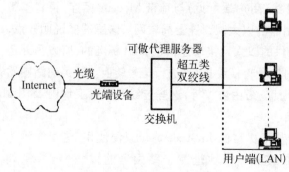

图 8-19 光缆接入的一般形式

8.3　局域网接入 Internet

8.3.1　局域网共享接入

当有了一条 ADSL 上网通道,要实现多台计算机同时上网,就可利用 Windows 操作系统自带的共享 Internet 工具,实现局域网主机共享上网。

一、共享主机的设置

为了使用 Internet 连接共享实现局域网共享账号接入,在局域网中找一台配置较高的计算机作为共享上网的服务器。在这台计算机上要配置两块网卡,一块连接 ADSL Modem,另一块连接局域网。

由于 Windows 2008 Server 操作系统功能强大,运行稳定,而且自带有"连接共享"功能,所以常被用作共享上网的服务器的操作系统。选择"开始"→"设置"→"网络和拨号连接"命令,右键单击欲设置为共享连接的项目(ADSL),在快捷菜单中选择"属性"命令,设置"共享"选项。

打开如图 8-20 所示的"adsl 属性"对话框,选中"启用此连接的 Internet 连接共享"复选框,然后选择对哪个局域网的连接进行共享,单击"确定"按钮。此时系统会要求将 IP 地址更改为专用 IP,即 192.168.0.1,同时需将共享局域网的其他主机地址更改为自动获取。

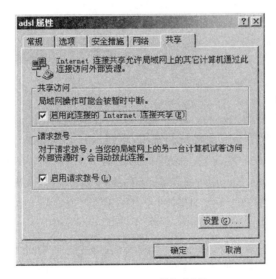

图 8-20　"adsl 属性"对话框

二、客户机浏览器设置

(1) 打开 IE 浏览器。

(2) 选择"工具"→"Internet 选项"命令。

(3) 在对话框的"连接"选项卡中,单击"从不进行拨号连接",然后单击"局域网设置"按钮。

(4) 清除"自动配置"和"代理服务"的相关配置。

8.3.2 局域网无线接入

自 1971 年夏威夷大学(University of Hawaii)的研究员创造第一个基于封包式技术的无线电通信网络(ALOHNET)以来,无线局域网(Wireless LAN,WLAN)得到了广泛的应用,在无线网络中,常用的有两种拓扑结构: 星状(Star)和网状(Mesh)。

一、无线局域网的拓扑结构

1. 星状拓扑(Star Topology)

这是目前最常见的一种拓扑结构,这种结构包含一个通信用的中央节点或是存取点(Access Point,AP)。数据封包由源节点发出后,由中央节点接收,并且转发到正确的无线网络目标节点,这台中央节点可以用来当作与有线 LAN 的通信桥梁,并且用来存取其他有线客户端、互联网或是其他网络设备等,如图 8‑21 所示。

2. 网状拓扑(Mesh Topology)

和星状拓扑有些不一样,网状拓扑并没有中央计算机。每个节点都可以与同在一个网段的其他计算机自由通信,如图 8‑22 所示。

图 8‑21 星状无线拓扑   图 8‑22 网状无线拓扑

二、无线局域网规格标准

为了让 WLAN 技术能够被广泛接受和使用,这些技术必须建立一种业界标准,以确保各厂商生产的设备都具有兼容性与稳定性。这些标准是由 IEEE(电气与电子工程师协会,Institute of Electrical and Electronics Engineers)所制订的,继 1997 年提出 IEEE 802.11 标准之后,在1999 年 9 月又提出了 IEEE 802.11a、IEEE 802.11b 和 IEEE 802.11g 标准。

1. IEEE 802.11

IEEE 802.11 是 IEEE 最初制订的一个无线局域网标准,主要用于解决办公室局域网和校园网,用户与用户终端的无线接入业务主要限于数据存取,传输速率最高只能达到 2 Mbps。目前,3Com 等公司都有基于该标准的无线网卡。

2. IEEE 802.11a

IEEE 802.11a 由于传输速率可高达 54 Mbps,可使用在更多的应用中,可提供 25 Mbps 的无线 ATM 接口和 10 Mbps 的以太网无线帧结构接口,以及 TDD/TDMA 的空中接口;支持语音、数据、图像业务;一个扇区可接入多个用户,每个用户可带多个用户终端,因此被视为下一代高速无线局域网络规格。802.11a 选择具有能有效降低多重路径衰减与有效使用频率的 OFDM

为调变技术,并选择干扰较少的 5 GHz 频段。

3. IEEE 802.11b

IEEE 802.11 工作组于 1999 年年底制订了 IEEE 802.11b 标准,以直序展频(又称 DSSS; Direct Sequence Spread Spectrum)作为调变技术,所谓"直序展频"是将原来 1 个位的信号,利用 10 个以上的位来表示,使得原来高功率、窄频率的信号,变成低功率、宽频率的信号。IEEE 802.11b 物理层支持 5.5 Mbps 和 11 Mbps 两个新速率。IEEE 802.11b 使用动态速率漂移,可因环境而变化,在 11 Mbps、5.5 Mbps、2 Mbps、1 Mbps 之间切换,且在 2 Mbps、1 Mbps 速率时与 IEEE 802.11 兼容,频段则采用 2.4 GHz 免执照频段。

4. IEEE 802.11g

由于下一代规格 IEEE 802.11a 与 IEEE 802.11b 的频段与调变方式不同,使得其互相之间不能够相通,已经拥有 IEEE 802.11b 产品的消费者可能不会在 IEEE 802.11a 设备问世之后就立即购买;而 IEEE 802.11g 就是为这段过渡时间而发展的规格,它建构在既有的 IEEE 802.11b 实体层与媒体层标准基础上,选择 2.4 GHz 频段、传输速率 11 Mbps,让已拥有 IEEE 802.11b 产品的使用者能够以 IEEE 802.11g 的产品达到一个速度升级的需求。

三、无线局域网解决方案

无线局域网在当今企业业务量不断增加、网络规模不断扩大的情况下,以其安装简单、不需要布线而得到了广泛的应用,从而增强了通信和合作,改进了决策制订过程,提高了员工的工作效率。

1. 无线局域网设备

(1) 无线网桥(无线接入点,Access Point)

用于进行无线节点网络互联的设备,可支持多至 65 个用户同时运行,距离可达 100 米(328 英尺),速度根据无线 AP 支持的网络标准可达 11 Mbps 以上。

(2) 无线网卡

无线网卡的作用与有线网卡的作用一样,但使用方便灵活,可提供多种接口,有 PCI 接口、PCMCIA 接口、USB 接口的无线网卡。

(3) 无线路由器

有线路由器集成无线网桥的功能,合二为一(即有线路由器 + AP)。既能实现宽带接入共享,又能轻松拥有无线局域网的功能。

(4) 无线天线

WLAN 所用的频率为较高的 2.4 GHz 频段,其天线功能是将信号源信号借由天线本身传送至远处,至于能传多远,一般除了信号源的输出功率强度之外,另一重要因素是天线本身的增益值。增益值愈高,所能传达的距离也更远。通常每增加 6 dB 则传输数据的距离可增加一倍。一般天线有所谓指向性(Uni-directional)与全向性(Omni-direction)两种,前者较适合于长距离使用,后者则较适合区域性应用。

2. 无线局域网连接方案

企业可以根据当前网络已建设的规模,使用无线技术进行局域网的扩展,从而达到增加企业业务量的通信能力的目的。

(1) Infrastructure 模式

这种模式通过数张无线网卡(USB、PCI 或 PCMCIA 接口)及一台无线网桥(AP),实现无线网络内部及无线网络与有线网络之间的互通,达到扩展网络的目的,如图 8-23 所示。

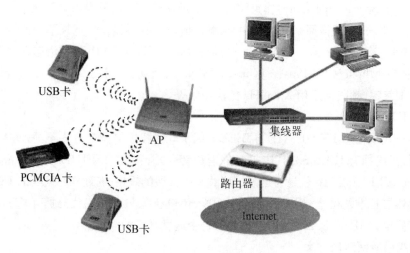

图 8-23 Infrastructure 模式的无线网络

(2) Ad-Hoc 模式

无需 AP,数张无线网卡(USB、PCI 或 PCMCIA 接口)可以组成一种临时性的松散的网络组织方式,实现点对点与点对多点连接,不过这种方式不能连接外部网络,即前面介绍的网状拓扑,如图 8-24 所示。

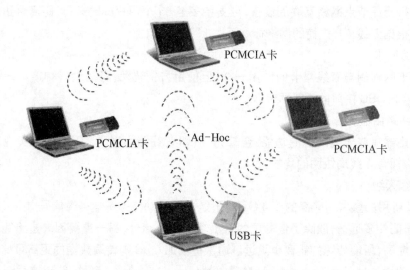

图 8-24 Ad-Hoc 模式的无线网络

(3) 楼宇间互联

当某公司已完成了公司内部各楼宇之间的局域网布线连接,而需要在不同的楼宇之间进行网络通信时,可以采用室外无线网桥进行连接,如图 8-25 所示。

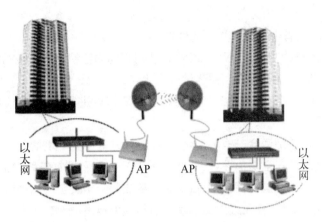

图 8-25　楼宇间的无线网络连接

四、无线局域网的安全技术

随着无线技术运用的日益广泛,无线网络的安全问题越来越受到人们的关注。通常网络的安全性主要体现在访问控制和数据加密两个方面。而无线网络的数据传输则是利用微波在空气中进行辐射传播,因此只要在 Access Point (AP)覆盖的范围内,所有的无线终端都可以接收到无线信号,AP 无法将无线信号定向到一个特定的接收设备,因此无线的安全保密问题就显得尤为突出。为了提高无线网络的安全性,在 IEEE 802.11b 协议中包含了一些基本的安全措施,包括:无线网络设备的服务区域认证 ID (ESSID)、MAC 地址访问控制以及 WEP 加密等技术。

1. 服务区域认证

IEEE 802.11b 利用设置无线终端访问的 ESSID 来限制非法接入。在每一个 AP 内都会设置一个服务区域认证 ID,每当无线终端设备要连上 AP 时,AP 会检查其 ESSID 是否与自己的 ID 一致,只有当 AP 和无线终端的 ESSID 相匹配时,AP 才接受无线终端的访问并提供网络服务,如果不符就拒绝给予服务。利用 ESSID,可以很好地进行用户群体分组,避免任意接入带来的安全和访问性能问题。

2. MAC 地址访问控制

该方法就是限制接入终端的 MAC 地址以确保只有经过注册的设备才可以接入无线网络。由于每一块无线网卡拥有唯一的 MAC 地址,在 AP 内部可以建立一张"MAC 地址控制表"(Access Control),只有在表中列出的 MAC 才是合法可以连接的无线网卡,否则将会被拒绝连接。MAC 地址控制可以有效地防止未经过授权的用户侵入无线网络。

在搭建小型无线局域网时,使用该方法最为简单、快捷,网络管理员只需要通过简单的配置就可以完成访问权限的设置,十分经济有效。

3. 数据加密

数据加密可以通过 WEP(Wired Equivalent Privacy)协议来进行。WEP 是 IEEE 802.11b 协议中最基本的无线安全加密措施。WEP 是所有经过 WiFiTM 认证的无线局域网络产品所支持的一项标准功能,由国际电气与电子工程师协会(IEEE)制订,其主要用途有:

① 提供接入控制,防止未授权用户访问网络。WEP 加密算法对数据进行加密,防止数据被

攻击者窃听。

② 防止数据被攻击者中途恶意篡改或伪造。

WEP 加密采用静态的密钥,各 WLAN 终端使用相同的密钥访问无线网络。WEP 也提供认证功能,当加密机制功能启用,客户端要尝试连接上 AP 时,AP 会发出一个 Challenge Packet 给客户端,客户端再利用共享密钥将此值加密后送回存取点以进行认证比对,如果正确无误,才能获准存取网络的资源。

无线安全基本技术特别适合一些小型企业、家庭用户等小型环境的无线网络应用,无需额外的设备支出,配置方便,且安全防护性好,从终端的访问控制到数据链路中的数据加密都定义了有效的解决方案。有了这些技术,用户可以快速地建立起一个安全的无线网络环境,既节约了成本又可达到预计的安全目标,使无线网络的使用价值大大提高。

 **小 结**

本章主要介绍了局域网接入 Internet 的几种常用方法,有拨号接入和宽带接入,具体包括 ISDN 接入、ADSL 接入、Cable Modem 接入、DDN 接入和光纤宽带接入,比较说明了各种接入方式的特点及适用的场合;重点介绍了拨号连接的建立方法,并说明了利用 Internet 共享接入实现一条外线完成多机接入 Internet 的配置过程。最后介绍了无线局域网技术及接入方法。

项目实训　局域网接入 Internet

一、实训项目

1. 了解目前常用的 Internet 接入技术。
2. 掌握一种采用 ADSL 接入 Internet 的方法。
3. 了解局域网共享 Internet 连接的形式。
4. 掌握采用代理服务器接入 Internet 的方法。

二、实训项目环境

每组配给计算机 4 台,使其中一台成为装有 IIS 和 DNS 的 Windows 2008 Server 服务器,客户端是装有 Windows 7 或 Windows XP 的工作站,使它们在同一网段;配给 Windows 2008 Server 和 Windows 7 安装光盘各 1 张,电信 ADSL 网卡及电话线。

三、实训项目内容

- 绘制网络所连接拓扑图。
- 按拓扑图连接网络,组成小型局域网。
- 配置 ADSL 连接,实现用户 ADSL 拨号上网。
- 设置 Internet 共享上网,保证局域网内所有用户可以通过 ADSL 共享上网。
- 配置所有客户机的 IP 地址。
- 测试网络连接并接入互联网。

四、操作步骤

1. 安装 ADSL 网卡。

步骤：物理连接网卡→安装驱动程序→安装 ADSL 上网软件(卡自带)→通过 ADSL 拨号上网。这时只有安装 ADSL 的这一台计算机能上网。

2. 两台计算机配置 Internet 共享连接。

(1) 服务器端。右键单击"网上邻居"图标→选择"属性"命令→选择网络连接→选择 ADSL 连接→右键单击选择"属性"命令→选择"高级"→选择 Internet 共享连接，允许其他网络用户通过此计算机的 Internet 连接来连接。

(2) 客户端。依次选择"开始"→"程序"→"附件"→"通信"→"网络安装向导"，将这台计算机通过网上的另一台计算机连接到 Internet。

3. 通过代理服务器接入 Internet。

安装与配置 Sygate 代理服务器。

服务器端：双击安装软件包进行安装，启动 Sygate 服务器，正常时为绿灯。

客户端：将客户机的网关地址设置为 192.168.0.1 即可。

注意：可以尝试安装其他的代理服务器软件，如 Wingate 等。

五、实训报告及要求

1. 写出实训报告。

2. 写出 ADSL 接入 Internet 与其他接入方式的不同。

3. 写出代理服务器接入与 Internet 共享接入各自的特点。

 习　题

1. 接入 Internet 有哪几种常见的方法？

2. 简述以 Modem 接入 Internet 软硬件配置的简单过程。

3. 怎样以 ISDN 接入 Internet？

4. Cable Modem 通过什么线路与 Internet 相连？在使用 Cable Modem 作接入设置时的具体步骤如何？

5. DDN 具有哪些特点？

6. 如何用 DDN 接入 Internet？

7. xDSL 有哪些特点？ADSL 的特点是什么？

8. ADSL 接入有两种方式，它们分别是什么？

9. 简述用 ADSL 接入 Internet 的过程。

10. 光缆接入具有哪些优点？

第9章
局域网故障诊断与安全管理

随着计算机网络技术的飞速发展,在使用网络的同时,网络的可靠运行已成为所有使用计算机网络的用户和企业的最大愿望,因此,计算机网络的管理与安全问题已成为计算机网络技术发展的关键之一,解决好网络的管理与安全问题,是保证网络正常运行的前提和保障。

9.1　网络管理与故障诊断

9.1.1　网络管理与维护

一、网络管理五大功能

网络管理与维护的目的是提高网络性能,网络管理的任务主要有配置管理、性能管理、故障管理、安全管理和记账管理。

① 配置管理:网络管理的最基本功能,负责监测和控制网络的配置。

② 性能管理:保证有效运营网络和提供约定的服务质量,在保证各种业务的服务质量的同时,尽量提高网络资源利用率。

③ 故障管理:其作用是迅速发现、定位和排除网络故障,动态维护网络的有效性。

④ 安全管理:提供信息的保密、认证和完整性保护机制,使网络中的服务数据和系统免受侵扰和破坏。

⑤ 记账管理:正确地计算和接收用户使用网络服务的费用,进行网络资源的统计和网络成本效益的计算。

二、网络管理的内容

1. 衡量网络性能优劣的标准

- 数据链路带宽必须超出网络客户机处理数据的能力。
- 对网络共享介质的竞争访问不能超过介质的负载限度。
- 服务器必须足够快,以便响应所有网络客户机的请求。

2. 衡量网络性能瓶颈

衡量网络性能瓶颈的常用术语:

- 资源(Resources)是硬件部件。软件进程在硬件资源下进行装载。
- 瓶颈(Bottlenecks)是影响计算机响应能力的资源。在具体使用中,瓶颈是指影响系统性能的部件。
- 负荷(Load)是资源不得不执行的工作总量。
- 优化(Optimization)是减少瓶颈对性能的影响。优化或清除不必要的负荷、均衡多个设备之间的负载或者查找增加可用资源等。

- 吞吐率(Through out put)是一定的时间周期内通过的资源信息流。
- 进程(Processes)是计算机中可并发执行的程序在一个数据集合上的运行过程,是程序的一次执行和资源分配的基本单位。
- 线程(Threads)是一个进程内的基本调度单位。一个进程可以有一个或多个线程;在多处理器环境中,线程是处理器间分配的基本单元。

3. 减少信息流量

当环境允许时,减少信息流量是处理网络瓶颈最好的方式。因为不论当前网络的结构如何,这种方式都能起作用,而且不需要任何物理改变。减轻网络负荷通常包括找出哪一台计算机产生了最大的网络负荷,确定该计算机为什么会产生如此大的网络负荷。如果可能的话减轻由该计算机所产生的网络负荷。重复执行以上过程,直到不可能进一步减轻网络负荷为止,这样就把网络信息流量降到了某种可行的程度。

4. 增加子网数目

增加子网数目是另一种方式,这种方法实际上是构建更多的通路,从而减轻信息流量拥塞。将共享介质型网络拆分成多个由交换机、路由器或者执行路由功能的服务器所连接的子网,这样可以划分冲突域(子网内计算机通信数据不出本子网段),进而提高网络性能。

5. 提高网络速度

提高网络速度是解决网络性能最直接的方式,当然费用可能会高一些,因为这种方式需要替换网络上数据链路设备,甚至涉及网络体系结构的改变。

通常数据链路升级是指从以太网(Ethernet)升级到快速以太网(Fast Ethernet)或者千兆位以太网(Gigabit Ethernet 1 000 M)、万兆以太网(10 Gigabit Ethernet 10 G)以太网。有时只需要升级主干网、服务器之间的链路或者某个子网就可以了。使用网络监视器识别网络上信息量大的用户,并把那些用户迁移到更快的网络上。

9.1.2　常见网络故障诊断

局域网管理与维护的重要任务之一是分析故障原因,排除网络故障。从故障产生的原因可以将局域网故障分为两大类,即硬件故障和软件故障。

一、硬件故障

硬件故障是指线路或设备出现问题,容易出现问题的设备一般有网卡、集线器、交换机、路由器等。

1. 网卡故障

故障现象 1:安装网卡后计算机的启动速度变慢,但启动完成后就一切正常了,在"设备管理器"中进行查看,没有发现硬件冲突。怎么才能解决启动速度慢的问题?

解决方法 1:安装网卡后计算机的启动速度慢是正常现象,因为系统启动时除了检测网络连接,还会自动检测网络中的 DHCP 服务器,增加了系统的启动时间。如果想要加快系统的启动速度,就应当为计算机指定固定的 IP 地址,以减少系统的检测时间,而不是采用自动获取 IP 地址的方式。

故障现象 2:网卡安装正确后不能上网,检查发现网络正常,重装系统后现象依然,网卡安装到其他计算机上后,发现设备管理器中有感叹号。

解决方法 2:更新驱动程序或更换网卡、更换网卡的 PCI 插槽。

故障现象 3:网卡的名称中多了"1♯"。

解决方法 3:因为在拔除旧网之前没有能够将它完全卸载,在设备管理器窗口中依次单击查看显示隐藏的设备,将网卡全部删除,重新启动计算机后安装新网卡驱动程序。

2. 交换机故障

故障现象 1:计算机使用原集线器能上网,更换交换机后无法上网。

解决方法 1:为故障计算机指定一个固定的 IP 地址,该 IP 地址必须与其他计算机位于同一个地址段,用 ping 命令测试网络内其他计算机的网络连接是否正常,如果能够连通,说明网络连接没有问题,否则,故障发生在本地计算机与交换机的连接上,应当使用网线测试仪检查该段网线的连通性。

故障现象 2:交换机加电后 POWER 指示灯不亮。

解决方法 2:从故障现象分析是电源插座、电源线和机内电源模板出现问题,可以将电源线插入另一台工作正常的设备,以检查电源插座是否良好,通过另一台设备检查电源线和机内电源模板是否正常。

故障现象 3:正确连接交换机后,电源正确,链路指示灯不亮。

解决方法 3:从故障现象看可能是 PC 机网络接口、网线或交换机端口这 3 个地方有问题,更换网线(直通线,长度小于 100 米),检查交换机接口是否正常工作,检查 PC 机网口是否正确工作。

故障现象 4:交换机运行一段时间后会自动关机。

解决方法 4:可能是电压不稳定造成的,交换机内电源模板可能出现故障,如果用户使用的电压不很稳定,最好配置一个 UPS。

故障现象 5:交换机运行一段时间后发出报警声。

解决方法 5:可能是因为只有一个剩余电源供电,检查是否有一个电源的电源线松动或者开关被关闭。只有一个剩余电源时,用使用中的电源报警消除按钮来消除报警,此后在供电电源下恢复供电,会产生报警声,此时重新按一次按钮即可解决。

故障现象 6:交换机端口不正常,物理连接后计算机桌面图标显示网络不通,换个端口则正常。

解决方法 6:交换机端口故障,更换交换机或维修端口。

3. 路由器故障

故障现象 1:路由器正常连接但无法上网。

解决方法 1:

● 检查 Cable/xDSL 路由器与宽频路由器是否确实安装连接,电源已打开,以及其他联机设备均依照产品指示架设无误。

● 确认计算机与宽频路由器是否在相同的子网内,如果无法确认,请将计算机的 IP 地址设为自动获取 DHCP 服务器分配的 IP 地址。

● 原本拨号上网的用户,必须重设 IE 浏览器的 Internet 选项。设定步骤:在桌面上右键单击 IE 浏览器图标,依次选择"属性"→"连接",选择"从不进行拨号连接"。

● 确认网络设置无误,包括预设网关(192.168.1.1)DNS、IP 等地址。计算机的 IP 地址必须设定为内部网络限定的范围(192.168.1.2～192.168.1.254)之内。

● 进入宽频路由器查看设定是否有误,若 ISP 的资料数据或接口设定错误,请更正并重新输入。

故障现象 2:路由器拒绝服务,登录路由器后,出现提示"DENIAL OF SERVICE ATTACK FROM 61.149.185.54 IS FINISHED","DENIAL OF SERVICE ATTACK FROM 218.80.104.168 IS UNDERWAY",并且持续显示"?"。

解决方法 2:该路由器的设置不允许用户从广域网登录,登录到路由器的 LAN 口进行设置即可。

故障现象 3:路由器端口之间无法访问,路由器的 4 个 LAN 端口连接的计算机可以上网,不能互相访问。

解决方法 3:同一网段 IP 地址在同一子网内,应该是 Windows 操作系统网络设置的问题,将网络设置属性中的防火墙关闭即可。

故障现象 4:路由器无法获取广域网地址。

解决方法 4:检查路由器的 WAN 口指示灯是否正常,检查网线连接是否正确,检查路由器配置是否正确,所有的配置完成并保存后重启才能生效。

4. 无线网络故障

故障现象:无线连接速率下降,连接速率小于 1 MB/s。

解决方法:查看是否开启了无线网卡的节能模式,在采用节能模式时,无线网卡的发射功率将大大下降,导致无线信号减弱,从而影响无线网络的传输速率。

查看在无线设备之间是否有遮挡物,建议将无线 AP 放在房间内较高的位置。

查看是否有其他干扰设备,例如微波炉、无绳电话等。

5. IP 地址分配不正确

故障现象:主机无法自动获得 IP 地址。

解决方法:检查 DHCP 服务器是否正确工作,检查 DHCP 租约是否到期,检查主机的物理连接是否正确。

二、软件故障

软件故障中的常见情况是配置错误,也就是指因为网络设备的配置错误而导致的网络异常或故障。

1. 路由器逻辑故障

故障现象:路由器端口参数设定有误,找不到远端地址。

解决方法:

● 重新配置路由器端口的静态路由或动态路由,把路由设置为正确配置,就能恢复线路了。

● 用 MIB 变量浏览器较直观,它收集路由器的路由表、端口流量数据、计费数据、路由器 CPU 的温度、负载以及内存占用量等关键数据,及时给出报警。

2. 重要端口或进行关闭

故障现象:一些重要进程或端口受系统或病毒影响而导致意外关闭。

解决方法：用 ping 命令检查线路近端的端口是否连通，不通时检查该端口是否处于 down 的状态。若是，说明该端口已经被关闭了，因而导致故障，这时只需重新启动该端口就可以恢复线路的连通。

3. 主机逻辑故障

故障现象：主机逻辑故障所造成的网络故障率较高。

解决方法：分析故障原因，可能是网卡的驱动程序安装不当、网卡设备有冲突、主机的网络地址参数设置不当、主机网络协议或服务安装不当和主机安全性故障等。

4. 主机网络协议或服务安装不当

故障现象：主机网络协议或服务安装不当导致网络无法连通。

解决方法：重新安装协议和服务，之后重新启动主机。

5. 主机安全性故障

故障现象：主机安全故障包括主机资源被盗、主机被黑客控制等。

解决方法：

● 主机资源被盗是指攻击者利用漏洞非法获得用户权限。可采用强密码体系，加固系统。

● 主机被黑客控制会导致主机不受操纵者控制。可安装网络管理软件，监视主机的流量、扫描主机端口和服务、安装防火墙和加装系统补丁来防止可能的漏洞。

9.2　常用网络测试工具

文档

Net 命令的
基本用法

Windows 2008 Server 支持使用 MS－DOS 环境下的网络管理命令，通过这些命令，用户不需要任何网络管理软件就能进行网络的管理与测试，使网络性能达到最佳。下面介绍几个常用的网络管理与诊断命令，所有这些命令都是在 MS－DOS 方式下使用的。

9.2.1　NET 命令

用户可以使用 NET 命令获取特定信息。如果用户想查阅映射到一台计算机上的所有当前驱动器的列表，可以简单输入 NETVIEW computername。

常用 NET 命令举例：

NET ACCOUNTS　查阅当前账号设置。

NET CONFIG SERVER　查阅本网络配置信息统计。

NET SHARE　查阅本地计算机上的共享文件。

NET USER　查阅本地用户账号。

NET VIEW　查阅网络上的可用计算机。

9.2.2　Ping 命令

一般情况下,用户可以使用 ping 命令来查找问题出在什么地方,或检验网络运行的情况,找出可能的故障。

Ping 命令的常用参数选项:

ping IP 地址(如 192.168.1.10)-t:连续对 IP 地址执行 Ping 命令,直到被用户以 Ctrl+C 中断。

ping IP 地址 -l 2000:指定 Ping 命令中的数据长度为 2 000 字节,而不是缺省的 32 字节。

ping IP 地址 -n:执行特定的 n 次 Ping 命令。

1．ping 127.0.0.1

如果测试成功,表明网卡、TCP/IP 协议的安装、IP 地址、子网掩码的设置正常。如果测试不成功,就表示 TCP/IP 的安装或运行存在某些最基本的问题。

2．ping 本机 IP

如果测试不成功,则表示本地配置或安装存在问题,应当对网络设备和通信介质进行测试、检查并排除。

3．ping 局域网内其他 IP

如果测试成功,表明本地网络中的网卡和网络电缆运行正确。但如果收到 0 个回送应答,那么表示子网掩码不正确或网卡配置错误、电缆系统有问题。

4．ping 网关 IP

如果应答正确,表示局域网中的网关路由器正在运行并能够做出应答。

5．ping 远程 IP

如果收到正确应答,表示成功地使用了缺省网关。对于拨号上网用户则表示能够成功地访问 Internet。

6．ping localhost

localhost 是系统的网络保留名,它是 127.0.0.1 的别名,每台计算机都应该能够将该名字转换成该地址。如果没有做到这一转换,则表示主机文件(/Windows/host)中存在问题。

7．ping www.baidu.com(一个网站域名)

对此域名执行 Ping 命令,计算机必须先将域名转换成 IP 地址,通常是通过 DNS 服务器。如果这里出现故障,则表示本机 DNS 服务器的 IP 地址配置不正确,或 DNS 服务器有故障。

如果上面所列出的所有 Ping 命令都能正常运行,那么计算机进行本地和远程通信基本上就没有问题了。但是,这些命令的成功运行并不表示所有的网络配置都没有问题,例如,某些子网掩码错误就可能无法用这些方法检测到。

9.2.3　Netstat 命令

Netstat 命令用于检测计算机与网络之间详细的连接情况,可以得到以太网的统计信息并显示所有协议(TCP 协议、UDP 协议以及 IP 协议等)的使用状态。还可以选择特定的协议并查看其具体的使用信息,包括显示所有主机的端口号以及当前主机的详细路由信息。下面给出 Netstat 命令的常用选项。

1. Netstat -s

-s 选项能够按照各个协议分别显示其统计数据。这样就可以看到当前计算机在网络上存在哪些连接,以及数据包发送和接收的详细情况等。如果应用程序(如 Web 浏览器)运行速度比较慢,或者不能显示 Web 页之类的数据,那么可以用该命令来查看一下所显示的信息。仔细查看统计数据,找到出错的关键字,进而确定问题所在。

2. Netstat -e

-e 选项用于显示关于以太网的统计数据。它列出的项目包括传送的数据报的总字节数、错误数、删除数、数据报的数量和广播的数量。这些统计数据既有发送的数据报数量,也有接收的数据报数量。使用这个命令可以统计一些基本的网络流量。

3. Netstat -r

-r 选项可以显示关于路由表的信息,类似于后面所讲使用 routeprint 命令时看到的信息。除了显示有效路由外,还显示当前有效的连接。

4. Netstat -a

带-a 选项的命令可显示一个包含所有有效连接信息的列表,包括已建立的连接(ESTABLISHED),也包括监听连接请求(LISTENING)的那些连接。

5. Netstat -n

该命令可显示所有已建立的有效连接。

文档

IPConfig 命令与
参数使用

9.2.4　IPConfig 命令

IPConfig 实用程序,可用于显示当前的 TCP/IP 配置的设置值,它在 Windows 95/98 中的等价图形用户界面命令为 WINIPCFG。这些信息一般用来检验人工配置的 TCP/IP 设置是否正确。

如果计算机和所在的局域网使用了动态主机配置协议 DHCP,使用 IPConfig 命令可以了解到你的计算机是否成功地租用到了一个 IP 地址,及目前分配的子网掩码和缺省网关等网络配置信息。下面给出 IPConfig 命令的常用选项。

1. ipconfig

当使用 IPConfig 命令(不带任何参数选项)时,显示每个已经配置了接口的 IP 地址、子网掩码和缺省网关值。

2. ipconfig/all

当使用 all 选项时,IPConfig 命令能为 DNS 和 WINS 服务器显示它已配置且所有使用的附加信息,并且能够显示内置于本地网卡中的物理地址(MAC)。如果 IP 地址是从 DHCP 服务器租用的,IPConfig 将显示 DHCP 服务器分配的 IP 地址和租用地址预计失效的日期。

9.2.5　ARP 命令

文档

ARP 命令与
参数使用

ARP 是 TCP/IP 协议族中的一个重要协议,用于确定对应于 IP 地址的网卡物理地址(即 MAC 地址)。

使用 ARP 命令,能够查看本地计算机或另一台计算机的 ARP 高速缓存中的当前内容。使用 ARP 命令可以手工设置静态的网卡物理地址与 IP 地址对,使网络中某台主机只能使用一个给定的 IP 地址,这种方式可以为缺省网关和本地服务器等常用主机进行本地静态配置,有助于减少网络上的信息量。

按照缺省设置,ARP 高速缓存中的项目是动态的,每当发送一个指定地点的数据报并且此时高速缓存中不存在当前项目时,ARP 便会自动添加该项目。下面给出 ARP 命令常用的选项。

1. arp -a

用于查看高速缓存中的所有项目。

2. arp -a IP 地址

如果有多个网卡,那么使用 arp -a 加上接口的 IP 地址,就可以只显示与该接口相关的 ARP 缓存项目。

3. arp -s IP 地址 物理地址

向 ARP 高速缓存中手工输入一个静态项目。该项目在计算机引导过程中将保持有效状态;在出现错误时,手工配置的物理地址将自动更新该项目。

4. arp -d IP 地址

使用本命令能够手工删除一个静态项目。

9.2.6　Tracert 命令

文档

Tracert 命令
与参数

这个应用程序主要用来显示数据包到达目的主机所经过的路径。通过执行一个 Tracert 到对方主机的命令之后,结果返回数据包到达目的主机前所经历的路径详细信息,并显示到达每个路径所消耗的时间。

这个命令同 Ping 命令类似,但它所显示的信息要比 Ping 命令详细得多,它能显示到某一站点的请求数据包所经过的全部路径,以及通过该路径的 IP 地址,通过该 IP 的时间是多少。

Tracert 命令还可以用来查看网络在连接站点时经过的步骤或采取哪种路线,如果网络出现故障,就可以通过这条命令来查看是在哪儿出现问题的。例如运行 tracert www.baidu.com,用户将看到网络在经过几个连接之后到达目的地

www. baidu. com,也就知道网络连接所经历的路径。

9.2.7　Route 命令

大多数主机一般都是驻留在只连接一台路由器的网段上。由于只有一台路由器,因此不存在选择使用哪一台路由器将数据包发送到远程计算机上去的问题,该路由器的 IP 地址可作为该网段上所有计算机的缺省网关。

但是,当网络规模扩大化时,网络上会拥有两个或多个路由器,此时用户的信息就不一定只由某一台路由器进行转发,大多数情况下由信息量相对少的路由器进行转发。如果想让某些远程 IP 地址通过某个特定的路由器来传递,而其他的远程 IP 通过另一个路由器来传递。那么,用户需要相应的路由信息,这些信息储存在路由表中,每个主机和每个路由器都配有自己独一无二的路由表。大多数路由器使用专门的路由协议来交换和动态更新路由器之间的路由表。但在有些情况下,必须人工将项目添加到路由器和主机上的路由表中。

Route 命令可以显示、手工添加和修改路由表项目。

Route print：本命令用于显示路由表中的当前项目。

Route add：使用本命令,可以将路由项目添加给路由表。

Route change：可以使用本命令来修改数据的传输路由。

Route delete：使用本命令可以从路由表中删除路由。

9.2.8　Nslookup 命令

利用 Nslookup 命令查看主机的 IP 地址和主机名称。这个命令在查看主机 IP 的时候跟 Ping 命令有些相似,但得到的信息有些不同。

直接输入命令,系统返回本机的服务器名称(带域名的全称)和 IP 地址,并进入以“＞”为提示符的操作命令行状态。输入“?”可查询详细命令参数。如果此时给出一个计算机名称,若在本机,则能够识别该名称,返回本机、查询主机的名称、IP 地址及别名。输入 Server 服务器名称,可更改当前服务器。

9.2.9　Nbtstat 命令

使用 Nbtstat 命令可查看计算机上网络配置的一些信息,还可以查找出别人计算机上的一些私人信息。

如果想查看自己计算机上的网络信息,可以运行 nbtstat -n,可以得到用户所在的工作组、计算机名以及网卡地址等;想查看网络上其他的计算机情况,可运行 Nbtstat -a IP 地址,可得到该主机上的一些信息。

9.3　网络安全与病毒防范

9.3.1　网络安全概述

由于只需有一台计算机和一个调制解调器(Modem),通过电话线或小区专线就可以连接到网上,黑客们在家里就可以随时尝试非法侵入某个计算机网络。国外有许多黑客俱乐部,并且有黑客出版的杂志,公开交流黑客经验。有的黑客甚至在会议上公开宣称,世界上任何一个计算机网络都被人非法入侵过。事实上,美国五角大楼也无法避免被黑客攻击。

对于普通的上网用户来说,最关心的还是自己计算机上的文件资料是否会被黑客窃取或破坏。那么黑客们是如何侵入别人的计算机呢?这涉及一种特洛伊木马程序。

文档

木马程序泛指那些内部包含为完成特殊任务而编制的程序,这些特殊程序一般都很隐藏,执行时不为人所发觉,而其功能和程序所标称的功能完全无关。

中华人民共和国网络安全法

一、网络安全的含义

网络安全从其本质上来讲就是网络上的信息安全。它涉及的领域相当广泛。从广义上来说,凡是涉及网络上信息的保密性、完整性、可用性、真实性和可控性的相关技术和理论,都是网络安全所要研究的领域。

下面给出网络安全的一个通用定义:网络安全是指网络系统的硬件、软件及其系统中的数据受到保护,不因偶然的或者恶意的原因而遭到破坏、更改、泄露,系统可连续正常地运行,网络服务不中断。

网络安全包括以下几个方面:

(1) 运行系统安全,即保证信息处理和传输系统的安全。

(2) 网络上系统信息的安全。

(3) 网络上信息传播的安全,即信息传播后果的安全。

(4) 网络上信息内容的安全,即狭义的"信息安全"。

二、网络安全的特征

保密性:信息不泄露过程或特性给非授权的用户、实体。

完整性:未经授权不能改变数据的特性,即信息在存储或传输过程中保持特性不被修改、不被破坏和丢失。

可用性:可被授权实体访问并按需求使用的特性,即当需要时应能存取所需的信息。网络环境下拒绝服务、破坏网络和有关系统的非正常运行等都属于对可用性的攻击。

可控性:对信息的传播及内容具有控制能力。

三、网络安全的威胁

非授权访问(unauthorized access):一个非授权的用户入侵。

信息泄露(disclosure of information):将有价值的和高度机密的信息暴露给无权访问该信息的用户,将造成严重后果。

拒绝服务(denial of service):系统难以或不可能继续执行任务。

四、网络安全的安全策略

网络用户的安全责任：要求用户每隔一段时间改变其口令，使用符合一定准则的口令；执行某些检查，以了解其账户是否被别人访问过等。重要的是，凡是要求用户做到的，都应明确地提出。

系统管理员的安全责任：要求在每台主机上使用专门的安全措施、登录标题报文、监测和记录过程等，还应列出在网络中的所有主机上不能运行的应用程序，并且做好日志管理。

正确利用网络资源：规定谁可以使用网络资源，可以做什么，不应该做什么等。如果用户的单位认为电子邮件文件和计算机活动的历史记录都应受到安全监视，就应该非常明确地告诉用户。

检测到安全问题时的对策：当检测到安全问题时应该做什么？应该通知谁？这些都是在紧急的情况下容易忽视的事情。

9.3.2　网络安全分类

根据国家计算机安全规范，计算机的安全大致可分为：

① 实体安全，包括机房、线路、主机等。

② 网络与信息安全，包括网络的畅通、准确，以及网上信息的安全。

③ 应用安全，包括程序开发运行、I/O、数据库等的安全。

一、基本安全类

基本安全类包括访问控制、授权、认证、加密以及内容安全。

二、管理与记账类

管理与记账类安全包括安全策略管理、实时监控、报警以及企业范围内的集中管理与记账。

三、网络互联设备安全类

网络互联设备包括路由器、通信服务器、交换机等，网络互联设备安全正是针对这些互联设备而言的，它包括路由安全管理、远程访问服务器安全管理、通信服务器安全管理以及交换机安全管理等。

四、连接控制类

连接控制类包括负载均衡、可靠性以及流量管理等。由于网络安全范围的不断扩大，如今的网络安全不再是仅仅保护内部资源的安全，还必须提供附加的服务，例如，用户确认、通过保密，甚至于安全管理传统的商务交易机制，如订货和记账等。

9.3.3　威胁网络安全的因素

计算机网络安全受到的威胁包括黑客的攻击、计算机病毒、拒绝服务攻击(Denial of Service Attack)等。

一、安全威胁的类型

(1) 非授权访问，这主要是指对网络设备以及信息资源进行非正常使用或超越权限使用。

(2) 假冒合法用户，主要指利用各种假冒或欺骗的手段非法获得合法用户的使用权，以达到占用合法用户资源的目的。

(3) 数据完整性受破坏。

(4) 干扰系统的正常运行,改变系统正常运行的方向,以及延时系统的响应时间。

(5) 系统被病毒程序入侵。

(6) 通信线路被窃听等。

二、操作系统的脆弱性

(1) 其体系结构本身就是一种不安全因素。

(2) 它可以创建进程,即使在网络的节点上也可以进行远程进程的创建与激活,而且被创建的进程具有可以继续创建进程的权力。

(3) 网络操作系统提供的远程过程调用(RPC)服务以及它所安排的无口令入口也是黑客的通道。

三、计算机系统的脆弱性

(1) 计算机系统的脆弱性主要来源于操作系统的不安全性,在网络环境下还来源于通信协议的不安全性。

(2) 存在超级用户,如果入侵者得到了超级用户口令,整个系统将完全受控于入侵者。

(3) 计算机可能会因硬件或软件故障而停止运转,或被入侵者利用并造成损失。

四、协议安全的脆弱性

目前网络系统基本都是提供基于 TCP/IP 协议的服务,包括 WWW 服务、FTP 服务、电子邮件服务、TFTP 服务、NFS 服务等。这些服务都存在不同程度上的安全缺陷,因为 TCP/IP 从一开始设计的时候就没有考虑到安全设计。TCP/IP 的安全脆弱性主要有以下几个方面。

IP 层的主要缺陷是缺乏有效的安全认证和保密机制。IP 地址是网络节点的唯一标识,当前 TCP/IP 网络的安全机制主要是基于 IP 地址的包过滤(Packet Filtering)和认证(Authentication)技术,它的有效性体现在可以根据 IP 包中的源 IP 地址判断数据的真实性和安全性。然而 IP 地址存在许多问题,协议的最大缺点就是缺乏对 IP 地址的保护,缺乏对 IP 包中源 IP 地址真实性的认证机制与保密措施。这也是导致整个 TCP/IP 协议不安全的根本原因所在。

由于 UDP 是基于 IP 协议之上的,TCP 分段和 UDP 协议数据包是封装在 IP 包中在网络上传输的,因此同样面临 IP 层所遇到的安全威胁。

因此,当用户构建安全可信网络时,就需要考虑:应该提供哪些服务,应该禁止哪些服务。

五、人为因素

网络系统离不开人的管理,但大部分企业的网络中心缺少安全管理员,特别是高素质的网络管理员。此外,还有缺少网络安全管理的技术规范,缺少定期的安全测试与检查,缺少安全监控等情况。令人担忧的是许多网络系统已使用多年,但网络管理员与用户的注册名称、口令等还是处于缺省状态。

六、外部威胁

外部威胁有物理威胁、网络威胁、非法侵入、代码漏洞、系统漏洞等多种。

七、病毒威胁与防治

1. 常见病毒分类

(1) 按寄生方式分类

按寄生方式分为引导型病毒、文件型病毒和复合型病毒。

引导型病毒是指寄生在磁盘引导区或主引导区的计算机病毒。此种病毒利用系统引导时，不对主引导区的内容正确与否进行判别的缺点，在引导系统的过程中侵入系统，驻留内存，监视系统运行，待机传染和破坏。按照引导型病毒在硬盘上的寄生位置又可细分为主引导记录病毒和分区引导记录病毒。主引导记录病毒感染硬盘的主引导区，如大麻病毒、2708 病毒、火炬病毒等；分区引导记录病毒感染硬盘的活动分区引导记录，如小球病毒、Girl 病毒等。

文件型病毒是指能够寄生在文件中的计算机病毒。这类病毒程序感染可执行文件或数据文件。如 1575/1591 病毒、848 病毒感染. COM 和. EXE 等可执行文件；Macro/Concept、Macro/Atoms 等宏病毒感染. DOC 文件。

复合型病毒是指具有引导型病毒和文件型病毒寄生方式的计算机病毒。这种病毒扩大了病毒程序的传染途径，它既感染磁盘的引导记录，又感染可执行文件。当染有此种病毒的磁盘用于引导系统或调用执行染毒文件时，病毒都会被激活。因此在检测、清除复合型病毒时，必须全面彻底地根治，如果只发现该病毒的一个特性，把它只当作引导型或文件型病毒进行清除。虽然表面上好像是清除了，但还留有隐患，这种经过消毒后的"洁净"系统更容易被攻击。这种病毒有 Flip 病毒、新世际病毒、One-half 病毒等。

（2）按破坏性分类

按破坏性分为良性病毒和恶性病毒。

良性病毒是指那些只是为了表现自身，并不彻底破坏系统和数据，但会大量占用 CPU 时间，增加系统开销，降低系统工作效率的一类计算机病毒。这种病毒多数是恶作剧者的产物，他们的目的不是为了破坏系统和数据，而是为了让使用染有病毒的计算机用户通过显示器或扬声器看到或听到病毒设计者的编程技术。这类病毒有小球病毒、1575/1591 病毒、救护车病毒、扬基病毒、Dabi 病毒等。还有一些人利用病毒的这些特点宣传自己的政治观点和主张，以及进行人身攻击。

恶性病毒是指那些一旦发作就会破坏系统或数据，造成计算机系统瘫痪的一类计算机病毒。这类病毒有黑色星期五病毒、火炬病毒、米开朗基罗病毒等。这种病毒危害性极大，有些病毒发作后可以给用户造成不可挽回的损失。

2. 病毒现象分析

根据计算机病毒感染和发作的阶段，可以将计算机病毒的现象分为三大类，即：计算机病毒发作前、发作时和发作后的现象。

（1）病毒发作前的现象

计算机病毒发作前，是指从计算机病毒感染计算机系统，潜伏在系统内开始，直到激发条件满足，计算机病毒发作之前的一个阶段。在这个阶段，计算机病毒的行为主要是以潜伏、传播为主。计算机病毒会以各式各样的方法来隐藏自己，在不被发现的同时，自我复制，以各种手段进行传播。以下是一些计算机病毒发作前常见的现象：

- 平时运行正常的计算机经常无缘无故地死机。
- 操作系统无法正常启动。
- 运行速度明显变慢。
- 以前能正常运行的软件经常发生内存不足的错误。

- 打印和通信发生异常。
- 以前能正常运行的应用程序经常发生死机或者非法错误。
- 系统文件的时间、日期、大小发生变化。
- 磁盘空间迅速减少。
- 基本内存减少。
- 自动连接到陌生网站。

(2) 病毒发作时的现象

- 系统提示不相干的信息。
- 产生特定图像。
- 硬盘灯不断闪烁。
- 计算机自动重启。

(3) 病毒发作后的现象

- 硬盘无法启动,数据丢失。
- 系统文件丢失或破坏。
- 文件目录混乱。
- 部分文件自动加密。
- 网络瘫痪,无法提供正常服务。

3. 病毒防范

计算机病毒防范,执行起来并不困难,困难的是持之以恒,坚持不懈。

(1) 个人用户

针对个人用户,病毒防范措施有:

- 及时安装防病毒软件,例如 360 安全卫士、小红帽等。
- 用户登录账户设置复杂密码。
- 操作系统及时升级和更新补丁,将 Windows Update 设置为自动更新。

(2) 企业用户

针对企业用户,病毒防范措施有:

- 安装企业版防病毒软件,例如 Symantec AntiVirus 企业版等。
- 进行用户分组管理,给不同组的用户分配不同的权限。
- 定时分发操作系统升级补丁,并实施远程安装。
- 安装硬件防火墙,防止非法用户访问。

9.3.4　网络安全解决方案

一、网络信息安全模型

网络安全管理模型如图 9-1 所示,一个完整的网络信息安全系统至少包括三类措施:

① 社会的法律政策,企业的规章制度及网络安全教育。

② 技术方面的措施,如防火墙技术、防病毒、信息加密、身份确认,以

图 9-1　网络安全
管理模型

及授权等。

③ 审计与管理措施,包括技术与社会措施。

二、安全策略设计依据

在制订网络安全策略时应当考虑如下因素:

① 对于内部用户和外部用户分别提供哪些服务程序。

② 初始投资额和后续投资额(新的硬件、软件及工作人员)。

③ 方便程度和服务效率。

④ 复杂程度和安全等级的平衡。

⑤ 网络性能。

三、解决方案

1. 信息包筛选

通过设置网络中路由器的过滤策略,对经过路由器的数据包进行筛选,以控制非法信息的入侵,如图9-2所示。信息可以在进入或离开路由器的路上进行筛选,也可以在进入和离开的路上进行筛选。

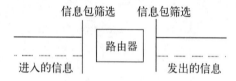

图9-2 信息包筛选策略

2. 应用中继器

在网络中增加一个应用中继器,对网络中安全要求比较高的区域进行中继转发,并通过一台堡垒主机对信息进行过滤,从而达到信息安全的目的,如图9-3所示。

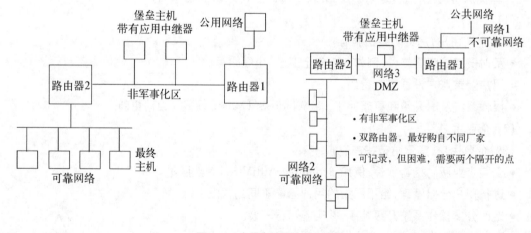

图9-3 应用中继器的安全策略

3. 保密与确认

"保密"可以保证当一个信息被送出后,只有预定的接收者能够阅读和加以解释。它可以防止窃听,并且允许在公用网络上安全地传输机密的或者专用的信息。

"确认"意味着向信息(邮件、数据、文件等)的接收者保证发送者是该信息的拥有者,并且意味着数据在传输期间不会被修改。

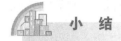 小 结

网络管理的内容包括网络系统常规维护、网络故障诊断、系统加固与病毒防范、安全管理等,本章主要介绍网络管理的五大功能、网络常见故障的诊断与处理,常用的网络测试工具、网络的安全威胁与病毒防范技术,并通过实例介绍了网络安全的解决方案,以此帮助学生建立起网络安全管理的概念,熟悉网络管理、维护与安全的一些常用技术、手段和方法。

项目实训 网络安全与管理

一、实训目的

1. 掌握操作系统补丁升级的方法。

2. 会安装并配置防病毒软件。

3. 会用网络工具测试网络性能。

4. 会使用工具进行系统优化。

二、实训设备

1. 微机系统:CPU 英特尔酷睿以上,内存 2 GB 以上,硬盘 500 GB 以上,光驱,鼠标,网卡等。

2. 安装了 Windows Server 2008 的服务器 1 台,安装了 Windows XP 或 Windows 7 的客户机 3 台。

3. 计算机在联网的系统内。

4. 交换机 1 台。

三、实训内容

1. 对 Server 服务器更改 Windows Update 的设置,选择更新选项:"检查更新,但让我决定是否下载更新",将安装更新的时间设置为每周日 22 点整,其他选项自行决定。

2. 下载 360 安全卫士,并安装在所有客户机上。使用安装好的安全卫士优化系统,设置相关的选项,使系统最优。

3. 下载 Site View ECC 网络管理软件试用版,安装在服务器上。安装完成后,登录 http://127.0.0.1:8181,即可登录到系统,进行网络管理。

软件下载网站:http://www.siteview.com/cms/sites/public/home.html

习 题

1. 网络维护的目的是什么?

2. 网络维护的常用命令有哪些?分别有什么作用?

3. 网络安全的含义是什么?

4. 网络安全有哪些特征?

5. 什么是网络安全的最大威胁？

6. 常用的网络诊断工具有哪些？

7. 网络安全的特征是什么？网络安全分哪几类？

8. 常见的病毒分哪几类？各有什么特征？

参考文献

[1] 陈雪蓉. 计算机网络技术及应用[M]. 3 版. 北京：高等教育出版社,2020.

[2] 周军,周学全. 局域网组建与维护项目教程. 上海：上海交通大学出版社,2021.

[3] 王公儒. 网络综合布线系统工程技术实训教程. 北京:机械工业出版社,2021.

[4] 李强,龙小军,吴建. 计算机网络基础. 北京:高等教育出版社,2021.

[5] 孟敬. 计算机网络基础与应用:微课版. 北京:人民邮电出版社,2020.

[6] 潘力. 计算机教学与网络安全研究. 天津:天津科学技术出版社,2020